软件开发安全之道

概念、设计与实施

[美] 洛伦 · 科恩费尔德（Loren Kohnfelder）◎ 著
徐龙泉 ◎ 译

Designing Secure Software

A Guide for Developers

人 民 邮 电 出 版 社
北 京

图书在版编目（CIP）数据

软件开发安全之道 ： 概念、设计与实施 / （美） 洛伦·科恩费尔德 (Loren Kohnfelder) 著 ； 徐龙泉译. -- 北京 ： 人民邮电出版社, 2024.1
ISBN 978-7-115-61773-6

Ⅰ. ①软… Ⅱ. ①洛… ②徐… Ⅲ. ①软件开发一安全技术 Ⅳ. ①TP311.522

中国国家版本馆CIP数据核字(2023)第084500号

◆ 著　　[美] 洛伦·科恩费尔德（Loren Kohnfelder）
译　　徐龙泉
责任编辑　佘　洁
责任印制　王　郁　焦志炜

◆ 人民邮电出版社出版发行　　北京市丰台区成寿寺路 11 号
邮编　100164　　电子邮件　315@ptpress.com.cn
网址　https://www.ptpress.com.cn
三河市君旺印务有限公司印刷

◆ 开本：800×1000　1/16
印张：15.5　　2024 年 1 月第 1 版
字数：349 千字　　2024 年11月河北第 2 次印刷

著作权合同登记号　图字：01-2022-2654 号

定价：99.80 元

读者服务热线：(010)81055410　印装质量热线：(010)81055316
反盗版热线：(010)81055315
广告经营许可证：京东市监广登字 20170147 号

内 容 提 要

本书共有 13 章，分为三大部分，即概念、设计和实施。具体内容包括：第一部分（第 1～5 章）介绍了基础概念，涉及信息安全和隐私基础、威胁建模、对可识别威胁进行防御性缓解的通用策略、安全设计模式，以及使用标准的加密库来缓解常见的风险。第二部分（第 6～7 章）分别从设计者和审查员的角度讨论了如何使软件设计变得安全，以及可以应用哪些技术来保障安全性。第三部分（第 8～13 章）涵盖了实施阶段的安全性，在有了一个安全的设计后，这一部分将会阐释如何在不引入额外漏洞的情况下进行软件开发。

本书是针对软件专业人士编写的技术指南，适合那些希望更好地理解软件安全原则、学习如何实践软件安全设计和实施的专业人员，包括架构师、UX/UI 设计师、软件开发工程师、编程人员、测试人员和管理人员阅读。

谨以本书纪念罗宾（robin）。

本书献给所有维持数字世界正常运转的软件从业人士，他们每天都在努力提高系统的安全性。我们每一个平平无奇的日子都离不开他们的伟大成就——得益于他们的贡献，这些日子里才没有坏事发生。

作者简介

洛伦·科恩费尔德（Loren Kohnfelder）从事编程行业已经超过50年了，他在美国麻省理工学院攻读硕士研究生期间发表的论文《关于一项实用的公钥加密系统》（Towards a Practical Public-key Cryptosystem）（1978年）首次描述了数字证书以及公钥基础设施（PKI）基础。

在他的软件职业生涯中涉及各式各样的编程工作，包括打孔卡、磁盘控制器驱动、链接加载器、电子游戏的编写，还包括在一家半导体研究实验室编写设备控制软件，以及两份在日本的编程工作。在微软公司供职期间，他又开始从事安全方面的工作，加入了微软的IE浏览器团队，之后又加入了.NET平台安全团队，参与了主动安全过程方法的设计。

前几年，他供职于谷歌公司，曾担任安全技术团队的软件工程师，此后又参与组建隐私技术团队，对大型商业系统进行了百次以上的安全设计审查。

技术审校者简介

自Commodore PET和VIC-20问世以来，克利夫·扬森（Cliff Janzen）就与技术相伴（甚至为技术着迷）。平时他的主要工作就是管理和指导一个优秀的安全技术专家团队，同时不断通过处理安全策略审查、渗透测试和事件响应来跟进技术的发展。他一直对能够从事自己热爱的行业和拥有一位支持自己的伴侣深感幸运。

推 荐 序

你即将开始阅读的这本书在很多方面都是独一无二的。它篇幅不大，是一本精心编写的、代码很少却很专业的技术读物。这本安全技术图书并非为安全技术专家编写。正如本书的作者Loren 所说，本书融汇个人针对技术的深入观点，是由包装过大型商业产品、发明过重要安全技术，并且在产品安全方面有丰富工作经验的专业人士撰写的。

2006 年，我加盟了微软，负责对所有产品和服务进行威胁建模。我们采取的主要做法就是借助本书作者提出的 STRIDE（STRIDE 是一系列单词的首字母缩写）模型来思考欺骗（Spoofing）、篡改（Tampering）、抵赖（Repudiation）、信息泄露（Information disclosure）、拒绝服务（Denial of service）和权限提升（Elevation of privilege）所带来的威胁。STRIDE 已经成为我工作中的一项重要组成部分（它的作用如此之大，我甚至经常需要澄清 STRIDE 并不是我的原创）。事实上，在我阅读本书之时，我惊喜地发现作者在提到我的“4 个问题”框架时，与我提到 STRIDE 时的评价相差无几。这个框架通过对 4 个问题进行自问自答来接近问题的核心：我们的工作是什么？哪里有可能出错？我们打算怎么办？我们干得怎么样？本书的大部分内容证明，虽然我和作者从来没有真正在一起工作过，但我们俩是真正的“合作无间”。

如今，世界正在不断发生变化，安全缺陷已经登上了各大媒体的头版。我们的客户对安全性的期待之高前所未有，他们会通过采用自己的评估标准、起草合同条款、给销售和执行人员施加压力、催促兑现新的策略，来推动我们满足他们的需求。现在就是我们把更好的安全设计方案（从概念到代码）集成到软件当中的绝佳时机。本书围绕一个非常困难的主题展开，那就是如何设计出安全的软件。

这个主题之所以困难是因为存在两大挑战。第一大挑战在于，安全和信任既自然又微妙。这部分内容包含在本书的第 1 章，所以这里不再赘述。第二大挑战在于，软件专业人员往往希望软件不需要进行设计。与其他工程领域的产品不同，软件的可塑性几乎是无穷的。在其他工程领域中，人们只有先制作好模型，才能弯曲钢材、浇筑混凝土或者对硅实施光刻操作。对于软件而言，我们则会创建代码、对代码进行细化，再把代码发布出来，而不会采纳弗雷德 • 布鲁克斯（Fred Brooks）的著名建议：你搭建的第一个系统很快就会被你丢掉，所以你最好把它当成原型（prototype）。我们所介绍的、关于软件进化的故事很少停留在那些徒劳无功的经历上。我们不会探讨失败的经历，只会探讨提出合理设计方案的过程。即便如此，我也知道读者或许会觉得我（甚至觉得本书的作者）是在宣传自己的设计方案。我也得承认这个主题包含另一项挑战，这项挑战也是本书一直在着力解决的——提供软件设计方面的实用建议。

本书主要写给刚刚投身到安全领域的技术从业者，欢迎你们成为这个领域的一员。你们在阅读本书的过程中会发现，你们针对系统的决策会对系统的安全性构成影响。但是，并非顶尖的技术专家才能做出更好的决策。本书会带你走得足够远。如果你们中有一部分人还希望走得更远，业内也有大量材料可以供你们参考，其他人则只需要把从本书中学到的知识应用到位就可以了。

Adam Shostack
Shostack+ Associates 总裁
《威胁建模：设计和交付更安全的软件》的作者
华盛顿大学保罗·艾伦计算机科学与工程学院副教授

自　序

如果你始终不能告诉别人你一直在做什么，那么你在做的事也就一文不值。

——埃尔温·薛定谔

同我一起用一次徒步旅行来领略软件安全的美吧！

我印象最为深刻的徒步旅行始于距离考爱岛顶部不远的一座热带雨林，那里经常被朦胧的雾气和细雨所笼罩。起初，徒步小径是一段缓坡，然后需要在一段险恶的地方走一段湿滑、陡峭的斜坡。接下来，我们开始穿越一片山谷，谷中长满了生姜和多刺的马缨丹灌木。这时，路越来越泥泞，我们也开始分心，不时地回头、转身。步行了几公里之后，树木渐渐变得稀疏，温度也开始升高。随着海拔降低，气候逐渐变得干燥。再向前走一段，太平洋的远景开始渐渐在我们眼前展开，这也让徒步团队欣喜不已。

根据我的经验，很多软件从业人员都认为保障安全是一段令人生畏的旅程。这段旅程弥漫着浓雾，甚至让人觉得诡谲难辨。这种认识当然也有合理之处。如果我们把编程与自然环境进行类比，这种体验大致就是如此。

我们徒步旅行的最后一公里是一片由松散火山岩凝结而成的危险地带，因为这座岛屿本身只存在 500 万年，还不足以形成土壤。代码也像岩石一样坚硬、冷酷，同时它也非常脆弱，一点点缺陷就足以让它全盘崩溃。好在我们对山岭中的徒步路线进行了仔细的遴选，每处最陡峭的位置都有一些天然形成的“把手”——要么是突出的坚固玄武岩，要么是铁心木露出的根部。

在徒步旅行的最后，我们发现自己正沿着峡谷的边缘行进，踩着脚下松软的土地就像踩在滚珠轴承上一样。我们的右手边是落差 600 多米的悬崖。有些地方，路径的宽度和我们肩膀的宽度差不多。我看到一些有恐高症的徒步旅行者在这里转过身，没有勇气继续前进。但大多数人依然信心满满，因为我们的徒步路径往山壁一侧微微倾斜，我们左侧的风险微乎其微。我们当然面临着同样的风险，但那只是一个缓坡，在最坏的情况下我们也只会滑落至多两米。在撰写这本书的时候，我经常想到这条道路。我也在努力为读者创造这样一条路径，利用这种故事和类比方法来解决那些最棘手的问题，我希望这样可以让读者有所收获。

保障安全是一项充满挑战的工作，其原因如下：安全非常抽象，但主题很庞大，而如今的软件不仅脆弱，且极为复杂。本书要怎样才能在深入解释安全复杂性并且与读者建立联系的同时，不让太多信息压垮读者呢？这里我用徒步旅行者行走在峡谷边缘的精神面对所有挑战。我不想让读者流失，所以对内容进行了简化，并省略了一些可有可无的细节。通过这种方式，我希望读者可免于“跌入峡谷当中”——被大量信息弄得晕头转向、意志消沉，最终选择放弃。

希望本书成为一个跳板，激起读者继续探索软件安全实践的兴趣。

当读者来到徒步旅行的最后一段路时，山岭豁然开朗，道路变成康庄大道。绕过最后一段弯道，读者就可以领略到纳帕利海岸的壮丽全景。我们的右手边是一个青翠的悬空山谷，恰似从高山上雕琢而成。一条瀑布飞流直下，汇入下方蜿蜒的河流。错综复杂的海岸线一直延伸到远处，可以看到地平线上临近的岛屿。造访这里带给我们的惊喜永远不会过时。欣赏着美景，啜饮琼浆后，我们还要原路徒步返回。

恰如我永远无法领略这个岛屿的每一寸土地，我也不可能掌握与软件安全有关的所有知识。当然，也没有任何一本书可以完全涵盖所有的主题。我能够为读者展示的东西，只是我自己的经验而已，这一点就和带领我们徒步的导游一样。我们每个人都会围绕着这个主题讲述自己的故事，因此能够长时间从事这项工作实属幸事。我曾目睹这个行业的一些重要发展历程，并且从早期就开始关注技术和软件开发文化的演变。

本书的目的是向读者展示安全技术行业的布局，同时对其中的一些危险给予警告，让读者可以更加自信地自行探索。关于安全问题，基本没有放之四海而皆准的指导方针。我的写作目标是给读者展示一些简单的案例，首先激发读者的兴趣，进而加深读者对核心概念的理解。对于真实世界中的安全挑战，永远都是需要很多背景信息才能更好地评估各种可能的解决方案，最好的决策都是建立在对设计方案、实施细节等有深入了解的坚实基础之上。在读者掌握了基本的思想并且开始把它们付诸实践的时候，工作本身也会随着不断实践而越来越直观。好在，随着时间的推移，哪怕是一点点进步都会让我们觉得自己的努力是值得的。

回首自己供职于主流软件公司安全技术团队的时光，我总是会为失去的一次机会深感遗憾。在一家大型、利润丰厚的企业工作自然有很多好处：不仅有现场按摩和豪华咖啡厅，还有现场安全技术专家指导和设计审查流程。然而，其他软件开发工作很少能够享受到这种程度的安全专业知识和在设计方案中集成安全性所带来的好处。本书旨在让软件社区制定相关标准的实践方法。

设计人员需要平衡数不清的问题，其中那些优秀的设计人员固然知道需要考量哪些安全要素，但他们也很难让安全设计得到有效的审查（我没有从业内任何熟悉的人那里了解到顾问提供过什么服务）。开发人员拥有的安全知识层次也各不相同，除非他们中的一些人把安全知识当成一种专长来加以追求，否则他们的知识层次充其量只能算是零零散散、不成体系。有些企业确实非常重视安全问题，因此它们聘请了一些专家级顾问，不过这种事往往发生在整个流程的后期，它们是亡羊补牢，希望能够在软件发布之前提升它的安全性。在发布之前强化安全性已经成为业内的基本操作——这与实际的安全需求背道而驰。

在过去几年里，我一直都在潜移默化地向其他同事传播安全的理念。在这个过程中，我总能看到一些人心领神会，其他人则不知所云。人们的反应为何差距如此之大？这一直都是一个谜，或许心理层面的因素甚于技术因素，但是这让我们思考更多的问题——“获得”安全性到底指的是什么？我们又应当如何传授这方面的知识？我说的不是那种最前沿的知识，也不是说要让听众掌握这些知识，只是让他们能够充分了解我们所面临的挑战，让同事了解如何循序渐进地提升安全性。以这些作为起点，软件从业人员就可以通过自学来弥补知识方面的缺陷了。这就是本书要努力实现的目标。

在写作这本书的过程中，我对这项工作所面临的挑战了解得越发深入。一开始，我惊讶地发现市面上还没有同类图书；如今，我相信自己已经找到了原因。安全的概念往往和人们的直觉相反，攻击花样百出且相当隐蔽，而软件设计本身已经非常抽象了。如今的软件丰富多样，保护各类软件是一项艰巨的挑战。软件安全至今还是一个有待解决的问题，但是我们对软件安全已经拥有相当的了解，且还在不断改进——要是软件安全不是一个快速变化的目标就好了！我当然不可能对所有问题都给出无懈可击的解答。轻而易举就能给出答案的安全问题都已经被集成到我们的软件平台当中了，剩下的问题都没有那么容易解决。本书会在战略上强调安全意识的概念和发展，这可以让更多人参与到安全工作中来，从而提供各种各样的全新视角以及人们一致关注的安全要点。

我希望读者加入我的这个“私人旅行团”，沿着我最为倾心的路径来领略安全技术的风景，我则会在旅途中向读者分享最有趣的见解以及我为读者提供的有效方法。如果本书可以让读者相信，人们应该在设计阶段就把安全问题考虑在内，在软件开发的整个过程都应该考虑安全问题，以及读者应该在本书之外进行更多的学习和研究，那么我的目的就达到了。

致　　谢

归根结底，知识是建立在确证基础上的。——路德维希·维特根斯坦

我要感谢学术界和业界同人，我从他们那里学到了很多东西，这才是我写作本书的根本原因。安全工作可能完全不会得到任何人的感激，因为成功的安全工作恰恰不会为人所知，而失败的安全工作则会遭到严格的审查。恰因如此，仍然有这么多伟大的人把他们横溢的才华和不懈的努力投入这项事业，才格外让人振奋。

我还要感谢本书手稿阶段的读者（Adam Shostack、Elisa Heymann、Joel Scambray、John Camilleri、John Goben、Jonathan Lundell 和 Tony Cargile），他们为我提供了大量宝贵的反馈。Adam 给予我的支持尤为关键，他主持了大量的研讨会，还不吝笔墨为本书撰写了序言。

如果有人能把写作本书时被纠正过来的错误全部记录下来，那就太有意思了，我也一定可以从中汲取不少教训。感谢别具慧眼的人们，感谢你们订正了本书中的那些错误。

在技术领域外，也有很多朋友让我获益良多。我需要特别感谢 Rosemary Brisco 在营销方面给我提供的建议，感谢 Lisa Steres 博士为本书付出巨大的热情和持久的关注。

最后，我要对我的妻子真诚地说一句“谢谢”，感谢她在本书的写作过程中给予我无尽的支持。

致谢

[illegible]

前　言

本书是针对软件专业人士编写的技术指南，适合那些希望更好地理解软件安全原则、学习如何实践软件安全设计和实施的专业人员阅读。我有幸对本书介绍的很多主题进行了自己的创新，此外，我也见证了这个领域大量技术的发展与落地。本书是根据我自己的从业经验创作的，其中包含了很多实用性很强的观点，读者可以把这些观点付诸实践，让自己正在编写的软件更加安全。

本书有两大核心主题：一是鼓励软件从业者在软件开发过程的早期就关注软件的安全性；二是让整个团队都参与到安全流程当中，并且对软件安全承担起自己的那一份职责。这两方面必然存在很大的改进空间，本书则展示了如何实现这些目标。

在我的职业生涯中，我有得天独厚的机会可以一直奋斗在软件领域的一线。如今，我希望与尽可能多的人分享我的学习成果。二十多年以前，我是微软公司某团队的成员，这个团队首次把威胁建模大规模应用于大型软件公司。后来我在谷歌公司参与了同一项基本实践的演化，同时也体验到了一种应对挑战的全新方式。本书第二部分参考了我所完成的百余项设计评审。过去的经历为我提供了一个极佳的视角来对这些要点重新进行解释。

设计、搭建和操作软件系统是一项存在固有风险的工作。我们的每一次选择、前进的每一步，都会在不经意间升高或者降低系统中引入安全漏洞的风险。本书涵盖了我最熟悉的内容，这些内容来源于我个人的经验。安全意识是我希望传达的首要原则，我也同时展示了如何把安全融入整个开发过程当中。在本书中，我提供了很多设计和代码示例，它们在很大程度上不会依赖某项特定的技术，这是为了让它们的应用尽可能广泛。本书包含大量的故事、类比和示例，这是为了增加阅读的趣味性，同时尽可能有效地表达抽象的概念。

安全意识对有些人来说很容易理解，对另一些人来说则比较难。鉴于此，我着重强调培养这种直觉的方法，帮助读者用全新的方式思考，这类方法可以简化我们工作中的软件安全任务。我应该补充一点，根据我的个人经验，即使对那些比较容易培养安全意识的人来说，他们也一定可以从中获益良多。

本书虽然简洁，但是涵盖了很多方面的问题。在撰写本书的过程中，我已经意识到简洁对这本书的成功至关重要。软件安全领域在广度和深度上都令人生畏，所以我才希望本书尽可能简短，从而让它能够被更多人理解。我的目标是让读者用一种全新的方式来思考安全问题，并且应用在自己的日常工作当中。

读者对象

本书适合在软件设计、开发等领域已经有所专长的人阅读，包括架构师、UX/UI 设计师、程序管理员、软件工程师、编程人员、测试人员和管理人员。技术从业者在理解本书中的概念时应该不会遇到什么障碍——只要他们理解了软件行业的一些基本概念，以及软件架构的基本方法。如今，软件的使用已经非常广泛，类型也相当丰富，我不能说所有软件均依赖安全性，但绝大多数软件确实如此，尤其是那些需要连接到互联网或者需要与人互动的软件。

在撰写本书的过程中，我意识到应该把潜在的读者分为三类。

安全行业的新人——尤其是那些一听到安全就皱眉头的人，他们是我写作时思考的主要受众，因为让所有软件从业者都对安全有所理解是非常重要的，这样大家才能全部参与到提升软件安全性的工作当中。为了让未来的软件更加安全，我们需要所有人的参与，我也希望本书能够帮助那些刚刚开始学习安全技术的人迅速踏上正途。

具备安全基础的读者——是指那些对安全抱有一定的兴趣，但知识层面仍然有待提升的人，他们希望加深自己的理解，学习更多实用技能，从而应用到他们的工作当中。希望本书能够弥补他们的知识空白，提供各种方式让他们可以学以致用。

安全专家——他们或许熟悉本书中的大部分内容，但我相信本书一定会提供一些新的视角，可以给他们提供很多新的内容。具体来说，本书会探讨一系列重要内容，包括安全设计、安全审查和一些很少见诸文字的"软技能"。

本书第三部分会介绍漏洞实施与缓解的方法，包括一些用 C 或 Python 语言编写的代码的简短摘录。有些例子假定读者已经熟悉了内存分配的概念，也理解了整数和浮点类型，以及二进制运算。在为数不多的地方，我使用了数学公式，但是复杂度不会超过模和指数运算。如果读者认为这些代码和数学知识的技术性太强，可以跳过这些章节，完全不需要担心因此而无法把握本书叙事的主线。

本书涵盖的主题

本书共有 13 章，分为三大部分，其中包含了概念、设计和实施，以及最终的结论。

第一部分：概念

本书第 1～5 章介绍了基础概念。第 1 章是对信息安全和隐私基础所做的概述。第 2 章则介绍了威胁建模，以保护资产为背景，对攻击面和信任边界的核心概念进行了具体说明。接下来的三章介绍了一些可供读者使用以实现软件安全的重要工具。第 3 章探讨了对可识别威胁进行防御性缓解的通用策略。第 4 章介绍了一些有效的安全设计模式，同时着重说明了一些应该避免的反模式。第 5 章用工具箱的方式解释了如何使用标准的加密库来缓解常见的风险，同时本章并没有探讨底层的数学原理（这些知识在实践当中很少用到）。

第二部分：设计

这一部分也许代表了本书对潜在读者最独特也是最重要的贡献。第 6 章和第 7 章介绍了如何使软件设计变得安全，以及可以应用哪些技术来实现安全性，它们分别从设计者和审查员的角度分析了问题。在这个过程中，解释了为什么一开始就将安全性融入软件设计是很重要的。

这两章借鉴了本书第一部分介绍的思想，提供了如何将它们结合起来构建安全设计的具体方法。审查方法直接来自作者的行业经验，其中包括了能够适应你的工作方式的分步过程。你可以在阅读这些章节时浏览附录 A 中的设计文档示例，以此当作将这些想法付诸实践的示例。

第三部分：实施

第 8～13 章涵盖了实施阶段的安全性，涉及部署、运维直至生命周期结束。在你有了一个安全的设计后，这一部分将会阐释如何在不引入额外漏洞的情况下进行软件开发。这些章节中包含了代码片段，用来说明漏洞是如何潜入代码中的，以及如何避免出现漏洞。第 8 章介绍了程序员面临的安全挑战，以及代码中真正的漏洞是什么样的。第 9 章涵盖了计算机在计算上的弱点，并说明了针对动态内存分配的 C 风格显式管理是如何对安全性造成破坏的。第 10 章和第 11 章涵盖了许多众所周知，但还没有消失的常见错误（比如注入攻击、路径遍历、XSS 和 CSRF 漏洞）。第 12 章介绍了那些在很大程度上还没有得到充分利用的测试实践，目的是保证我们的代码都是安全的。第 13 章介绍了安全实施的指导方针，包括一些一般性的最佳实践，同时也对常见的陷阱提出了警示。

本书这一部分摘录的代码一般都会展示需要加以避免的漏洞，同时也会给出修补之后的版本来展示如何让代码更加安全（在书中这两类代码分别标记为“易受攻击的代码”和“修复后的代码”）。书中提供的代码不是为了让读者进行复制，然后运用到生产软件当中的。即使是修复后的代码仍然会因为其他原因而在不同背景下存在漏洞，所以读者不应该把本书提供的任何代码视为绝对安全的代码并加以应用。

结论

后记对本书的内容做了总结，同时对我希望能够产生积极影响的一些方法进行了介绍。在这里，我对本书中的几大重点进行了总结，也对未来进行了展望，并提供了有助于提升软件安全性的一些预测——其中，首要的一点是本书如何为提升未来软件的安全性做出贡献。

附录

附录 A 是一份设计文档示例，展示了在实践中安全设计文档大致应该如何编写。

附录 B 是本书中出现的所有软件安全术语的列表。

附录 C 包含了一些开放式的练习题，以供需要的读者进一步探索。

附录 D 是一系列重要概念和流程的备忘单。

此外，本书中提到的参考文献汇编可以从异步社区下载获得。

祝一路顺风

在开始介绍正式内容之前，出于对本书中介绍的安全知识负责的考虑，我想先提出一些警告。为了解释清楚如何让软件更加安全，我需要介绍各类漏洞如何发挥作用，以及攻击者如何对这些漏洞加以利用。从攻击和防御两个方向实践是磨练技能的理想方式，但我们在使用这些知识的时候也需要谨慎。

永远不要在生产系统上试探安全性。比如，在读到有关跨站脚本（XSS）的内容时，读者或许想要试着用经过修改的 URL 来浏览自己最喜欢的网站，看看会发生什么。千万不要这么干！即使我们的动机是善意的，这种做法从站点管理员角度看仍然和真正的攻击别无二致。读者必须考虑到别人可能会把这类行为解读成威胁。而且与此同时，这种行为在有些国家和地区可能存在法律问题。我们要运用常识，包括思考别人会如何解读我们的行为、我们行为出现差错以及我们的行为跨越红线的后果。因此，如果我们希望尝试一下 XSS，可以用伪造的数据来建立自己的 Web 服务器，然后用这个服务器来练手。

另外，虽然我根据自己在软件领域的多年经验尽可能为读者提供了最好的建议，但没有任何指导方针是无懈可击的，也没有任何指导方针适用于所有环境。本书提到的解决方案绝不是什么“仙丹”，它们只是我提供的建议，或者读者应该掌握的一些常见方法。在对安全决策进行评估的时候，读者应该依靠自己的判断力。没有一本书可以替读者做出判断，但本书可以协助读者找出正确的做法。

目　录

第一部分　概念

第二部分 设计

第三部分 实施

Part 1

第一部分

概　念

本部分内容

第 1 章

基础

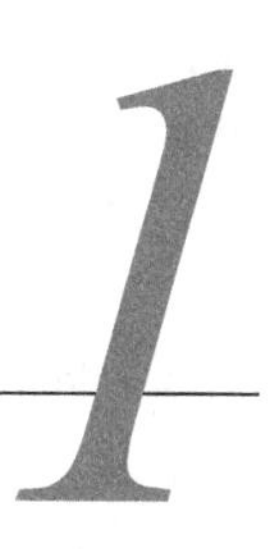

诚信是基础，而且往往是坚实的基础。哪怕我说过的话让我身陷困境，诚信依旧是我立足的基石。——古德

实现软件安全既需要运用逻辑，又是一项艺术——一项仰赖直觉来做出判断的艺术。它既需要践行者对当代数字系统有所掌握，又需要他们对人与系统之间的交互有所体悟。如果这样说让你感到前路维艰，那么你就已经体会到了本书想要诠释的难点所在。这也解释了为什么实现软件安全自始至终都是一项艰巨的任务，以及为什么在这个领域的任何斩获都需要人们付出艰苦卓绝的努力——哪怕后面的路依然很长。好消息是，因为我们每个人都可以提升自己的认知水平，也都可以切实地参与其中，所以我们的每一分努力都会给软件安全带来实质性的改善。

首先，我们需要准确地思考一下何谓安全。安全定义的主观性颇强，因此厘清安全的基本概念就显得至关重要。本书是我在个人经验基础上进行深入思考的结果。信任是一切安全的基本要素，因为每个人都需要使用别人的劳动成果：当代数字系统已经过于复杂，没有人可以凭一己之力从硅元素开始打造自己的"数字王国"。我们必须信任别人提供的成果（包括硬件、固件、操作系统和编译器），信任这些并不是由我们亲手设计和制造的组件。在这样的基础上，下面将介绍安全的六大经典原则，其中包括信息安全的三大基本原则，以及实现信息安全三元素的三个"黄金标准"。最后，鉴于数字产品和服务正在越来越多地渗透到现代日常生活中最敏感的领域，本章在信息隐私方面增加了一些应该考量的重要因素——其中包括人类因素和社会因素。

虽然本书的读者无疑都对安全、信任和机密性的含义有所了解，但是在本书中，这些词采用了具体的技术表意，其含义值得仔细品味。鉴于此，我建议读者认真阅读本章的内容。至于那些基础更好的读者，请大家试着写出自己对这些术语的定义——每位读者未来都应该尝试做一做这份家庭作业。

1.1 理解安全

世上所有生命体都会本能地远离风险。在面对攻击行为时，他们也都会采取自卫手段，并且躲进他们能够找到的安全港湾。我们与生俱来的生理安全本能在发挥作用时何其伟大，体会到这一点非常重要。与之形成鲜明对比的是，我们在虚拟世界中应对风险的本能付之阙如，攻击者制造虚假信号则易如反掌。在从技术的角度诠释安全之前，我们思考一下在现实世界中人们会采取什么行为（读者很快就会看到，在数字世界，我们需要一套全新的技能来应对风险）。

下面是一则关于汽车销售员的真实故事。在让一位客户进行试驾之后，这位汽车销售员和客户回到了汽车销售点。当汽车销售员下车后，他还在和客户交流，但是同时他已经绕到了车前。“在我看到他眼睛的时候，”这位汽车销售员回忆道，“我当时就想，我的天哪，这个人想偷我的车。”事情转瞬之间发生了：这位假扮成客户的偷车贼挂上前进挡并踩下了油门，与此同时汽车销售员立刻趴在了汽车的引擎盖上。偷车贼疯狂驾驶也不能把汽车销售员从引擎盖上摔下去（好在这位汽车销售员并无大碍，偷车贼也很快被绳之以法，并且被勒令赔偿损失）。

两个人目光交错之际，汽车销售员脑海中就已经在对风险进行某种微妙的计算。电光石火之间，这位汽车销售员已经处理了复杂的视觉信号，他读取了客户的面部表情和肢体语言，明确得出了这位客户要采取攻击行为的结论。现在我们想象一下，当这位汽车销售员成为鱼叉式网络钓鱼攻击（这是一种向特定目标群体（而不是普罗大众）发送欺诈邮件的攻击方式）的目标时会做出什么反应。在数字世界里，因为他无法和攻击者面对面来获得那些重要的信号，所以让他上当就会容易得多。

说到信息安全、计算机、网络和软件，如果我们想要保护数字系统的安全，就必须进行分析和思考来评估我们所面临的风险。虽然比特和代码既无形，也无声，更无味，但这绝不应该妨碍我们努力评估安全风险。每当在线查看数据的时候，我们都是在使用软件把信息用适合人类阅读的格式显示出来。一般来说，在我们和真实的比特之间有不少代码在对信息进行诠释。其实，这还真如镜花水月一般，所以我们必须信任自己使用的工具，相信它们让自己看到的代码就是真实的信息。

软件安全的核心目标是保护数字资产，让它们不会受到各种威胁的侵害。本章会介绍一系列基本安全原则，这些原则在很大程度上推动了软件安全的实现。如果我们从这些重要的原则入手来分析系统，就可以看到漏洞是如何渗透到软件当中的，同时也可以意识到如何才能积极避免和缓解这些问题。这些基本原则以及本书后续章节要介绍的一些设计方法不仅适用于软件领域，也同样适用于设计和管理自行车锁、银行金库或者监狱等。

“信息安全”这个专有名词专门指代数据的保护和访问权限的授予。软件安全则是一个比较宽泛的概念，软件安全专注于可靠软件系统的设计、实施和操作，包括使其通过可靠的方式来实现信息安全。

1.2 信任

信任在数字世界也同样重要，但是在数字世界中，人们常常认为信任是理所当然的。软件安全从根本上都要依赖于信任，因为没有人可以控制一个系统的所有组件，没有人可以自己编写所有的软件，也没有人可以对自己合作的所有供应商进行审查。如今的数字系统全都非常复杂，复杂到哪怕是全球顶尖科技“巨头”也不可能从零开始搭建一个完整的科技栈，从硅材料到操作系统、网络、外设，再到把它们结合起来，让它们形成各司其职的软件体系。我们日常使用的系统无不是大规模、复杂的卓绝技术成就。因为没有人可以自己从头搭建所有这些系统，所以企业都会根据功能或者价格来选择自己的软硬件产品——这里值得留意的是，所有选择本质上都是建立在信任基础上的决策。

安全性要求我们认真地分析信任关系——哪怕没人有时间、有资源来对所有资源进行彻底的调查和验证。如果无法做到充分信任，就意味着企业必须完成大量不必要的工作去保护一个很可能不会面临任何实质威胁的系统。反之，如果无条件地信任，未来则有可能会措手不及。说白了，如果你完全信任一个实体，它们也就基本上不需要为失败承担任何后果了。违背信任有下面两种完全不同的形式：恶意行为（如欺骗、谎言、诡计等）和失职行为（如错误、误解、疏忽等）。

在信息缺失的情况下做出重要决策，是人们最需要信任关系的场景。不过，我们与生俱来的信任感依赖的是微妙的感官信号，而这种本能不适用于数字世界。在下文中我们会首先探讨“信任感”这个概念，剖析我们日常产生的信任感到底为何物，然后把信任感的概念推广到软件领域。随着阅读的深入，读者应该尝试把自己对软件的看法和自己建立信任感的本能联系起来。利用好自己的信任本能是一种强有力的手段。久而久之，我们就可以对软件安全运用类似的信任本能，这比多少技术分析都更加有效。

1.2.1 信任感

理解信任感的最好方法就是在我们依靠信任来做出判断的时候，仔细品味那种感受。读者可以进行一个思想实验，也可以找一位自己能够绝对信任的人在现实生活中进行尝试。想象和一位朋友走过一条繁华的大街，前面不远处就是熙熙攘攘的车流，街道中有一条人行横道，告诉这位朋友你想让他/她引导你走过这条人行横道。在这个过程中，你完全依靠这位朋友来安全地走过这条人行横道，你会闭上双眼，绝对按照他/她的指示行动。你们两人手拉手走过这条人行横道，你任凭这位朋友帮你转过身，让你面对这条人行横道；在前方出现危险时挡住你，不让你继续前进。你听到耳边汽车呼啸而过，知道自己的朋友在等待安全的时刻才会让你继续前行——这一刻你的朋友已经化身为你的保镖。这时，你的心跳可能会明显加速，你可能会警惕地倾听着身边一切预示着有可能出现危险情况的声音。

现在，这位朋友准确无误地指引你前行。如果你打算就这样闭着眼走在马路上，你的这种感受就是真正的信任——当然也有可能还达不到完全的信任。你的意识可以敏锐地察觉到显而易见的危险，你的感官高度紧张从而快速确认周遭的安全，你的内心深处则有个声音在不断警告你不要再走了。你与生俱来的内部安全监控系统无法收集足够的信息，因此希望你先把眼睛睁开再继续前行。如果这位朋友判断出现了失误怎么办？如果这位朋友口蜜腹剑，想要置你于死地又当如何？归根结底，是你对这位朋友的信任让你忽略这些本能，走过面前的人行横道。

我们应该提升自己对数字信任方面的决策的认识，这样才能帮助别人看清这些决策给安全带来的影响。在理想情况下，当我们给一项重要的服务选择组件或者厂商时，在刚才那种练习中我们用来指导自己做出信任决策的直觉同样能够发挥作用。

1.2.2　比特不是肉眼可见的

上述讨论是为了强调一点，当我们自以为“眼睁睁地看着这些数据”的时候，我们其实看到的只是一种与数据本身距离十万八千里的数据展示方式。其实，我们看到的是屏幕上的一系列像素点，虽然我们认为这些像素点展示了数据，但是我们对这些数据的物理保存位置并不知情，这些数据很可能经历了数百万条命令才被转换为人类可以读懂的信息，并且最终显示在我们的显示器上。数字科技让信任这件事变得相当棘手，因为它如此抽象、迅捷，看不见、摸不着。当我们浏览数据时，一定要切记内存中的数据与我们阅读数据时看到的那些像素点之间隔着大量的软硬件操作。我们又怎么知道这里面有没有哪个环节恶意歪曲了数据的含义呢？数字信息的基本事实是极难直接进行分辨的。

网页浏览器上显示的锁形图标表示浏览器和网页站点之间建立的是安全的连接。这些图标出现与否，只是为了向用户表明一点，即连接是否安全。但是在这个图标的背后，包含一系列数据和大量的计算（这些内容我们会在第 11 章详细介绍），这些最终都被包含到一个二进制的“是/否”提示符中。哪怕是专家级别的开发人员，让他们手动确认一个实例的可靠性也是一个相当艰巨的任务。我们能做到的只有信任这些软件，我们当然也有理由信任这些软件。这里的关键在于，我们必须弄清楚这种信任的深度和广度，而不是认为所有的信任都是理所当然的。

1.2.3　能力与不足

大多数攻击始于软件的缺陷或者误配，这些问题可能都是那些诚信有加、心存善念的程序员和 IT 人员制造出来的——毕竟，是人就会犯错。因为软件使用许可都会包含免责声明，所以一切软件都是在用户知悉和认可风险的前提下使用的。如果诚如人们所言，“所有软件都有 bug”，那么其中总有一些 bug 可以被利用，攻击者也总能找到一些 bug 并且加以利用。软件专家一般很少因为错信了恶意软件，而成为攻击者的目标。

好消息是，我们并不难判断哪些操作系统、编程语言比较可靠。大型企业在提供和支持高质量软硬件时，都有可供追溯的历史，因此信任这些企业就在情理之中。而对于那些难以追溯历史的软件供应商来说，信任它们则存在一定的风险。它们固然也有一些技术高超、动力十足的员工为之努力工作，但这个行业本身缺乏透明性，因此人们很难判断它们的产品是否安全。开源提供了这种透明性，但是开源软件的安全水平取决于项目甲方对开发者的监管是否严格到足以防止开发者在软件中有意无意地插入恶意代码。显然，没有一家软件公司会承诺在发生攻击事件时提供更高级别的安全性或者向用户提供赔偿，以此彰显自己在业内的特殊地位。因此，作为客户，我们也没有这样的安全选项。无论法律、规范还是商业协议，都提供了一些额外的方法来减轻人们执行信任决策时面临的不确定性。

信任决策的重要性固然不可小觑，但是也没人能够永远做出正确的决策。实际情况是，信任决策从来都是不完美的。这就像美国证券交易委员会警告人们的那句话一样："过去的表现无法担保未来的结果。"好在人们已经学会了如何权衡信任感（虽然人们更擅长面对面，而不是通过数字媒体来判断谁更值得信任），而且在绝大多数情况下，我们的信任决策都是正确的——只要我们信息准确，目标清晰。

1.2.4 信任是一个频谱

信任永远是分不同程度的，在对信任的评估过程中也总是包含一定的不确定性。信任是一个频谱，在这个频谱的一端，比如在进行一场大手术的过程中，我们就是把自己的性命托付给了那些医疗从业者，我们不仅放弃了对自己身体的控制权，也放弃了监控手术操作的任何意识和能力。在最糟糕的情况下，一旦手术失败，我们其实也就没有了任何追诉的机会（关于遗产的合法权利除外）。日常的信任程度就会小得多：信用卡额度的上限是银行没有收到欠款也能承受的损失；汽车则有代客钥匙，我们可以用它限制人们打开后备箱。

鉴于信任是一个频谱，"信任但仍要验证"的策略就是一个强大的工具，可以让我们在绝对信任与绝对不信任之间建立起一座桥梁。在软件领域，我们可以通过授权和审计来达到这样的效果。一般来说，审计包括自动审计（准确地校验大量重复的活动日志）与手动审计（选择性校验，以处理那些比较罕见的情况，它把人工核查作为最终决策的依据）。本章后文还会对审计进行进一步的探讨。

1.2.5 信任决策

在软件领域，人们有两种选择：信任或不信任。有些系统对应用设置了各式各样的许可，人们需要手动来允许或者禁止它们。如果存在疑问，我们大可以选择不信任——只要我们有理由信任另一个候选的解决方案。如果你在评估的时候标准过高，导致没有任何一种产品可以获得你的信任，那么你就只能大费周章、自己动手开发组件了。

做出信任决策的过程就像给一棵"信任树"剪枝，这棵树如果不加修剪就会长出无穷的枝杈。如果我们相信某项服务或者某台计算机是安全的，我们就不需要花费大量精力进行深入分析了。如果我们无法做到信任，那么我们就需要对系统的更多组成部分（包括很多微组件）加以保护。图 1-1 演示了做出信任决策的过程。如果没有完全信任的云服务来保存我们的数据，那么我们就必须自己运维服务器，这又需要我们继续加以判断：到底是使用一项可靠的托管服务还是自己搭建 Web 服务器，到底是使用我们可以信任的现成数据库软件还是自己编写一个数据库软件？不难发现，如果我们不信任供应商，我们就需要继续做出信任决策，毕竟我们不可能完全靠自力更生。

对于那些显然不能信任的输入信息（尤其是从公共互联网或者客户端发来的输入信息），我们当然应该表示怀疑，怎么谨慎都不为过（详见本书第 4 章）。即使在处理那些可以信任的输入信息时，我们仍然不应以绝对可靠视之。如果我们只是希望降低整个系统的脆弱性，防止因软件问题导致错误传播，则可以在条件允许的情况下，尽可能增加一些安全校验。

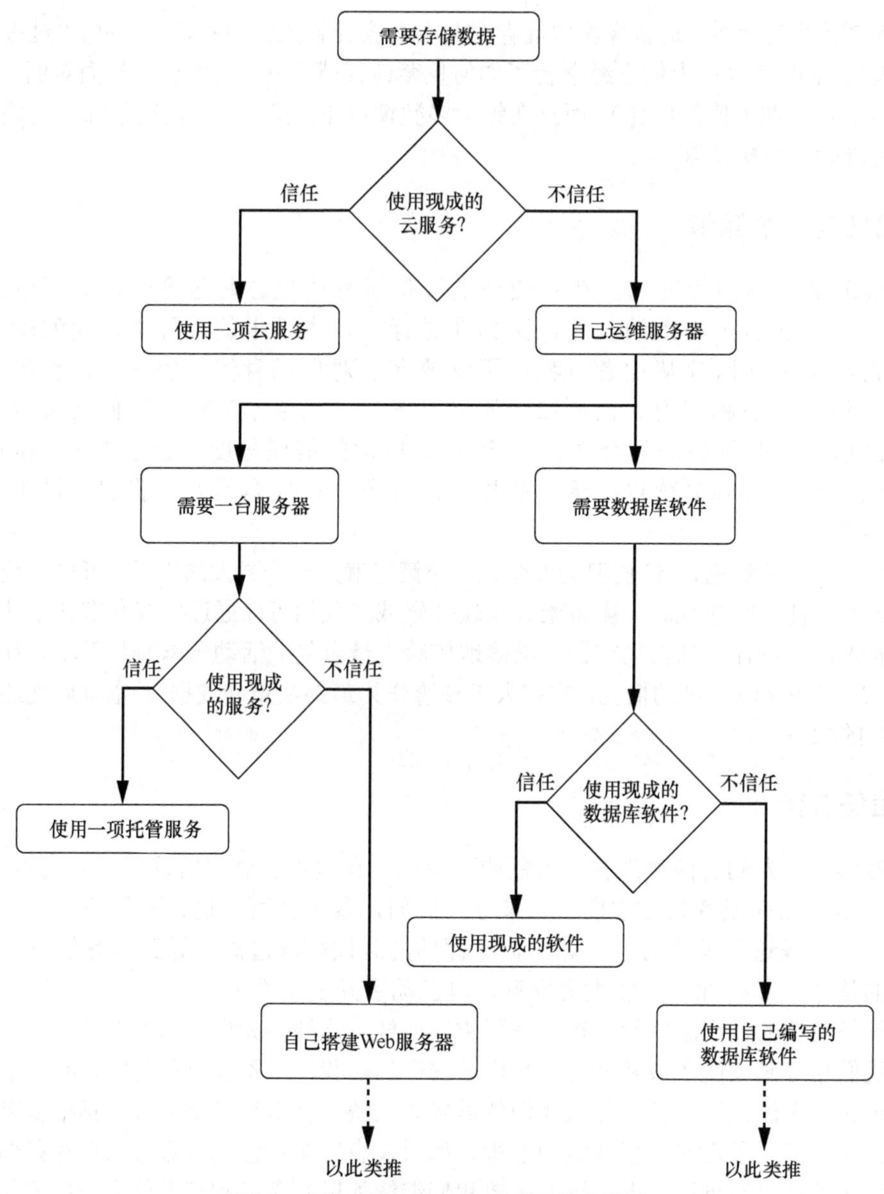

图 1-1　演示做出信任决策过程的决策树

1. 隐式信任组件

每个软件项目都会依赖大量存在隐式信任（implicitly trusted）的技术，包括硬件、操作系统、开发工具、库和其他很难核查可靠性的技术，所以我们只能根据供应商的声誉选择相信这些工具。不过，读者还是应该对隐式信任的概念有所了解，并且给予适当的重视——尤其是准备大幅度扩展隐式信任的范围之前。

管理隐式信任没有简便方法，不过下面这种思路也许可以给读者带来启迪：把你认定为可靠的对象数量降至最低。如果你现在已经选择了使用微软或苹果等公司的操作系统，就继续使用它们提供的编译器、库、应用以及其他产品和服务，这样可以把信息暴露的风险降到最低。你可以这样理解个中逻辑，即每多信任一家公司，就给了这家公司一次让你失望的机会。另外，从实用的角度来看，同一家公司产品线中的产品往往兼容性更好，这些产品之间的互操作也经历过更多的测试。

2. 值得信赖

最后，也不要忘了从另一个角度来思考信任决策，那就是在我们提供产品和服务时也需要提升客户的信任感。每个软件产品都必须让终端用户认为这个产品是值得信赖的。在大部分情况下，我们只需要展现出自己的专业性就可以了，但是如果这项产品提供的功能相当重要，就必须让客户有坚实的理由信任我们的产品。

下面是在工作中提升信任感的几种基本方式。

- 保持透明可以提升信任感。公开自己的工作可以让客户评估产品的安全性。
- 让第三方参与，利用第三方的独立性来提升信任感（比如，可以聘请独立的审计人员）。
- 有时，我们的产品就是需要和其他产品进行集成的第三方产品，因为独立交易的双方很难相互勾结，所以这项产品也可以提升客户的信任感。
- 在出现问题的情况下，要主动接受客户的反馈，然后果断采取行动，并且公开披露调查的结果，以及提出防止问题再次发生的措施。
- 有些特性或者设计要素可以把信任感具象化，让客户可以亲眼看到——比如，通过一种存档解决方案来实时显示在不同位置保存了多少份备份。

行动可以提升信任感，空洞的口号则会让那些精明的客户产生怀疑。我们可以提供一些有形的证据，最好是可以让客户自己进行验证的证据。虽然真有能力审查开源代码质量的人寥寥可数，但是开放代码给人们审查（让他们知道总有懂得如何审查代码的人会去审查这些代码）本身也能够提升信任感。

1.3　经典原则

信息安全的指导原则可以追溯到计算机行业早期，彼时计算机还保存在上锁的机房里，房间中还安装着高架地板和空调，这些计算机也才刚刚开始连接到网络当中。这些传统信息安全原则简直就是当代信息安全领域的“经典物理学”：很多应用适用这些信息安全模型，但并不是所有应用都适用，新开发的应用尤其不适合这些传统模型。譬如在现代数据保护方面，人们对信息机密性那些巨细靡遗的思考和处理，在传统信息安全原则中就难觅踪迹。

基本原则可以轻而易举地分为两组，每组三项原则。第一组的三项原则可以称为 CIA 原则，这三项原则定义了访问数据的要求；第二组的三项原则关注的则是如何控制和监测数据访问，我们称之为黄金标准（gold standard）。这两套原则相互依存，它们只有作为一个整体时才能有效地保护数据资产。

除了防止未经授权的数据访问，还有一个问题是哪些组件和系统有权发起访问。这是一个更加复杂的信任问题，它的复杂程度已经超出了信息安全的范围。不过，为了保护数字系统，人们无法回避这个问题。

1.3.1　信息安全的 CIA

传统上，软件安全都构建在信息安全的三大基本原则之上，即机密性（confidentiality）、完整性（integrity）和可用性（availability）。围绕着数据保护的基本概念，这三大基本原则的意义其实都很直观。

机密性：不会泄露信息——只允许已授权的数据访问。

完整性：准确维护数据——不允许未经授权的数据修改或者删除。

可用性：保障数据的可用性——不允许出现严重延迟或者未经授权的数据访问关闭。

这些简单的定义都对它们的目标和防御措施进行了描述。在审视设计方案时，我们应该考虑有哪些破坏信息安全的可能因素，同时考虑如何采取对应的防御措施。

CIA 的三大组成部分代表的都是理想模型，而人们一定要避免在安全问题上追求完美。比如，即使是那些经过了可靠加密的网络流量，只要窃听者下定决心，那么他/她也能从这些流量中得出一些信息，比如双方交换的数据量。从技术上看，端点之间的数据交换本身就会削弱交互的机密性。但是从实用角度上讲，除非我们采取极端措施，否则这个问题无法解决，同时这个风险又实在太小，小到忽略它也不会对安全构成影响（隐藏通信数据量的一种方法是让端点始终交换恒定数量的数据。在实际流量较低的时候，则让端点发送虚拟数据包（dummy packet）来维持恒定的数据量）。哪些行为和数据量息息相关，攻击者又会如何对这些信息加以利用？本书第 2 章会具体解释类似的威胁评估方法。

读者也许已经注意到：授权是 CIA 各项原则中都固有的元素，它规定数据只能由合法的人员进行访问、修改，数据可用性也只能交由合法人员进行管理。界定哪些行为“合法”非常重要，而授权策略恰恰就是为此而生的，但授权策略并不包含在这些基本的数据保护概念中。授权策略相关内容会在后文的“黄金标准”部分进行探讨。

1. 机密性

维护机密性意味着按照一种仅授权者可读的方式来保护隐私信息。这听起来很容易，但是实践起来就涉及很多复杂的问题。

首先，我们必须认真判断哪些信息属于隐私信息，这一点十分重要。设计文档应该明确地对此加以区分。虽然乍看之下，哪些信息属于敏感信息显而易见，但是人们在这方面的看法常常大相径庭，因此如果没有明确的标准就会导致误解。最安全的做法是把所有从外部收集到的信息都默认为隐私信息，直到有明确的策略来进行界定，并且解释清楚为什么可以对这样的设计方法进行适度的松绑。

下面是把数据视为隐私数据的一些原因，这些原因常常为人们所忽视。

- 一位终端用户可能会理所当然地希望他们的数据是隐私数据（即使这些信息被泄露也无

伤大雅），除非他们明确告知某些数据并非隐私。

- 人们可能会把敏感数据输入不同用途的文本字段中。
- 信息的收集、处理和保存有可能需要满足各类法律法规的要求，而很多人往往对这些法律法规一无所知（如果欧洲用户访问你的站点，这次访问行为可能就需要符合欧盟的法律法规，例如《通用数据保护条例》）。

在处理隐私信息的时候，我们应该判断哪些访问属于合理的访问行为。判断人们何时、通过何种方式披露隐私信息就属于信任决策范畴。我们不仅应该明确说出访问规则，还应该解释这些规则背后的主观判断。

机密性泄露也有一个频谱。完全的信息泄露是指攻击者获取到了完整的数据集，其中包括元数据。这个频谱的另一端则是程度相当轻微的信息泄露，比如内部错误消息或者其他不会造成什么后果的信息被泄露了出去。以部分信息泄露为例，我们可以设想一下给新的客户分配序列号：心怀不轨的友商可以不断注册新客户，从而获取客户的序列号，然后计算这些客户编号的数值差来判断各个时间段内企业的新客户数量。所有泄露受保护数据详情的行为，在某种程度上都属于机密性遭到破坏的情形。

人们经常对那些看似无关痛痒的信息泄露付之一笑。然而，攻击者利用信息的方式很有可能与开发人员的初衷大相径庭。不仅如此，攻击者也可以把多个信息片段组合起来，从而获得远比其中任何只言片语多得多的内容。仅仅获取某个人的地址邮编或许用处不大，但是如果你还知道对方大致的年龄，同时也知道对方是一位医学博士，你就可以把这些信息组合起来，在一个人口密度不高的区域中定位到这个人的位置。这个过程如今称为去匿名化（denonymization）或者重标识（reidentification）。研究人员通过分析一个貌似由网飞公司发布的匿名数据集，就能在大量用户账户与 IMDB 账户之间建立匹配关系。这说明了一个道理：你钟爱的那些电影就足以出卖你的个人身份。

2. 完整性

在信息安全这个语境里，完整性就是指数据的真实性和准确性，其宗旨是防止数据被随意删改。除了通过技术手段防止数据遭到未经授权的篡改，一份准确的数据来源记录（包括最初数据源，以及之后授权的数据源变更）也是相当重要、强大的完整性保障。

保存重要数据的版本并且记录它们的来源，这本身就是防止篡改攻击的典型手段。这说起来十分简单，就是保留一份良好的备份数据。执行增量备份是一种理想的攻击预防手段，因为增量数据保存简单，同时又以一系列快照的形式翔实地记录了哪些数据执行过变更，以及它们在何时执行过变更。不过，完整性的需求不只是保护数据这么简单，它还包括确保组件、服务器日志、软件源代码与版本，以及其他取证信息的完整性。这些取证信息可以在问题真的发生时，帮助我们判断并找出遭到篡改之前的原始信息源。除了限制管理访问之外，安全摘要（类似于校验和）和数字签名都可以用来执行强有力的完整性校验，这些内容会在本书第 5 章进行介绍。

读者应当切记，篡改包括很多不同的方式，并不一定是修改存储设备当中的数据。比如在 Web 应用中，篡改可能发生在客户端一侧，也可能发生在客户端和服务器之间；手段包括欺骗其中某一方修改数据，也包括在页面上修改脚本，等等。

3. 可用性

针对可用性的攻击是网络世界无法回避的现实问题，也是最难防御的攻击方式之一。这类攻击最简单的形式是攻击者向服务器发送过量的数据，通过看似合法的手段占用海量服务资源，导致服务资源耗竭。这表明信息会偶尔不可用。虽然永久丢失的数据也属于不可用的数据，但是这类数据一般会被认为属于完整性受到彻底破坏的情况。

匿名的拒绝服务（Denial of Service，DoS）攻击（一般都是为了索取赎金）几乎可以威胁到一切互联网服务，所以防御这类攻击是非常艰巨的挑战。为了更好地防御这类攻击，我们需要利用有能力承受大量负载的基础设施来承载大规模的服务，同时维护系统的灵活性，确保在事件发生时基础设施能够迅速实现迁移。谁也不知道 DoS 攻击的频率和成本，因为很多受害者都是自行解决问题的。但毫无疑问的是，我们应该提前制定好详细的计划，为应对这类情况做好准备。

很多其他类型的可用性威胁的原理与此类似。对于一台 Web 服务器来说，攻击者创建的恶意请求可以触发错误，导致崩溃或者无限循环，最终破坏服务器的服务。此外，其他的攻击方式可以导致应用的存储、计算或者通信出现超载，或者使用破坏缓存有效性的模式，这些都可以导致相当严重的问题。对软件、配置或者数据进行未经授权的破坏都可能对可用性产生负面的影响（甚至对备份数据进行破坏，也有可能导致延迟）。

1.3.2 黄金标准

如果 CIA 是安全系统的目标，那么黄金标准描述的就是达到这个目标的方式。在拉丁语中，Aurum 是黄金的意思，因此黄金的化学符号就是 Au，碰巧信息安全的重要原则也都是以这两个字母作为首字母的。

- 认证（authentication）：用高度可靠的方式来判断主体的身份。
- 授权（authorization）：仅允许通过认证的主体执行操作。
- 审计（auditing）：为主体所执行的操作维护一份可靠的记录，以便进行监控。

提示：这几个单词不仅长，而且长得差不多，读者可能会遇到一些简写，即用 authN 代指认证、用 authZ 代指授权。这样可以通过一种简短的方式来清晰地区分这些术语。

所谓主体是指一切通过了可靠认证的实体，包括一个人、一家企业或单位、一个政府实体，以及一个应用、服务、设备或者其他有权执行操作的对象。

认证的过程，是指通过可靠的方式来建立主体证书可靠性的过程。系统往往会要求用户证明自己了解用户账户所对应的密码，以此为注册用户执行认证。不过，认证的概念也可以更加宽泛。证书包括主体了解之事（如密码）、所有之物（如令牌）或者主体自身的属性（如生物数据）。在后文中，我们会详细对证书进行探讨。

认证后的主体在执行数据访问时，也会受到授权结果的限制。授权会根据预先设定的规则允许或拒绝用户的行为。例如，设置了访问控制规则的文件系统可能会针对某些用户把一部分文件设置为只读。这就像在一家银行中，柜员可能会把达到某个额度的交易记录下来，但是如果额度过大，这次交易就需要得到经理的批准。

如果一项服务保留了一个安全日志，而这个日志可以准确地记录主体执行的操作（包括那些因为授权失败而没有成功执行的操作），那么接下来管理员可以执行审计来对系统的操作进行监控，确保所有操作都是合理的。如果希望实现强大的安全性，准确的审计日志至关重要，因为它们提供了对真实事件的可靠记录。详细的日志可以为我们提供一份历史记录，揭示发生异常情况或者可疑事件时的准确情况。如果读者发现某份重要的文件不见了，那么日志在理想情况下应该对此提供各类详细信息，包括谁删除了这份文件、何时删除了这份文件等，以便技术人员以这份日志为依据，对此事进行深入调查。

黄金标准充当的是一种实现机制，旨在对 CIA 提供保护。本书此前把机密性和完整性定义为防止未经授权地泄露或篡改信息的行为原则，而可用性则会受到授权管理员的控制。真正兑现授权决策的唯一方法，是确保使用系统的主体都是正常通过认证的主体。审计则负责提供可靠的日志，记录谁、何时执行了什么操作，再由技术人员定期审查违规行为，并保留追究违规者责任的权利。

安全设计方案应该明确地把认证和授权这两者分开，因为把认证和授权结合在一起往往会导致混乱。如果能够把两者明确地分开，审计追踪工作也会变得更加清晰。我们通过下面两个现实生活中的例子，解释为什么认证和授权应该分开。

- “你为什么把那个家伙放进保险库？”“我也不知道，但是他一看就是合法人员啊。”
- “你为什么把那个家伙放进保险库？”“他的 ID 卡上写着 Sam Smith，他还拿着支行经理手写的纸条。”

第二种答复比第一种明显要更加完整，因为第一种答复基本上一文不值，只能证明安保人员没动脑子。即使保险库被人入侵了，第二种答复可以提供详细的信息以供人们进行调查：支行经理有权限放某人进入保险库吗？那个纸条是支行经理写的吗？如果安保人员保留了 ID 卡的复印件，这份复印件也可以帮助人们找到 Sam Smith。如果支行经理写的纸条上只是显示“让持条者进入保险库”（相当于仅做了授权，没有做认证），调查人员就很难弄清楚发生的情况，也很难调查出入侵者的真实身份。

1. 认证

认证的目的是，根据能够证明主体真实身份的证书，测试该主体的真实身份与其所声称的身份是否一致。认证服务也可能会使用一种更强形式的证书，譬如数字签名或者挑战码。这些证书的形式可以证明主体拥有与其身份相关联的私钥，浏览器就是这样通过 HTTPS 来认证 Web 服务器的。数字签名是一种更加理想的认证形式，因为数字签名可以让主体在不泄露密码的情况下证明自己掌握密钥。

证书提供的认证信息包括下面这几类。

- 所知之事（something you know）：如密码。
- 所有之物（something you have）：如安全令牌。在虚拟世界中，所有之物也包括某种类型的证书、密码或者签名文档，这些信息必须是无法伪造的。

- 自身属性（something you are）：即生物特征（如指纹、虹膜等）。
- 所处之地（somewhere you are）：经过验证的所在地，如与安全场所中私有网络建立的连接。

在这些认证方法中，有很多方法都是相当简单的。你的所知之事可能泄露，你的所有之物可能失窃，你的所处之地有很多方法可以加以操纵，就连你的自身属性都有可能被伪造（甚至如果遭到盗用，我们连修改都很困难）。在当今网络世界，认证基本上已经在网络中得到了普及，认证行为几乎每时每刻都在发生，甚至有时认证这项任务比现实世界中的身份认证都要复杂。例如，在网络中，浏览器会充当信任代理的主体。浏览器会首先在本地执行认证，并且浏览器只有在认证成功的前提下才会把加密的证书发送给服务器。系统通常会使用多个认证要素来避免认证信息遭到盗用的问题，同时频繁地进行审计也是认证的一大重要后盾。用户使用两项认证要素总比使用一项认证要素要好（但也好不了太多）。

不过，当人们加入一家公司、建立自己的账户，或者在忘记密码后请技术支持团队恢复自己的访问时，组织机构必须能够判断人员的真实身份，才能为他们分配证件。

比如，在我入职谷歌公司的时候，所有新员工在周一上午集合，我们对面是几位 IT 管理员。他们按照新员工名册一一检查了我们的护照或者其他身份证件。检查无误之后，他们才发给我们工牌和公司的笔记本电脑，并让我们设置自己的登录密码。

IT 团队检查我们的证书（也就是我们的身份证件等），就是为了判断我们提供的材料是否能够准确无误地证明我们的身份。这份证书所提供的安全性取决于很多因素，包括官方证件及其支持文件（如出生证明）的完整性和准确性、伪造这些证件的难度、非法获得这些证件的难度等。在理想的情况下，一份从出生时注册身份一直更新至今的信息链，应该在我们的一生中都能够保存完整，这样才能唯一地标识我们的身份信息。安全地标识一个人的身份的难度很高。因此，为了保留一些隐私和自由，人们宁愿在日常生活中选择不那么严格的措施。本书的重点并不是如何鉴别一个人的身份，而是前文刚刚提到的黄金标准。身份管理这个更加复杂的问题这里不赘述。

只要条件允许，我们就应该依靠现成、可靠的认证服务，而不应该动辄“自力更生”。哪怕是简单的密码认证也很难安全地落实。如何安全处理自己已经忘掉的密码更是一个麻烦的问题。一般来说，认证的过程应该包括对证书进行校验，并给出认证通过或者认证失败的响应消息。不要采用认证“部分成功”的做法，这样等于在暗示黑客可通过不断试错来破解密码。如果希望降低暴力破解密码的风险，常见的做法是让认证密码从根本上很难通过计算破解，或者在认证流程中引入一些延迟（详见本书第 4 章介绍的“避免可预测性”）。

在对用户进行认证之后，系统必须找到一种方式来安全地绑定主体身份。一般来说，认证模块会给主体颁发一个令牌，主体在认证中使用令牌即可，这样就可以避免后续被要求执行完整的认证过程。这里的关键在于，主体可以借助代理（如浏览器），直接把认证令牌作为一种证明自己身份的信物，为未来的身份认证请求提供一种安全的方式。这种方式会代表认证主体来绑定存储的令牌，在未来收到请求的时候提供令牌即可。网站往往会通过浏览会话所关联的安全 Cookie 来达到这个目的。不过，针对其他主体和界面，也有很多不同的方法。

安全绑定认证实体后可以用两种基本方式进行入侵。第一种方式显而易见，那就是攻击者可以盗用受害者的身份。此外，接受认证的主体也有可能与其他人相勾结，把自己的身份信息泄露给别人，甚至把自己的身份强加给别人。几个人分享同一个付费订阅的节目就属于这种入侵方式。网站对这种方式基本上无能为力，因为主体和令牌之间的绑定关系本来就是比较松散的，何况这种关系还取决于主体自己是否愿意合作。

2. 授权

到底应该允许还是应该拒绝重要的操作行为？这类问题应该根据主体在认证时确立的身份来决定。各类系统会通过业务逻辑、访问控制列表或者其他正式的访问策略来实现授权功能。

匿名授权（即不进行认证的授权）适用的场合可以说寥寥无几。在现实生活中，匿名授权相当于拿着车站公共储物柜的钥匙存取个人物品。根据时间设置访问限制（比如，仅允许员工在工作时间访问数据库）也是匿名授权的一个示例。

针对一项资源，应该通过一项单一的要素来实施授权，不要让授权代码散布在整个代码库中，否则这会是运维和审计人员的一场噩梦。因此，应该依靠某一项公共框架来唯一地提供访问授权。精良的设计方案可以帮助开发人员正确地处理系统。总之，无论何时何地，都建议从众多标准的授权模型中选择其一，而不是使用混搭的方案。

基于角色的访问控制（Role-based Access Control，RBAC）可以在认证和授权之间建立起一座桥梁。RBAC 会根据分配给认证主体的角色（role）来提供访问授权，这样就可以通过统一的框架简化访问控制。比如一家银行，柜员、经理、贷款专员、保安、财务审计师和 IT 管理员等占了一半的角色。RBAC 并不会为每个人单独定义访问权限，而会根据每个人的职责指定一个或者多个角色，从而为人们自动分配相关联的唯一权限。在更高级的 RBAC 模型中，一个人可以拥有多个角色，人们可以为不同的访问主动选择使用不同的角色。

授权机制远比传统操作系统提供的简单读/写访问控制要细致得多。人们可以设计更加强大的授权机制，以便在不损失重要功能的前提下对访问进行限制，提升安全性。这些更高级的授权模型包括基于属性的访问控制（Attribute-based Access Control，ABAC）、基于策略的访问控制（Policy-based Access Control，PBAC）等。

读者想想银行柜员的例子，就可以发现对授权进行精细化可以达到收紧策略的目的。

限速：一位柜员每小时可能最多处理 20 笔交易。如果超出了这个数量，这些交易就很可疑了。

每日时间：交易必须在工作时间内完成。

不服务自己：禁止柜员用他们的个人账户进行交易。

多个主体：超过 10000 美元的交易需要经理批准（以此消除一个坏人一次性就可以转走大量资金的风险）。

最后，对于某些数据来说，只读访问的访问级别依然过高，密码就属于这类数据。系统往往会通过比较明文密码的摘要的方式来校验密码，以免泄露明文密码。用户名和密码都会被发送给一台前端服务器，由前端服务器计算密码的摘要值，然后把摘要值发送给认证服务，同时迅速摧毁这个明文密码的一切痕迹。认证服务无法从证书数据库中读取明文密码，但是它可以读取摘要值，它会用这个值来与前端服务器提供的值进行比较。通过这种方式，认证服务就可以对证书进行校验了，但认证服务永远无法访问任何密码。因此，即使认证服务遭到入侵，也不会导致密码被泄露出去。除非界面设计能够提供这类安全方案，否则它们会失去这样一个减少数据泄露可能性的机会。本书会在 4.2.2 节进一步探讨这个话题。

3. 审计

为了让组织机构能够对系统的行为进行审计，系统必须基于所有对运维安全至关重要的信息生成一份可靠的日志。日志中包括认证和授权事件、系统启动与关闭、软件更新、管理访问等。审计日志也同样必须能够抗篡改。在理想情况下，最好是连管理员也无法插手修改这些日志，这样可以将其视为绝对可靠的记录信息。审计是黄金标准中的一个重要环节，因为网络中总是会发生这样或那样的事件，认证和授权策略的漏洞也总是难免的。审计可以自始至终为人们提供必要的信息。在工作中，当授权主体做出与人们信任相悖的行为时，审计信息可以帮助人们规避由此带来的风险。

如果处理得当，审计日志可以为日常检测、系统性能级别评测、错误和可疑行为检测带来巨大帮助，也可以在事件发生后用于判断攻击实际发生的时间和评估攻击带来的损失。切记，要想对一个数字系统进行彻底的保护，不仅要正确地实施策略，还要成为一位负责任的信息资产管家。审计可以确保可靠的、通过了认证的主体在自己的权限范围内采取的操作都是合理的。

在 2018 年 5 月，推特[①]公布了一个让人尴尬的 bug：他们发现在不经意地修改了一段代码之后，原始登录密码就直接显示在他们的内部日志当中。虽然这件事导致密码遭到滥用的可能性不高，但是它会打击用户的信心，因此绝对不应该发生。日志应该记录操作的细节，但是不存储任何实际的隐私信息，这样才能把信息泄露的可能性降到最低，毕竟技术人员中有很多人日常就会查看这些日志。关于如何满足这样的需求，本书附录 A 中的设计文档示例详细列出了满足标准的日志记录工具。

系统也必须有能力阻止人们通过篡改日志来掩饰那些恶意的操作，如果攻击者有能力修改日志，他们当然会把自己的操作痕迹清除得干干净净。对于那些特别敏感的高风险日志，应该由不同管理和操作团队负责的独立系统来管理其审计日志，以防内部肇事者掩盖自己的操作痕迹。虽然做不到尽善尽美，但是独立系统的存在本身就会对那些“耐人寻味”的业务产生强大的抑制作用，这就像一排高度有限的栅栏和一处位置显眼的视频监控摄像头就可以有效地防御入侵一样。

此外，任何尝试规避独立系统的行为都会显得相当可疑，每一项错误的操作都会给攻击者造成严重的影响。一旦被发现，他们也很难对自己的罪行进行抵赖。

不可抵赖性（non-repudiability）是审计日志的一项重要的属性。如果日志显示，一位有名有姓的管理员在某个时间点允许了一条命令，之后系统立刻就崩溃了，那么这次系统崩溃的责任就很难推卸给别人。反之，如果一家单位让多名管理员分享同一个账户（千万不要这样做），

① 已更名为“X”。

这家单位就无法判断谁执行了哪些操作，每个人也就都有了抵赖的口实。

最后，审计日志只有在人们监控日志内容时才能发挥作用，因此务必认真地分析那些异常事件，然后不断跟进，并且在必要情况下采取合理的行动。为了达到这样的目的，我们应该遵循 Goldilocks 原则，即日志记录的数量和规模应当适宜。一方面，日志数量过大就会让人们更容易忽视日志的内容，毕竟人们很难从大量嘈杂无序的日志中提取出有用的信息。另一方面，缺少细节的日志则有可能遗漏关键的信息。因此，找到一个合理的平衡点会是一项长期且艰巨的任务。

1.3.3 隐私

除了信息安全的基础（即 CIA 和黄金标准）之外，本书要介绍的另一基本话题与信息隐私这个领域有关。安全和隐私的边界很难清晰地界定，它们既紧密相关又大不相同。在本书中，我会把重点放在它们的共同点上，但也不会去统一这两个概念，而是把安全和隐私都包含在构建软件的流程这个话题中。

为了尊重人们的数字信息隐私，我们必须考虑其他人为因素，对机密性原则进行扩展。这些因素包括：

- 客户希望人们采用的信息收集与使用方式；
- 明确界定如何合理使用和披露信息的策略；
- 与收集和使用各类信息相关的法律法规；
- 与处理个人信息有关的政治、文化和心理等因素。

随着软件在人们生活中所扮演的角色愈发重要，人们和软件之间的联系也变得越来越紧密。软件开始涉足人们生活的敏感领域，这就催生了很多复杂的问题。过去发生的那些信息事故和滥用导致的事故让人们越来越清醒地认识到其中存在的风险。随着社会开始通过法律的方式来应对这些新的挑战，妥善处理个人信息的难度也水涨船高。

在软件安全领域，人们对从业者提出了下列要求：

- 要考虑到收集和共享数据会给客户和相关人员带来哪些影响；
- 要把可能的问题都标记下来，并且在必要的时候请教相关专家；
- 应该针对隐私信息的使用方式建立明确的策略和指导方针并严格遵守；
- 要把这些策略和指导方针转化成强制执行的软件代码；
- 要维护一份准确的记录，包括获取、使用、共享和删除数据的历史信息；
- 对数据访问授权和特殊访问行为进行审计，确保这些行为符合安全策略。

如果说对系统控制进行维护、为人们提供合法访问是一份既简单又枯燥的安全工作，那么涉及隐私信息的工作就很难找到一个合适的字眼来形容了。随着社会开始通过收集数据来深入探索人们的未来，我们仍然坚定捍卫人们维护自己隐私的愿望，并且制定保障人们隐私的规范。保护隐私殊非易事，明智的做法是让使用数据的行为尽可能透明。这就包括让所有人都能轻而易举地读懂我们的策略、收集尽可能少的数据，尤其是涉及个人身份的数据信息。

收集信息必须拥有明确的目标，保留信息必须保证信息确有价值。除非设计方案中就规划好了合规的用法，否则应该避免提前收集这样的信息。不要因为信息“将来有可能用到”就随随便便收集，这样做的风险很高，绝不是什么好做法。如果未来合法使用某些数据的必要性不高，最合理的做法就是安全地删除这些数据。针对那些特别敏感的数据，或者为了实现最大程度的隐私保护，我们应该采用直截了当的手段：只要数据泄露的风险超过了保留这些数据的益处，我们就应该删除这些数据。有时候，保留几年前的电子邮件确实比较方便，但是这种做法恐怕难以满足任何清晰的商业需求。反之，内部电子邮件如果通过某种方式泄露了出去，有人就可能需要为此承担责任。所以，最好的策略往往就是删除这样的邮件，而不是想着“说不定哪天用得到”，于是就一直保留着所有的数据。

处理信息隐私的完整流程超出了本书的范畴，但是对任何系统（只要这个系统的目的是收集人们的数据）的设计来说，隐私和安全性都是两个紧密相关的属性。毕竟，人是操作几乎所有数字系统的主体，虽然操作的方式不一而足。采用强大的隐私保护方式是建立强大安全性的必经之路，所以本章的目标就是唤起人们的意识，即把保护隐私融入软件的设计之中。

虽然保护隐私是一个复杂的问题，但是解决隐私问题的一大最佳实践却是人尽皆知的：人们必须明确表达出自己对隐私问题的关注。隐私策略和安全性不同，隐私策略能够在一定程度上权衡信息服务会在多大程度上利用客户的数据。“我们会反复使用你们的数据，还会把这些数据卖给别人”，这当然是隐私保护的一个极端，但“早晚有一天我们不会再给你们的数据提供保护”也称不上是合理的安全立场。当用户的期望和实际的隐私策略相脱节时，或者当用户违反了明确的安全策略时，隐私问题就会暴露出来。用户的期望和隐私策略脱节是因为安全人员没有向用户主动解释他们处理数据的方式。用户违反安全策略则是因为安全策略仍然不够清晰，或者负责人对其熟视无睹，又或者这些安全策略在一场安全事故中遭到了破坏。

提示：本书附录D包含CIA和黄金标准的汇总表格，以兹读者参考。

第2章

威胁

2

威胁常常比事件本身更加可怖。——索尔·阿林斯基

威胁无处不在。不过，如果妥善管理，我们也可以安然与威胁共存。软件安全其实并没有什么不同之处，只不过我们自己没有几百万年进化而来的本能来防御软件方面的威胁。这也就是为什么我们需要树立软件安全的意识，为此我们必须把视角从软件构建者转向攻击者。理解一个系统的潜在风险是一切的起点，我们应该从这一点出发，在软件设计中加入可靠的防御和缓解措施。不过，要想在第一时间意识到这些风险的存在，我们暂且不要思考那些经典的使用案例，也不要按照设计功能来使用软件。我们必须首先看清软件的本质：它是由一堆代码和组件构成的，这些代码和组件承担着数据处理和存储的职责。

我们以曲别针为例，曲别针是一个设计十分巧妙的工具，它可以把一沓纸夹在一起。不过，曲别针本身也可以掰成一根笔直的铁丝。典型的安全意识就是，我们应该意识到犯罪分子可以把曲别针掰成铁丝，再把这根铁丝插进钥匙孔里、拨开锁扣，然后推门而入。

这里需要强调的是，威胁包含各种可以带来伤害的方式。刻意发动的对抗性攻击行为固然是我们探讨的重点，但是我们也绝对不能忽视因软件错误、人为错误、意外事故和硬件故障等问题导致的威胁。

威胁建模可以为我们提供一个视角，让我们可以在整个软件开发过程中做出足以影响全局的安全性决策。后文介绍的处理方法强调的是概念和原则，而不会把重点放在威胁建模的具体方法上。微软公司在21世纪初采用的早期威胁建模行之有效，但是需要对安全人员进行大量的培训，也需要安全人员付出巨大的努力。好在威胁建模的方式本身就很丰富，一旦理解了基本概念，人们很容易就可以对自己的威胁建模流程加以调整，从而利用有限的时间和精力，得到合理的回报。

我们当然很难穷举大型软件系统的所有威胁和漏洞。因此，高明的安全工作是逐步提高标准，而不是追求尽善尽美。我们可以首先找出一些潜在的风险，然后缓解其中的一部分问题。即便如此，那也意味着做出了一定的改进。这样的做法或许就有可能避免出现重大的安全事件，这已经是不容小觑的成就了。不过，我们恐怕从来都对那些遭到挫败的攻击一无所知，而缺乏反馈机制往往会让人倍感失望。可以说，我们展现出来的安全意识越强，我们就可以看到越多的威胁。

最后，理解威胁建模可以让我们把视野从安全性上扩展出去，从而重新审视我们的目标系

统。如果我们通过新的方式对软件加以检视，就可以更加深入地发现改进、提升、简化软件的机会，也可以发现那些与安全性无关的新特性。

2.1 对抗性视角

利用漏洞的行为是我们在现实世界中接触过的、最接近“魔法咒语”的东西。首先我们组织正确的咒语，然后对设备执行远程控制。——霍尔弗·弗莱克

人类肇事者才是万恶之源。安全事件不会自己无缘无故地发生。因此，只要对软件安全性进行协同分析，就一定要考虑可能的对手会进行什么样的尝试，这样才能预测和防御潜在的攻击。攻击者都是杂牌军，从脚本小子（只能使用自动化恶意软件，没有技术能力的攻击者）到掌握高端技术的国际黑客不一而足。能够在某种程度上站在对手的角度进行思考固然是件好事，但是不要自欺欺人地认为自己可以准确地预测对手的一举一动，也不要花费大量时间和精力去猜测他们的具体想法，更不要自以为是永远比对手棋高一着的名侦探。了解攻击者的思考方式的确有其价值，但我们的目标是开发安全软件，所以攻击者具体会通过什么技术手段来探测、渗透和泄露数据无关紧要。

我们有必要思考系统中最核心的目标是什么（在有些情况下，对手认为价值连城的数据对你来说实际上并没有那么高的价值），然后确保高价值资产能够得到妥善的保护，但不要浪费时间去做攻击者肚子里的蛔虫。攻击者可不会白白浪费精力，他们一般都会把注意力放在那些最薄弱的环节上，以便可以顺利完成他们的任务（他们也有可能漫无目的地四处尝试，但这种行为很难防御，因为这些行为目的并不明确、随意性很强）。软件错误绝对是攻击者重点关注的对象，因为它们往往就是软件的弱点所在。攻击者如果偶然发现了某些明显的软件错误，他们就会尝试创建一些变体，看看能不能造成实实在在的破坏。那些可以导致系统内部详情泄露的错误（例如，详细的堆栈转储）对攻击者的吸引力尤大。

一旦攻击者发现了漏洞，他们就很有可能把更多时间和精力放在这个漏洞上，因为很多瑕疵都可以被攻击者借助协同攻击扩展出严重的后果（本书第8章还会介绍这方面的详细信息）。一般来说，两项几乎不会引人注意的细微漏洞如果结合在一起，就可以制造出一次重大的攻击，因此我们应该严肃对待一切漏洞。虽然攻击者没有内部信息（至少在执行渗透之前是没有的），但是掌握攻击技术的人绝对了解威胁建模的手段。

尽管我们永远都无法真正预判对手会把时间花在哪个环节上，但是我们仍然应该思考一下攻击者的动机，这是判断软件是否会受到严重攻击的一项标准。这其实和一位著名的抢劫犯在解释其抢劫银行的原因（因为那里有钱）的道理类似。这里的重点在于，攻击一个系统可能获得的收益越高，人们就越有可能应用更多的技术和资源来对这个系统发起攻击。虽然这只能作为一种推断，但这种分析方法可以作为一个相对的指导方针：政府、军方、大型企业和金融机构的系统都是重大的攻击目标，而你保存爱宠照片的那个硬盘分区应该不是。

最后，与一切形式的攻击行为一样，攻击的难度总是小于抵御攻击的难度。攻击者只需要选择好切入点，然后下定决心去利用尽可能多的漏洞就可以了，因为攻击者其实只需要成功一次就够了。这些都表明了优先考虑安全工作的原因，防守方需要善加利用所有可用的优势。

2.2 4 个问题

很多年来，在微软公司执掌安全建模的专家亚当 • 肖斯塔克（Adam Shostack）针对安全建模总结了下列 4 个问题。

- 我们的工作是什么？
- 哪里有可能出错？
- 我们打算怎么办？
- 我们干得怎么样？

第一个问题旨在建立项目的背景和范围。回答这个问题需要描述清楚项目需求和设计方案、项目的各个组件和它们之间的互操作，以及对操作方面的问题和用例的考虑。第二个问题是这种方法的核心，旨在尽可能地判断有可能发生的问题。第三个问题则旨在设法缓解我们发现的问题（本书第 3 章会进一步探讨降低风险的措施，但是我们会首先搞清楚它们与威胁之间的关系）。第四个问题则旨在让我们对整个流程发问——软件承担了什么工作、软件可能产生什么问题，以及我们在应对这些威胁的时候发挥得如何？这些内容都是为了评估危机在多大程度上得到了缓解，同时确认系统目前已经足够安全了。如果还有问题没有得到解决，我们就可以再次考虑上述问题，以便解决遗留的问题。

威胁建模当然远不止于此，但通过上述 4 个问题可以大幅度简化威胁建模的工作。借助这些概念，结合本书中介绍的其他理念和方法，我们就可以让自己搭建和运维的系统在安全性方面获得大幅提升。

2.3 威胁建模

“哪里有可能出错？”

人们提出这个问题，有时候只是在表示自己的玩世不恭。但是在安全领域，这个问题毫无反讽的意味，它简洁地表达了威胁建模的出发点。回答这个问题要求我们找到威胁并且对其加以评估。我们可以对威胁的优先级进行排序，然后设法通过缓解措施来降低重要威胁给我们带来的风险。

让我们一起来解构一下这个问题。下列步骤介绍了威胁建模的基本流程。

（1）从系统模型出发，确保我们对整个系统范畴内的要求全都进行了考量。

（2）判断系统中需要加以保护的资产（包括有价值的数据和资源）。

（3）逐个组件地搜索系统模型，寻找潜在的威胁，判断攻击面（即攻击的起源地）、信任边界（连接系统可靠组件和不可靠组件的接口）以及不同类型的威胁。

（4）按照确定性从高到低的顺序，依次分析这些潜在的威胁。

（5）按照严重性从高到低的顺序，依次对威胁进行评分。

（6）对最严重的威胁提出降低风险的缓解措施。

（7）从效果最好、实施最简单的方法开始，不断增加缓解措施，直至看到实际的效果。

（8）从最关键的威胁开始，逐个测试缓解措施的效果。

对于一个复杂的系统来说，包含所有可能威胁的完整清单会大到令人无法想象，完整分析这样一份清单更是绝无可能（这就像如果你想象力足够丰富的话，你可以在做每件事的时候都在头脑中列举所有的方法，攻击者就经常这么干）。在实践当中，第一次威胁建模只应该关注那些针对高价值资产的重大、高风险威胁。一旦理解了这些威胁，并且采取了行之有效的缓解措施，我们就可以不断对剩下的、威胁性比较小的威胁执行风险评估了。从这里开始，我们就可以根据需要进行多次威胁建模，每次威胁建模都增加撒网的范围，从而包含更多的资产、执行更深入的分析，并且分析风险更小的威胁。在比较全面地理解了那些最严重的威胁、规划了必要的缓解措施，同时确定剩余的风险都是可以接受的之后，这个流程就可以告一段落了。

人们在日常生活中都会根据本能，做一些类似于威胁建模的工作，采取符合一般常识的预防性措施。比如，当我们需要在公共场所交流私密消息的时候，我们会通过即时通信软件来传递，而不会直接对着电话把这些信息喊出来。如果用威胁建模的语言来表达，我们就可以说这个消息的内容属于信息资产，这些信息的泄露对我们来说就是一种风险。在别人能听到的地方说话就是攻击面，用无声的输入法代替语言表达就是一种行之有效的缓解措施。如果这时我们发现有个陌生人正盯着我们的手机屏幕，我们可能还会增加缓解措施，比如用一只手遮住手机屏幕，让对方无法看到上面的内容。虽然我们在现实生活中会自然而然地采取这样的行动，但是把这些方法应用到我们本能还不能覆盖的复杂软件系统上则需要制定更多的规则。

2.3.1　从一个模型入手

我们需要通过严格的方法才能够彻底判断系统中存在的威胁。传统上，威胁建模会使用数据流图（Data Flow Diagram，DFD）或者统一建模语言（Unified Modeling Language，UML），但是每个人都可以使用自己喜欢的模型。不管使用系统的哪种抽象描述方法（DFD 或 UML，或者一份设计文档，甚至只是一份不那么正式的白板会议纪要），这里的关键是我们需要观察系统的抽象表现方式——其中包含了足够的信息，让我们可以掌握能够对系统进行分析的细节。

更加正式的方法往往更加严格，输出的结果也更加准确。当然，我们也需要为此付出更多的时间和精力。在过去很多年里，安全技术社区发展出了一系列替代方法，不同的方法在成本和结果上的权衡方案也不尽相同——毕竟，成熟的威胁建模方法（包含像 DFD 这样的正式模型）往往耗资巨大并且需要投入大量时间。时至今日，我们可以使用专业的软件来完成这项工作。其中比较理想的软件可以把工作中最重要的内容全部自动化——当然，解释输出的结果并且进行风险评估还是需要人工介入。本书会向读者展示所有读者自行进行威胁建模而不借助任何专业工具时所需要掌握的内容，前提是读者已经足够了解自己的系统，并且对上述 4 个问题进行了完整的回答。在这些知识的基础上，读者可以按照自己的喜好，选择是否向更高层次继续挺进。

不管使用什么模型，我们都应该用合理的细致程度（即粒度）来完整地覆盖目标系统。按照 Goldilocks 原则选择合适的粒度：既不要掺杂过多的细节（否则工作永远也做不完），也不要太过提纲挈领（否则我们会忽略很多重要的细节）。如果这项工作很快就完成了，但我们还是没有获得针对目标系统的太多信息，这就很可能表示粒度不够。反之，如果我们埋头苦干了几个小时之后，发现距离成果还有十万八千里，就说明粒度有些过高了。

我们可以以 Web 服务器为例，介绍一下合理的粒度应该是什么样子的。如果有人给你提供了一个模型，模型左侧的图形上写着“互联网”，互联网连接中间的前端服务器，前端服务器的右侧则是这个环境中的第三个组件“数据库”。这样的模型几乎没什么大用，因为基本上这个世界上出现过的所有 Web 应用都符合这个模型。我们可以判断所有资产都应该保存在这个数据库中，但是这个数据库中都保存了什么资产呢？系统和互联网之间必须有一个信任边界，但这是唯一的信任边界吗？显然，这个模型过于提纲挈领了。另一个极端是，模型详细列出了每个库中包含的内容、框架的每一个组成部分，以及各个组件之间的详细关系，这样的模型包含太多我们分析时用不到的信息。

Goldilocks 版本介于两个极端之间。数据库（资产）中存储的数据可以分为几个大类，我们可以把每个大类都视为一个整体，比如客户数据、清单数据、系统日志等。服务器组件可以分成几个部分，每个部分的粒度都足以展示很多进程，包括每个部分在运行中的优先级、主机上的内部缓存、对通信信道的描述，以及用来与互联网和数据库通信的网络。

2.3.2 判断资产

通过模型有条不紊地工作，我们就可以对资产和威胁进行明确的判断。资产是指系统中我们必须加以保护的实体。大多数资产都是数据，但是资产也有可能包含硬件、通信带宽、计算资源和其他物理资源（如电能等）等。

威胁建模的初学者一般都希望对所有资产统统加以保护。在理想世界中，这种想法固然惬意。但是在实际工作中，我们需要对自己的资产进行优先级排序。例如，对于任何 Web 应用来说，互联网上的每个人都可使用浏览器或者其他软件对其发起访问，这些软件都不是由应用的所有者控制的，所以想针对客户端发起全面保护是完全不可能的。与此同时，我们也应该始终确保内部系统日志是保密的。不过，如果日志中尽是对外部人员没有任何价值的无害信息，那么我们倒也没有必要投入大量精力对其加以保护。这不是说我们应该完全忽视这样的风险，而是说我们应该保证将有限的精力优先投入到需要加以保护的资产上。比如，我们可以通过设置，让管理员成为唯一可以读取日志内容的账户，这样我们就花几分钟时间对那些价值不大的日志进行了保护，这也就足够了。

此外，我们可以把代表金融交易的数据当作真实的货币，并且安排这类数据的优先级。个人信息属于另一种敏感度很高的资产，因为一个人的位置信息和其他个人信息都可以被攻击者用来揭露这个人的隐私，从而把这个人置于风险之中。

同样，我一般都会建议不要试着去做复杂的风险评估计算。比如，不要把不同的风险等级和货币价值对应起来。因为要想分析出这些信息，我们就必须通过一些方法来判断未知情况发生的可能性。比如：有多少攻击者可能会对我们的网络发起攻击？他们会投入多少时间和精力来尝试发起攻击，会发起什么样的攻击？他们成功的可能性有多大，会获得什么样的成功？客户的数据库价值如何（要注意，数据库对公司的价值和对出售它来获利的攻击者的价值是不一样的，用户对自己数据的价值也有不同的判断）？这样的安全事件会让我们付出多长时间的额外工作、花费多少钱？

对资产进行优先级排序其实有一种简单而且非常高效的方式，那就是通过“衬衫尺码”来对它们进行排序——这种简化方法虽然不是行业标准，但是我觉得帮助很大。我们可以把自己必须加以保护的核心资产定义成“L 码”，把重要性次之的高价值资产定义为“M 码”，把即使被入侵也问题不大的资产定义为“S 码”。一些高价值系统甚至可能拥有“XL 码”的资产，这些资产需要进行非常高级别的保护，例如金融机构中的账户余额、攸关通信安全的加密私钥等。在这样一个框架中，我们应该把主要的防御和缓解措施作用于 L 码资产，然后有选择、有技巧地投入一些资源在 M 码资产上。这种投机取巧式的保护措施包括采用那些低投入且不会造成负面影响的方法。不过，即使我们可以通过这种投机取巧式措施来对 S 码资产加以保护，我们也必须首先保证所有的 L 码资产都得到了妥善的保护。本书第 13 章会详细探讨分级方法的软肋，这些问题也同样存在于威胁评估当中。

需要进行优先级排序的资产应该包含客户资源、个人信息、企业文档、操作日志和软件代码等，当然这些只是一部分高优先级资产。在对数据资产进行优先级排序时，应该考虑很多因素，包括信息安全原则（本书第 1 章探讨的 CIA 原则），因为不同数据泄露、篡改和破坏带来的负面影响也大不相同。信息泄露（也包括部分信息泄露，如信用卡号的最后 4 位）的后果是很难进行评估的，因为我们需要考虑攻击者如何使用这些信息。另外，鉴于攻击者还有可能把多个信息碎片组合成一个接近完整数据集的信息，分析和评估信息泄露的后果就更困难了。

如果我们把资产集中起来，就可以大幅简化我们的分析工作，不过我们也要注意在这个过程中不能错失重要的信息。如果读者正在同时管理多个数据库，通过类似的方式给这些数据库授予了访问权限，这些数据库保存的数据来自类似的数据源，保存这些数据库的位置也基本相同，那么我们就可以把它们视为一个整体。不过，如果这些因素彼此大不相同，我们就有充分的理由对它们分别进行处理。在进行风险评估和判断缓解措施的时候，一定要考虑到这些因素的差异。

最后，一定要从各方的角度分别考虑资产的价值。例如，社交媒体服务会对很多数据进行管理，包括内部企业计划、广告数据和客户数据等。这些资产中每一项的价值都取决于你在这家公司扮演的角色是 CEO、广告人员、客户，还是希望从网络攻击中攫取经济利益或者政治回报的黑客。其实，即使是客户，不同的客户对通信中的数据隐私和数据价值也有不同的理解。优秀的数据管理原则规定，对客户和合作伙伴的数据所提供的保护应该超过对自己企业数据提供的保护（我本人就听说过很多公司高管陈述过这样的策略）。

然而，并不是每家企业都会采用这样的做法。Meta 公司的 Beacon 功能曾经自动把客户消费的详细信息发布到它们的新闻提要中，结果在愤怒客户的一片反对声中，这种操作方式被黯然取消。虽然 Beacon 并没有给 Meta 公司带来风险（不考虑对这个品牌声誉带来的负面影响），但是它给客户制造了实实在在的风险。如果对客户信息泄露的情况进行威胁建模，企业其实早就可以发现他们无缘无故地把客户购买圣诞节礼物、生日礼物，甚至订婚戒指的信息公之于众肯定会触犯众怒。

2.3.3 判断攻击面

攻击面这个概念值得我们特别注意，因为这是攻击者的第一个潜入点。我们应该考虑尽一切可能缩小攻击面，因为这样可以彻底消弭潜在的攻击源。很多攻击都有可能在整个系统中散布出去，所以尽早防御这类攻击才是最好的防御方式。因此，安全的政府大楼都会把配备金属探测器的检验装置放在大楼唯一的公共入口处。

软件设计往往比设计一栋物理大楼要复杂得多，所以判断整个攻击面也殊非易事。除非我们可以把系统置于一个可靠、安全的环境当中，否则系统包含一些攻击面总是在所难免。互联网总会提供一些重大的暴露点，因为确实每个人都可以匿名访问互联网。虽然我们都想把内部网络（组织机构私有的网络）看成可靠的环境，但是我们恐怕还真不能这么干，除非这个内部网络采用了非常高级别的物理和 IT 安全标准。起码，我们应该把内部网络看成一个风险比较小的攻击面。对于设备或者交互信息亭应用（kiosk application），我们在分析攻击面时要把产品外部的组件也考虑在内，包括屏幕、用户界面的按钮等。

要注意，攻击面不局限于数字世界内部。以信息亭应用为例：在公共场合显示出来的信息就有可能被别人“窥视”。攻击者甚至可以执行侧信道攻击（side-channel attack），即通过检测系统发出的电磁信号、热量、功耗甚至键盘的声音等信息，来推测系统内部的状态。

2.3.4 判断信任边界

接下来，我们需要对系统的信任边界进行判断。因为信任和权限总是相互关联的，所以我们也可以把信任边界理解为权限边界。如果在人类社会中给信任边界进行类比，那么信任边界可以类比公司经理（了解更多内部信息）和员工之间的信息差，或者你家的大门（你可以选择谁能够进入你的家门）。

操作系统的内核-用户界面就是信任边界的经典示例。这种架构的流行始于大型计算机“大行其道”且这类设备被很多用户共享的年代。彼时，系统会启动内核，而内核会把应用隔离在不同的用户处理实例（不同的用户处理实例对应不同的用户账户）当中，这样就可以避免各个用户相互干扰，或者整个系统彻底崩溃。只要用户界面调用内核，设备的执行操作就会跨越信任边界。信任边界是非常重要的，因为切换到高优先级的操作也会带来更大的问题。

信任与权限

在本书中，我既会提到高权限和低权限的概念，也会提到高信任和低信任的概念。这些概念很容易混淆，因为它们的关系非常紧密，很难清晰地对它们加以区分。信任和权限是高度相关的：只要信任度够高，权限往往也就很高，反之亦然。除了本书探讨的内容之外，人们也常常把这两种表达（信任和权限）作为替换表达使用。最好的做法就是大大方方地把这两种表达作为替换表达使用，不要去纠正别人的用法。

安全外壳（Secure Shell，SSH）守护进程（sshd(8)）是一个理想的、采用了信任边界的安全设计示例。SSH 协议允许获得了授权的用户远程登录到一台主机上，然后跨越互联网，通过安全的网络信道来运行外壳（shell）。但 SSH 守护进程会不断侦听发起这个协议的连接，SSH 守护进程需要非常仔细地加以设计，因为这个进程跨越了信任边界。侦听进程往往需要超级权限，因为当授权用户提供有效的用户证书时，它必须有权为用户创建进程。同时，这个进程也必须面对公共互联网，所以它也就会被暴露在公共网络的攻击之下。

为了能够接收 SSH 登录请求，守护进程必须为通信创建一条安全的信道（在这条信道中传输的数据不会被嗅探或者篡改），然后才能处理和验证敏感的证书。这时，守护进程才能在主机设备上为用户创建一个拥有正确权限的外壳进程。这个过程需要调用大量代码、使用最高的优先级运行程序（这样才能为所有用户账户创建进程）。这个过程必须完美地完成，否则系统有遭受入侵的风险。入站的请求可以来自互联网的任何一个角落，而请求是否是攻击行为一开始根本无从判断，所以我们很难找到更有吸引力的目标。

鉴于攻击面巨大、弱点极为致命，人们花费了大量的精力来降低守护进程面临的风险。图 2-1 所示为一个简化版的示意图，显示了如何保护这个至关重要的信任边界。

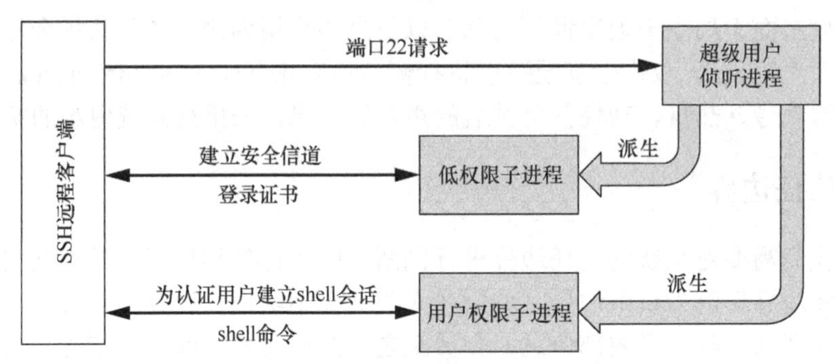

图 2-1　如何设计 SSH 守护进程以保护重要的信任边界

从图 2-1 最上面开始，每个入向的连接都会派生（fork）出一个低权限子进程，这个进程会侦听套接字，并且与父进程（超级用户）进行通信。这个子进程也会建立协议的复杂安全加密信道，并且接收传输给高权限父进程的登录证书。父进程则会以此来判断是否信任入向请求，并且授权 shell。为每个请求派生新的子进程，这种做法会在信任边界上提供一种战略上的保护，因为这样做可以隔离尽可能多的任务，同时把主守护进程中出现意外故障的风险降到最低。当一名用户成功登录之后，守护进程就会使用认证用户账户的权限来创建一个新的 shell 进程。当登录无法通过认证的时候，处理请求的子进程就会终止，所以它不会在未来给系统带来负面的影响。

我们需要决定如何组合和拆分信任级别，就像我们组合和拆分不同的资产一样。在一个操作系统中，超级用户固然应该拥有最高级别的信任，其他管理员用户也可以考虑获得类似级别的权限。授权用户一般排在信任列表的第二个序列。有些拥有特殊权限的用户可以建立一个信任级别更高的用户组，但是一般来说，我们不需要判断给哪个人的信任稍微多一点点或者少一点点。访客账户的信任级别一般都是最低的，而且我们可能更需要针对这类用户来保护我们的系统，而不是去保护这类用户的资源。

Web 服务器需要有能力抵御恶意客户端用户，因此 Web 前端系统往往会对入站的流量进行验证，并且只转发那些合法的请求，这就有效地建立起了与互联网之间的信任边界。Web 服务器往往会连接信任程度更高的数据库和微服务，这些数据库和微服务则会部署在防火墙后面。如果涉及经济利益（比如说信用卡处理服务），就应该用高信任的系统来处理支付服务。在理想情况下，这个系统应该隔离在数据中心内部一个受到层层保护的区域。通过了认证的用户应该授权访问自己的账户数据，但是除此之外，我们都应该把这类用户视为不可靠的用户，因为往往每个人都可以创建账户并登录。匿名的公共 Web 访问的信任级别还要更低一些，因此应该让未连接到私有数据服务的设备来提供静态的公共内容。

在信任边界的两边，一定要通过定义明确的接口和协议来提供转换和过渡，这就像国境线上过境点的边检人员常常是荷枪实弹的武装人员一样。正如边检人员会要求人们出示护照（一种执行认证的形式）并且检查人们的行李（一种入站验证的形式）一样，我们也应该把信任边界看作降低攻击风险的绝佳场所。

显而易见，最大的风险往往隐藏在从低信任区域向高信任区域过渡的地方，比如 SSH 侦听进程。不过，这也不代表我们就可以忽视那些从高信任区域向低信任区域过渡的场景。只要我们的系统还在向那些信任度比较低的组件发送数据，我们就应该考虑信息泄露的可能性和出现其他问题的可能性。比如，即使是低权限进程也可以读取到运行进程的计算机名，所以不要用敏感的信息来命名计算机，这样会让攻击者得到重要的提示，从而有机会在系统上运行代码来对系统实施入侵。此外，只要高信任服务会代表低信任请求来运作，这个系统就有遭到 DoS 攻击的风险，因为用户请求方可能会通过这种方式让系统内核过载。

2.3.5 判断威胁

现在我们来看一看威胁建模的核心：判断潜在的威胁。我们需要从模型出发，对系统的所有部分详加审视。威胁往往会集中在重要资产和信任边界周围，但是也有可能出现在系统的任何一个地方。

我建议首先对系统进行比较粗略和概括性的审视，然后回过头来对更有价值或者更有意义的地方进行仔细的审视。一定要保持一种开放的心态，即使我们发现了自己不知道如何利用的漏洞，也要把相关可能性考虑进去。

不难判断，系统的主要威胁会集中于我们的资产和系统的信任边界。攻击者可以轻松骗过可靠的组件来发起攻击。本书会介绍一些在特殊场景下发起这类威胁的案例。不过，我们也可以发现一些间接的威胁，这有可能是因为被攻击的地方没有什么资产可以直接破坏，也没有信任边界可以进行突破。不要不假思索就忽略这样的威胁，应该思考一下这些威胁有没有可能是一系列事件中的一个环节——就像台球中的白球或者路上的垫脚石。有时候，为了制造实际的破坏，攻击者需要把很多间接威胁组合起来。有时候，这些间接威胁也可以和系统错误或者设计不当的功能结合起来，共同为攻击者制造机会。即使很小的威胁也有可能需要我们采取措施进行缓解，是否需要采取措施取决于这些威胁有多大的可能性会发展成严重的问题，以及它所针对的资产有多高的价值。

1. 一个银行保险库的案例

到目前为止，这些概念仍然非常抽象。现在我们通过威胁建模来设想一个银行保险库。在阅读这个类比示例的时候，请把注意力放在我提到过的那些概念上。只要用心地阅读，你就能够理解我的类比（我也故意把这些内容写得不那么详细）。

假如某座城市有一家银行的支行，它在一栋古老的建筑当中，建筑的正面是令人震撼的罗马柱和实心橡木的双开大门。在劳动力成本和材料价格还没有那么离谱的时候，人们对这栋建筑进行了重建，对水泥墙进行了加固，让厚厚的混凝土看起来几乎无法凿穿。为了进行类比，我们重点设想一下银行建筑物中间的保险库：这就是我们想要重点保护的资产。我们会使用建筑物结构图作为模型，按照从概括到具体的顺序对整个建筑物的设计进行重新审视。

最主要的信任边界显然就是保险库的大门，但是在这扇大门之外还有一个上锁的员工专用区域，这扇门位于柜员的柜台后。另外，从外面进来的客户也需要穿过银行的正门才能进入客户大厅。为了简单起见，我们在这里不考虑建筑模型的后门，因为那扇门永远紧紧地上着锁，几乎从来都不打开，即使打开也有安保人员在场。这样一来，前门和很容易进入的客户大厅区域就成了最明显的攻击面。

上面这些信息可以给我们判断实际威胁的工作奠定基础。显然，黄金遭窃就是最大的危险，但是这太模糊了，无法帮助我们判断如何预防这种情况的发生。所以，我们需要继续寻找具体的信息。攻击者可能需要获取非法进入保险库的机会，这样才能窃取黄金。为了达到这个目的，攻击者需要首先非法进入员工专用区域，因为保险库就在员工专用区域内。到这一步为止，我们还不知道这种抽象的威胁如何才能发生，但是我们可以对它进行拆分来了解具体的信息。下面是一系列潜在的威胁：

- 偷偷观察保险库的密码；
- 猜测保险库的密码；
- 通过化妆和戴假发等方式把自己伪装成银行的总裁。

确实，化妆和戴假发这种方式有点傻，但是读者要注意我们是如何从模型中推断出这种威胁的，以及我们是如何把抽象的威胁解读为具体手段的。

在下一步进行更加具体的分析时，我们需要使用一个包含完整建筑设计图的模型，其中包括电力和水管设计图以及保险库的详细设计参数。借助这些详细信息，我们就可以更加简单地预测具体的攻击方式了。以我们上面列举的第一种攻击方式（攻击者偷偷观察保险库的密码）为例，这种威胁就有很多实现方式，下面是其中3种：

- 一位视力出众的窃贼假装在大厅里闲逛，有人打开保险库时就暗中窥探密码；
- 保险库密码写在了一张便签上，客户走到柜台就能看到保险库的密码；
- 窃贼的同伙站在马路对面，通过瞄准镜来观察保险库的密码。

一般来说，仅仅知道保险库的密码还无法从保险库里偷走一分钱。外部人员知道了密码当然是一个重大的威胁，但这还只是一次完整攻击中的一环。窃贼还必须进入员工专用区域，溜进保险库，然后带着黄金从里面逃出来才行。

现在，我们就可以对前面列举的各个威胁进行优先级排序，并且提出缓解的措施了。下面是对我们发现的每种潜在的威胁所提供的直接缓解措施。

- 针对在大厅里伺机窥探的人：我们可以在保险库前面放一个屏风；
- 针对便签泄露信息的情况：我们可以制定一条规则，严禁把重要信息付诸笔端；
- 针对在银行外面窥探信息的人：我们可以给银行安装不透明或半透明的玻璃窗。

上面这些措施只是我们从大量防御性缓解措施中列举的几个例子。如果前面提到的那些攻击方式能在设计银行大楼的时候就被考虑进来，有可能大楼在设计上就可以规避其中的一些攻击（如果在设计上外部人员就不可能通过窗户直接看到保险库，也就不需要改装不透明玻璃了）。

实际的银行安全和金融风险当然比这个例子要复杂得多，但是这个例子可以向读者展示威胁建模流程的用法，包括威胁建模流程是如何推动我们的分析工作向前发展的。保险库里的黄金基本上是一种相当单纯的资产，现在读者可能想要知道，到底要如何对一个复杂的软件系统进行审视，我们才能看清楚它所面临的威胁。

2. 利用 STRIDE 对威胁进行分类

在 20 世纪 90 年代末，微软的 Windows 系统已经在个人计算机市场占据了较大份额。随着 PC 在工作和家庭生活中变得越来越不可或缺，很多人相信，这家企业的盈利可能会一直增长下去。但微软才刚刚弄清楚网络的工作方式。互联网（彼时常常用一个大写字母 I 来代指）和万维网（World Wide Web，WWW）这些新生事物正在获得越来越多的关注，而微软的 IE（Internet Explorer）浏览器则从前辈浏览器网景（Netscape）那里强势抢到了大量的市场份额。如今，微软却面临着安全性方面的严峻考验：谁能知道如果蠕虫病毒蔓延到全世界的计算机上，会发生什么情况？

当微软的一个测试团队独立发现了安全漏洞时，世界上的其他角落似乎就可以更快地发现这些漏洞。在经过了几年时间被动做出反应，为暴露在网络漏洞中的客户发布补丁之后，微软成立了一个工作组，希望能够在威胁应对方面领先一步。在这个过程中，我和 Praerit Garg 一起撰写了一篇论文，论述了一种可以让开发人员发现产品安全缺陷的简单方法——基于 STRIDE 威胁分类的威胁建模推动了一场跨越全公司所有产品组的大规模教育运动。20 多年以后，整个行业的研究人员还在使用 STRIDE 和一些独立的衍生方法来判断威胁。

STRIDE 关注的重点是判断威胁的过程，这种方式给人们提供一份长长的清单，其中包含一些需要考虑的威胁类型，例如，哪些元素可以遭到欺骗（S）、篡改（T）或者抵赖（R）？哪些信息（I）可能被泄露出去？拒绝服务（D）和权限提升（E）会如何发生？这些分类都足够具体，具体到可以让看到这份清单的人集中注意力进行分析。同时，这些分类又足够笼统，笼统到我们可以自己通过想象力来完善针对具体设计方案的细节，然后从这里开始进行挖掘。

虽然安全技术社区的成员往往把 STRIDE 视为一种威胁建模的方法，但这是对这个概念的一种误用（至少在我这个设计了 STRIDE 缩略词的人看来，属于误用）。STRIDE 只是对软件面临的威胁进行了分类。这个缩略词既简单、又好记，可以保证人们不会忽略任何一种类型的威胁。它不是一种完整的威胁建模方法，因为完整的威胁建模方法必须包括我们在本章中介绍的很多其他内容。

要想了解 STRIDE 的用法，我们首先从欺骗说起，逐个组件地审视这个模型，思考安全操作是如何依赖用户身份（或设备身份，抑或代码的数字签名等）来实现的。如果攻击者可以实现身份欺骗，那么这些人可以从身份欺骗中获得什么呢？这种想法应该可以给我们提供很多线索。如果我们可以从威胁的角度来分析模型中的每个组件，我们就可以更加轻松地抛弃想要弄清楚这些组件应该如何工作的想法，转而去了解它们会如何遭到攻击者的滥用。

下面是我成功运用了多次的方法。在开始建模时，在白板上写下 6 种不同威胁的名词。接下来，在开始着手研究细节之前，首先对这些抽象的威胁进行头脑风暴。所谓“头脑风暴”有着不同的含义，我们在这里的意思是尽快、尽可能全面地进行思考，不要沉浸于任何想法，也不要急着对自己的想法进行评判。这样一个热身的流程可以帮助我们了解需要注意的事项，也可以帮助我们进入必要的状态。即使已经对威胁的分类熟稔于心，我们还是应该对所有 6 种威胁进行思考，并且对最不熟悉、技术性最强的威胁进行认真的解释。

表 2-1 列出了 6 大安全目标以及它们对应的威胁类型，同时针对每个类型都提供了几个示例。安全目标和威胁类型是一枚硬币的两面，从其中之一出发可以更容易发现硬币的另一面——防御是我们的目标，攻击就是威胁本身。

表 2-1　STRIDE 威胁分类总结

安全目标	威胁类型	示例
真实性	欺骗	钓鱼、盗取密码、冒充、重放攻击、BGP 劫持
完整性	篡改	未经授权修改数据和删除数据，Superfish 广告注入
防抵赖	抵赖	合理推诿、日志不足、日志销毁
机密性	信息泄露	数据泄露、侧信道攻击、弱密码、剩余的缓存数据、幽灵漏洞
可用性	拒绝服务	用同步发送请求来淹没 Web 服务器、勒索软件、Memcrashed 工具攻击
授权	权限提升	SQL 注入、xkcd 的“妈咪攻击”漫画[①]

STRIDE 中有一半的威胁属于对基础信息安全(本书第 1 章已经进行了介绍)的直接威胁：信息泄露针对的是机密性，篡改针对的是完整性，拒绝服务则旨在破坏信息的可用性。STRIDE 的另一半针对的是黄金标准。欺骗是通过建立虚假的身份来破坏真实性，权限提升破坏的是正确的授权，而抵赖则是对审计的威胁，这种威胁或许不那么直接，所以我们不妨进行更深入的研究。

根据黄金标准，我们应该针对系统中执行的关键操作维护一份准确的记录，然后对这些操作行为进行审计。通常在有人否认了他们采取过的某些行动时，抵赖就发生了。但在我从事软件安全工作的这几年间，我从来就没见过任何人对任何操作进行抵赖（没有人在我面前对我嚷

① xkcd 是由美国漫画家 Randall Munroe 创作的网络漫画，作者本人说他的漫画是一种“关于浪漫、讽刺、数学和语言的网络漫画”，漫画的主题往往与科技有关。“妈咪攻击”的漫画编号是 327，讲述了一位母亲通过给孩子取名利用了数据库漏洞，从而删除了全校学生资料的笑话。——译者注

嚷“是我干的！”或者“不是我！”)。但一个数据库突然消失，没有人会知道发生了什么，因为没有任何日志记录这个情况，丢失的数据也无影无踪，这种事情却实实在在地发生过。组织机构可能会怀疑网络中发生了入侵行为，或者企业内部有流氓用户，又或者是管理员犯了某些让人扼腕的错误。但是这些都没有任何证据，也没有任何人了解情况。这是一个非常严重的问题，因为如果我们在事件发生之后无法给出解释，我们就很难防止这类事件的再次发生。在现实世界中，这类完美犯罪极为罕见，因为抢银行这类犯罪行为都需要盗窃者本人到场，本人到场就一定会留下一些线索。软件则截然不同：除非我们采取了某种方法来可靠地收集证据和日志事件，不然我们不可能通过指纹或者鞋印这种线索来破案。

一般来说，我们避免抵赖这种威胁的方法是让管理员和用户明白，他们都要对自己的行为负责，因为他们都知道系统中有一份准确的审计记录。这样做也可以有效地避免人们把自己的管理员密码写在便签上给别人看。如果这么做了，那么一旦出现问题，每个人都可以指认有密码的那个人就是罪魁祸首。即使我们对每个人都绝对信任，我们还是应该采取防抵赖措施，因为在事件发生的时候，我们手里的证据越多，系统恢复起来就越简单。

3. 电影中的 STRIDE

下面我们放松一下(顺便巩固一下刚刚解释过的概念)，设想一下把 STRIDE 威胁应用在《十一罗汉》这部电影的情节当中。这部经典的犯罪电影从攻防两个角度，生动地诠释了威胁建模的概念，而且其中还包含所有 STRIDE 类型。首先，因为必须剧透，且需要对情节进行简化，所以在这里先向读者道个歉。

Danny Ocean 违反了假释条例（权限提升），去见他的犯罪同伙，他们先后前往了拉斯维加斯。他向赌场里的一位大亨提出了一个大胆的犯罪计划，这位大亨详细地向他介绍了赌场运营的方式（信息泄露），又把他的犯罪同伙召集到了一起。这帮人制作了一个全尺寸的保险库复制品来筹备他们的犯罪行为。在一个决定所有人命运的夜晚，Danny 出现在了赌场，他也毫无悬念地被保安抓住了，因此他就创造了完美的不在场证明（对犯罪行为进行抵赖）。很快，他就从通风管道溜走了，这帮人通过各种阴谋弄到了保险库里一半的钞票（篡改了完整性），然后用遥控货车把这些钱偷走了。

这个团伙威胁说，他们会把保险库里剩下的钱炸上天（从而制造一场成本高昂的拒绝服务攻击），希望通过谈判把他们偷到手的钱留下来。赌场老板拒绝谈判，还叫来了特警队。在之后的混乱中，这个犯罪团伙毁掉了保险库里剩下的钞票逃之夭夭。在爆炸的硝烟散去后，赌场老板一边检查自己的保险库，一边对自己的经济损失扼腕叹息，突然他觉得好像哪里不对。老板找到了被关起来的 Danny（他又溜回去了，假装自己从来没有逃出来过），这时我们才明白，其实“特警队”就是这个团伙（通过冒充特警执行欺骗），他们在“战斗”过程中把钱藏在装备里，大摇大摆带走了。保险库被盗的视频是用那个练习用的保险库复制品拍摄的（位置欺骗），让赌场以为保险库已经遭窃，但真正的盗窃是直到赌场授予假特警队完全访问权（权限提升）之后才发生的。Danny 和他的犯罪团伙带着这笔巨款消失得无影无踪了。不过，如果这家赌场聘请了一位威胁建模顾问的话，这些人的结局可能会大不相同！

2.3.6 缓解威胁

在这个阶段，读者应该已经发现了一系列潜在的威胁。现在，我们需要对它们的优先级进行评估，这样才能指导我们进行有效的防御。鉴于威胁充其量只能算是对未来可能发生的事件所进行的、有根据的猜测，所以我们的所有评估都包含一定程度的主观性。

那么，到底怎么样才算真正理解了威胁呢？这个问题可不好回答，但我们无论如何都需要对我们已经知道的事情不断进行改进，同时要一直保持一种怀疑态度，而不是自以为全知全能。在实际工作中，我们需要迅速扫描、收集一系列最抽象的威胁，然后深入了解其中的每个细节，以便深入挖掘更多的信息。我们有可能会看到一次非常明确的攻击，或者构成一次攻击的某些环节。我们需要对缓解措施进行精心的设计，直到我们工作的收益不断递减。

这时，我们可以用下面4种方法之一来处理我们发现的威胁。

- 通过重新设计或者增加防御的方式来缓解威胁，从而减少威胁的发生，或者把威胁造成的伤害降到可以接受的程度；
- 如果受到威胁的资产不是必要的信息，就直接把这些信息删除。如果不可能删除这些信息，就努力降低这些信息暴露的可能性，或者对可能增加威胁性的可选特性进行限制；
- 把一些责任交给第三方，从而转移风险。当然，这往往需要和第三方进行一些利益交换（比如，购买保险就是最常见的一种风险转移手段。我们也可以把敏感信息的处理工作外包出去，要求对方承诺保护数据的机密性）；
- 在充分理解风险之后，接受风险的存在，承认风险的发生自有其合理性。

我们一定要不断尝试去缓解所有重要的威胁，但同时也要清醒地意识到缓解的效果好坏不一。在实际工作中，最理想的解决方案有时根本是不可行的，理由千奇百怪，比如进行重大变更的成本太高，或者我们无法对一些外部资源进行有效的控制。其他代码可能会依赖那些存在漏洞的功能，这时对这些漏洞进行修复就有可能对这些代码造成破坏。在上述这些情况下，缓解措施的含义就是采取任何可以降低威胁的手段。一切形式的防御措施都包含在内，哪怕是一些十分简单的措施。

下面是几个采取部分缓解措施的例子。

- 降低伤害发生的概率：让攻击只可能在一小段时间内发生；
- 降低伤害的严重程度：让攻击只能破坏一小部分数据；
- 设法逆转伤害：确保我们可以从备份文件中轻松恢复所有丢失的数据；
- 设计伤害正在发生的信号：使用防篡改的包装，当产品遭到篡改的时候能够轻松发现篡改已经发生，从而对消费者提供保护（在软件领域，良好的日志记录可以起到这样的效果）。

本书后面的大部分内容都是关于缓解措施的，包括如何设计软件才能把威胁降到最低，以及哪些方法和安全软件模式可以用来设计各类缓解措施。

2.4 隐私方面的考量因素

针对隐私的威胁手段与其他安全威胁手段一样真实，但是在对系统面临的威胁进行完整的评估时，这些针对隐私构成威胁的方式需要进行单独的分析，因为这类威胁在信息泄露的风险中增加了人为因素。除了法律法规方面的因素之外，个人信息处理也包含一些道德方面的因素，我们应该努力保障相关人员的利益。

只要你正在收集任何类型的个人数据，你就应该把保护隐私作为自己的一大基本立场。我们应该把自己看成个人信息的管家，努力从用户的角度进行考虑，包括认真考虑用户关注的隐私安全问题，并且为了避免用户隐私泄露，怎么关注都不为过。对软件开发人员来说，如果大家都沉浸在构建这个系统的逻辑当中，个人数据的敏感性就很容易遭到忽视。代码中那些看起来类似于数据库模式的字段可能包含相当敏感的信息，一旦泄露就会给具体的个人造成实实在在的伤害。随着人们的生活日趋数字化，移动计算设备已经无处不在，隐私也越来越依赖这些代码，未来如何发展殊难预料。所有这些内容是希望告诉读者，最明智的做法是保持高度警惕，并且始终站在时代浪潮的潮头。

降低隐私威胁的一般解决方案包括下面几项：

- 对真实的用户案例进行建模，然后对隐私进行评估，而不要仅思考抽象的内容；
- 学习所应用的隐私策略或法规，然后严格遵守这些条款；
- 通过限制手段，保证只有在必要的情况下才收集数据；
- 对看起来后果非常严重的威胁保持警惕；
- 不要在没有清晰使用意图的情况下收集或者保存隐私信息；
- 当收集到的信息不需要继续使用的时候，要主动删除这些信息；
- 减少与第三方共享的信息（如果存在这类信息，应该用文档进行详细的记录）；
- 减少敏感信息的泄露——在理想情况下，敏感信息只能分享给需要知道的人；
- 要保持透明，让终端用户理解自己的数据保护措施。

2.5 无处不在的威胁建模

本书描述的威胁建模流程都通过我们在真实世界中的行为进行了类比，我们会平衡机会和风险。在危险的环境中，所有生物都会按照相同的方法来做出判断。只要愿意找，人人都可以找到威胁建模的例子，这些例子是无所不在的。

在等待孩子们的朋友来访的时候，我们都会花一些时间来进行布置。如果来家里的是一位三岁的小朋友，他活泼好动、好奇心强，那么我们可能就要在家里布置一些儿童防护装置。在我们按照分类来思考各种威胁的时候，我们就是在进行纯粹的威胁建模——哪些东西可能会伤到他，哪些东西可能会被他破坏，又有哪些东西最好不要让这个年龄的小朋友看到？然后，我们再针对这些问题来购买对应的装置。家里的威胁可能包括金属的裁纸刀——小朋友可能会把它插到墙上的插座里面；易碎的古董花瓶——很容易被小朋友摔碎；甚至可能是咖啡桌上的影集——里面可能放了一些不适宜的照片。攻击面就是活泼好动的小朋友可能去到的任何地方。缓解措施包括清理、减少或者消除暴露点或者弱点：我们可以把易碎的古董花瓶换成一个插着假花的塑料花瓶，或者把古董花瓶放到孩子们够不着的地方，比如壁炉架上。有孩子的人都知道，孩子们的行为是很难预测的。比如，我们谁也不知道小朋友会不会把一些书摞在一起，爬到我们认为他根本够不着的书架上。这就是威胁建模这个概念在软件领域之外的应用，这个例子也说明了为什么我们应该采取预防性的缓解措施。

下面是一些读者在日常生活中可能已经注意到的威胁建模示例：

- 商店有针对性地设计退货策略来缓解滥用退货手段的行为，比如在店内盗取商品谎称退货来换取店家代金券，或者每次都买一件新衣服，穿一次之后退货；
- 网站设计用户条款，避免各类用户恶意滥用网站的行为；
- 制定交通安全法、限速、颁发驾驶执照、设置交通强制险，这都是为了确保驾驶安全的缓解机制；
- 图书馆设计押金政策来缓解盗窃、囤积和破坏馆藏图书的行为。

我们可以想出很多应用这些技术的场景。对于大多数读者来说，只要我们可以利用对现实世界的那种直觉，威胁建模实际上就很容易实现。一旦认识到，软件威胁建模与其他环境中我们已经炉火纯青的技能没有什么区别，我们就可以开始利用自己的天赋来辅助软件安全分析，从而快速把自己的技能提升到下一个级别。

提示：附录D的备忘单对4个问题和STRIDE进行了总结，以兹读者学习威胁建模时参考之用。

第3章

缓解

3

万事皆可通过艺术和勤奋来缓解。——盖尤斯·普林尼·采西利尤斯·塞孔都斯（小普林尼）

本章重点围绕第 2 章提出的 4 个问题中的第 3 个问题“我们打算怎么办？”来展开讲解。安全思维转换为有效行动的方法就是首先预判威胁，然后针对可能的漏洞加以保护。这种主动响应的做法就叫做“缓解”（mitigation）——降低问题的严重性、危害性或者缩小影响范围。正如读者在前面几章看到的那样，这就是我们所有人一直致力于实现的目标。喂宝宝的时候给孩子围上围嘴，避免掉下来的食物粘在宝宝的衣服上，还有安全带、限速、火灾警报、食品安全操作规范、公共卫生措施和工业安全法规，这些统统都属于缓解措施。它们的共同点在于，它们都通过主动采取手段来规避或者减少风险所带来的预期损失。我们在提升软件安全方面，从事的工作也大都属于此类。

读者应该切记，缓解措施可以降低风险，但不能彻底消除风险。说得更清楚一点，如果我们可以设法彻底消除风险（比如，删除了一个不安全的旧特性），那无论如何都应该采取这样的措施，但我不会将这样的措施叫做缓解措施。缓解措施关注的是降低攻击发生的可能性，提升发起攻击的难度，或者降低攻击造成的危害。那些让利用漏洞的操作更容易被检测出来的措施也可以算是缓解措施，这就像给自己的商品采用防篡改包装一样，它们都可以促成人们更快做出反应并且进行补救。每一项微小的努力都可以提高整个系统的安全性，即使是有限的胜利也可以不断改善系统，构成更理想的保护措施。

本章首先从概念的角度对缓解方法进行探讨，然后为读者提供一系列通用的措施。本章关注的是基于威胁建模获得的洞察而定义出来的结构性缓解策略，这些策略对保护几乎任何系统都能发挥作用。后面几章会在此基础上提供更加详细的方法，对专门的技术和威胁进行介绍。

本章后面的内容会为软件设计中经常遇到的安全问题提供指导，包括如何制定访问策略和进行访问控制、如何设计接口以及为通信和存储提供保护。上面提到的内容共同构成了解决常见安全需求的指南，也是本书会在后文中不断加以充实的内容。

3.1 解决威胁

威胁建模可以向我们展示哪里可能出现问题，这样我们就可以把安全的重心放在“刀刃”

上。但是，由此就相信我们可以消除漏洞就难免有点天真了。明确风险点（即重要事件或者决策阈值）才是缓解风险的最好机会。

这就像读者在前面几章读到的那样，我们永远应该首先解决那些最重大的风险，对它们进行最大程度的限制。对于那些处理敏感个人信息的系统，未经授权而泄露信息的威胁总是如影随形。针对这类主要风险，我们可以考虑下面部分或者全部手段：把能够访问这类数据的范围降至最低、减少收集的信息总量、主动删除那些不会再使用的过时数据、在出现入侵事件的情况下通过审计执行早期检测、采取行动来降低攻击者泄露数据的能力。在对最高安全级别的风险提供了保护之后，我们需要有选择地对较低程度的风险进行缓解（只要缓解手段不会增加太多负担，也不会增加设计的复杂性）。

关于聪明的缓解手段有一个很好的例子，就是将每次登录时提交的密码与加盐密码散列值（salted hash）进行比较，而不是与明文的真实密码进行比较。保护密码至关重要，因为泄露密码会威胁到整个认证机制。比较散列值与直接比较密码相比，只是稍稍增加了一点工作量，但带来的收益却相当显著——这种做法可以避免保存明文密码。也就是说，哪怕攻击者入侵了系统，他们也无法获得实际的密码。

上面这个例子对缓解风险的想法进行了诠释，但针对的是密码校验。接下来我们考虑一下广泛适用的缓解策略。

3.2 结构性缓解策略

缓解策略近乎这样一种常识：只要有机会就要降低风险。威胁建模可以帮助我们看到攻击面、信任边界和资产等需要保护的目标所对应的漏洞。结构性缓解策略通常会应用在这个模型的特性上，但是这些缓解策略的实现则取决于设计的细节。在后面几节中，我们会探讨一些应该广泛应用的方法，这些方法都是在抽象的模型层面上运行。

3.2.1 把攻击面减到最小

一旦我们判断得出一个系统的攻击面，我们就知道利用漏洞的行为最有可能源自哪里，因此我们采取的一切可以加固系统“外部城墙”的行为都是一场重大的胜利。思考如何减小攻击面时需要考虑每个入口点下游涉及多少代码和数据。提供多个接口来执行同一项功能的系统可以把这些接口统一起来，这种做法对这个系统是有好处的，因为这样做可以让包含漏洞的代码数量更少。下面是一些减小攻击面的常用手段。

- 在客户端/服务器系统中，我们可以把服务器的功能推送给客户端，这样就可以减小服务器的攻击面。所有需要请求服务器的操作都代表攻击面增加，因为攻击者可以捏造请求或者伪造证书。反之，如果客户端拥有必要的信息和计算资源，就不仅可以减少服务器的负载，还可以减小服务器的攻击面。
- 把功能从一个面向公众、任何人都可以匿名调用的 API 转移到需要进行认证的 API，也可以有效地减小攻击面。创建账户不仅可以减缓攻击速度，也可以追踪攻击者，还可以实施速率限制。

- 使用内核服务的库和驱动器可以通过最小化内核内部代码和连接内核的接口来达到减小攻击面的目的。这样不仅有更少的内核转换被攻击，而且即使攻击取得了成功，用户态代码也无法造成大规模的破坏。
- 部署和运维都可以提供很多减小攻击面的机会。对于企业网络来说，最简单的做法就是把所有资源都挪到防火墙的后面。
- 通过网络进行远程管理的设置也是一例。这类特性或许非常方便，但是如果使用率不高，就应该考虑禁用这类特性，只在必要的情况下使用有线接入的方式发起访问。

这些只是通过减小攻击面来缓解攻击的常见场景。针对一些特殊的系统，人们可以发现一些更有创造性的、针对这个系统定制的机会。读者应该不断思考各种方法来减少外部访问、把功能和接口减到最少，对那些不需要暴露给公众的服务提供保护。我们越是能够理解一个特性应该应用在哪里、应该如何应用，我们就可以找到越多的缓解手段。

3.2.2 缩小漏洞窗口

缩小漏洞窗口类似于减小攻击面，但是这种策略的目标并不是减小承受攻击的范围，而是把漏洞有可能出现的有效时间间隔减到最小。这种策略也一样可以利用我们的生活常识，因为它的道理就和猎手会在射击之前打开保险，然后在射击之后重新挂上保险一样。

我们也可以把这种策略应用于信任边界，也就是低信任数据或者请求与高信任代码进行互操作的那个地方。为了能够更好地隔离高信任代码，我们需要把这些代码的执行操作减到最少。例如，只要条件允许，我们就应该在调用高信任代码之前首先执行错误校验，确保代码可以继续完成工作后退出。

代码访问安全（Code Access Security，CAS）是一种如今已经很少使用的安全模型，它完美地说明了缩小漏洞窗口这种缓解措施，因为它提供了对代码有效权限的细粒度控制（我是.NET Framework 1.0 的安全项目经理，这个版本非常突出地把 CAS 作为了主要的安全特性）。

CAS 运行时会根据信任程度为不同的代码单元赋予不同的权限。下面这段伪代码解释了一般权限的习惯用法，它可以给某些文件、剪贴板等赋予访问权限。实际上，CAS 确保高信任的代码会继承调用它的代码的较低权限。但是在必要的情况下，它也可以临时声明（assert）更高的权限。下面是声明权限的实现方式：

```
Worker(parameters) {
 // When invoked from a low-trust caller, privileges are reduced.
 DoSetup();
 permission.Assert();
 // Following assertion, the designated permission can now be used.
 DoWorkRequiringPrivilege();
 CodeAccessPermission.RevertAssert();
 // Reverting the assertion undoes its effect.
 DoCleanup();
}
```

这个案例中的代码拥有强大的权限，但是它可以被低信任代码调用。在被低信任代码调用的时候，这个代码会在初始情况下用调用方的较低权限来运行。从技术上看，有效权限是指授予代码、代码的调用方、调用方的调用方……以此类推一直到堆栈，这些权限的交集。Worker

这个方法需要拥有比其调用方更高的权限，所以在完成设置之后，它会在调用DoWorkRequiringPrivilege之前先声明必要的权限，而它当然必须拥有这种权限。完成了这部分工作之后，它就会立刻通过调用RevertAssert放弃特殊的权限，然后执行那些不需要特殊权限的工作。在这个CAS模型中，在必要时声明权限，然后一旦不需要这种权限就立刻放弃权限的做法可以把时间窗口缩到最小。

缩小漏洞窗口的做法还有另一种用途。网银既方便又高效，移动设备可以让我们在任何地方访问银行。但是我们手机中保存的银行证书就存在很高的风险——在丢失了银行账户的时候，没有人希望这个账户被清空吧？毕竟，丢失银行账户的情况在移动设备上更有可能发生。我希望能够在整个银行业看到一种理想的缓解措施，就是给每台设备分别配置一个让我们觉得舒服的权限。谨慎的客户可能会限制移动端App，让它检查自己的银行余额并且设定合理的每日交易限额。这样一来，客户就可以放心地用手机来获取银行服务了。重要的限制手段包括限制时间窗口、限制地理位置、仅限制账户内金额等。所有这些缓解手段都有助益，因为这些手段会避免出现入侵行为时发生最坏的情况。

3.2.3　把暴露的数据减到最少

另一种针对数据泄露的结构性缓解策略是限制内存中敏感数据的保存时间。这种策略和前面所述的策略有些类似，但是我们在这里是把数据的生命周期减到最小，而不是限制代码以高权限运行的时间。我们在前文中提到过，进程内的访问很难进行控制，所以在存储介质中包含这类敏感数据本身就是很危险的。在风险很高的时候，比如处理极其敏感的数据时，我们可以认为有一个时钟正在进行倒计时。针对那些最重要的信息，比如私钥或者密码之类的认证凭据，我们应该在不需要这些数据的时候，立刻在内存中把它们覆盖掉，这样做是绝对值得的。这样可以缩短基于任何原因导致的信息泄露的时间。本书第9章会提到，Heartbleed漏洞威胁到大量网页的安全，暴露了存储空间的各类敏感数据。不过，限制这种敏感数据的保留时间完全可以成为一种合理的缓解措施（有可能的话，应该先止损），哪怕我们不知道有这样一个漏洞会被利用。

我们也可以按照这种方法来设计数据存储。在用户删除系统中的账户之后，它们的数据也就会被随之破坏，但系统往往会提供在意外或者恶意关闭的情况下手动恢复账户的规则。达到这个目的的简单方法就是把已经关闭的账户标记为要删除的账户，同时在系统最终删除一切信息之前把数据保留一段时间，比如30天（手动恢复期过后）。为了达到这个目的，我们就需要用很多代码来检查账户是否计划删除，同时避免用户意外访问要被删除的账户数据。如果我们没有检查批量发送的邮件，邮箱可能会错误地向用户发送一些通知，这就有可能违背了用户关闭自己账户的意图。这种缓解措施提供了一种更加理想的方案：在用户删除账户之后，系统会把这个账户的内容推到离线存储设备中，然后及时删除数据。这样一来，即使用户手动恢复账户这种罕见的操作真的发生，这些数据也可以使用备份数据进行恢复，这个过程中也不可能出现任何因系统问题导致的上述邮箱那类错误的发生。

一般来说，主动清除数据副本是一种极端的情况，这种操作只应该针对那些最敏感的数据，或者仅在关闭账户这种重要操作发生时执行。有些语言和库可以自动实现这种操作，除非我们非常关注性能，否则一个简单的包装函数就可以在回收之前清除内存中的内容。

3.3 访问策略与访问控制

标准的操作系统权限机制都会提供非常基本的文件访问控制。这些权限根据进程的用户和组的所有权，采用全有或全无的方式来控制读（机密性）或写（完整性）访问。因为拥有这种功能，所以在涉及资产和资源保护的时候，我们就很容易用这些非常有限的术语进行思考，但合理的访问策略可能会比这种访问控制要精细很多（粒度更高），同时也需要依赖更多的因素。

首先，我们想象一下大多数现代系统所采用的那种不合时宜的传统访问控制方式。Web 服务和微服务被设计为代表那些一般不对应进程所有者的主体来工作。在这类服务中，一个进程会对所有通过了认证的请求提供服务，并要求获得权限来访问所有客户端数据。也就是说，只要存在漏洞，所有客户端数据就都有风险。

定义有效的访问策略就是一项重要的缓解措施，因为这种做法可以缩小“可以访问的资源”与“系统正好允许访问的资源”之间的差异。我们不要从操作系统的访问控制做起，而应该首先思考一下各个通过系统来完成工作的主体的需求是什么，然后有针对性地定义一个理想的访问策略，从而准确地把合理的访问方式描述出来。细粒度的访问策略可以给我们提供很多选择：我们可以限制每分钟或者每小时的访问次数、实施最大的数据量限制、实施与工作时间相对应的时间限制策略，也可以根据同行的策略或者历史数据来采取可变的访问限制（这还只是一些比较明显的机制）。

确定安全访问限制是一项艰难的工作，但是绝对物超所值，因为这可以帮助我们理解应用的安全需求。即使策略本身没有通过代码的形式完全得到实现，起码可以给有效的审计工作提供一些指导方针。如果拥有合理的控制策略，我们就可以首先用比较宽松的限制策略来衡量实际的使用情况，随着时间的推进，我们逐渐了解系统在实际工作中的情况，这时就可以不断地收窄我们的策略。

比如，我们假设有一个系统为客户服务代理人员团队服务。代理人员需要在客户联系他们的时候能够访问这些客户的记录，但是他们只能在一天之内访问一定数量的客户记录。合理的访问策略是，让每位代理人员每次上班期间最多只能访问 100 个不同客户的记录。否则，当代理人员可以随时访问所有的记录时，如果有代理人员诚信欠佳，这个人就可以把所有客户的数据复制下来，然后泄露出去，采用限制策略则可以大大降低这种极端情况给公司带来的影响。

在我们拥有了一个足够细致入微的访问策略之后，下一项艰巨的工作就是给这个策略设置合理的限制值。这项工作的难点在于，我们必须避免极端情况下妨碍合法的访问。还是以客户服务系统为例，我们可以限制代理人员，让他们每次上班时最多只能访问 100 位客户的记录以满足旺季的需求——哪怕在大多数非旺季的情况下，一位代理人员在工作时间访问 50 个客户的记录都是罕见的。为什么要这样设置规则呢？因为我们不可能全年都在不断调整自己的策略，所以我们就得在设定策略的时候留有余地，避免严格的策略妨碍了人们的正常工作。此外，使用固定数值来定义详细和具体的策略难免会难以为继，因为人们意料之外的访问高峰随时都有可能出现。

问题是，系统都会包含正常情况和高需求时刻（允许却又极少出现），我们有办法缩小这两者之间的差距吗？解决这个复杂问题有一种高效的做法，就是在策略中自定义一些特殊情况下的规定。这种做法可以让个别代理人员提交合理的解释，从而在短时间内提升针对自己的限制值。通过设置这种“减压阀”，我们就可以对基本的访问策略实施严格的限制。在确有需要的情况下，一旦代理人员达到了访问的限制值，他们就可以提交一份快捷申请（申请可以写明诸如“今天通话数量大，我得加班工作”），然后获得额外的访问授权。这种申请可以接受审计，如果这种申请次数越来越多，管理人员就应该研究需求是否已经提升，以及需求提升的原因，并且在掌握了这些情况的基础上对限制值进行放松。这种灵活的做法可以让我们使用软限制来创建访问策略，而不用拍脑袋想出来的参数执行“一刀切”政策。

3.4　接口

软件设计包括很多组件，它们分别对应系统的不同功能。我们可以把这些设计方案绘制成流程图，用线条来代表各个组件之间的联系。这些联系就叫做接口（interface），而接口正是安全分析中的重中之重。这还不仅仅因为接口可以揭示数据流和控制流，还因为接口会充当明确定义的信息节点，我们就应该在这里实施缓解措施。具体来说，只要存在信任边界，那么最主要的安全关注点都应该着眼于数据流和控制流从低信任组件流向高信任组件的地方，这里也就是我们部署防御措施的地方。

在大型系统中，网络之间、进程之间，甚至进程内部一般都会包含接口。网络接口可以提供强大的隔离，因为端点设备之间的交互几乎必然会通过线路来完成，其他类型的接口情况更加复杂。操作系统会在进程的边界提供强大的隔离功能，因此进程之间通信接口的可信度几乎和网络接口的别无二致。在这两种情况下，数据几乎不可能通过其他方式穿越这些通道并产生交互。攻击面受到严格的限制，因此大多数重要的信任边界都位于接口。结果是，进程间的通信和网络接口也就成了威胁建模的主要焦点。

进程内部也有接口，但这里的交互受到的限制比较小。为了编写良好的软件也可以在进程内部创建出理想的安全边界，但只有在所有代码都能良好地协调工作，而且不越雷池一步的时候，这些安全边界才能发挥作用。从攻击者的角度看，进程内的边界是非常容易突破的。不过，因为攻击者本来就只能从特定漏洞那里获取有限的控制，所以我们还是应该尽可能提供一切形式的防护。打个比方，假设劫匪只有几秒的时间可以实施犯罪，那么哪怕是最薄弱的预防措施都有可能避免损失的发生。

所有大型软件的设计方案都面临相同的问题，那就是如何构建组件才能把高权限访问的区域降到最低限度，以及如何限制敏感信息流从而减小安全风险。如果设计方案可以把信息访问限制到一个最小的组件范围，相关组件又得到了良好的隔离，那么攻击者想要访问敏感数据，难度就会大得多。反之，如果设计方案乏善可陈，各种数据四处流动，那么组件中的任何地方都有可能成为数据泄露的漏洞。接口架构是决定系统能否成功保护资产的核心因素。

3.5 通信

如今联网系统已经非常普遍了，反倒是不连接到任何网络的独立计算机难得一见。云计算模型和移动连接相结合，使得网络访问无处不在。因此在当今世界，通信对几乎任何软件系统都是基本组件，当然这里的通信包括互联网络通信、私有网络通信，或者通过蓝牙、USB 等协议实现的外围连接通信。

为了保护这些通信，要么信道在物理上足够安全，针对窃听和嗅探提供了防护手段，要么数据进行了加密，使数据的完整性和机密性能够得到保障。物理安全往往都不十分可靠，因为只要攻击者绕过了这些物理安全防护手段，往往就能够访问到完整的数据，而且这种入侵方式很难被发现。如今处理器性能都很强大，因此在现有计算负载的基础上增加加密运算也没有什么问题，所以不对通信进行加密的理由一般都不怎么充分。我会在本书第 5 章中对基本的加密进行介绍，然后在第 11 章中介绍专用于 Web 访问的 HTTPS。

话说回来，哪怕是最好的加密措施也不是什么灵丹妙药，因为还有一种威胁存在，那就是加密无法掩饰通信的发生。换句话说，如果攻击者可以读取到信道中的原始数据，即使他们无法对数据的内容进行解密，也可以看到有数据在信道中进行收发，因此也就可以粗略地估算出数据总量。另外，如果攻击者可以对通信信道进行篡改，他们就有可能让通信造成延迟，甚至直接阻塞通信传输。

3.6 存储

数据存储安全和通信安全有不少相似之处，保存数据就相当于把数据发送给“未来”，以备人们在未来提取使用。从这个角度来看，存储介质中的静态数据很容易遭到攻击，就像在线缆中传输的通信数据很容易遭到攻击一样。保护静态数据不受篡改和泄露需要同时借助物理安全措施和加密。同理，所存储数据的可用性也依赖数据备份或者物理层面的保护措施。

在系统设计方案中，存储同样是无处不在的，这类系统常常把保护数据安全的具体措施推迟到操作的时候再来处理，这就会错失在设计方案中减少数据丢失的机会。比如，数据备份的需求就是软件设计方案中的一项重要组成部分，因为这种需求比较隐晦，而且有很多地方可以进行取舍。我们可以规划冗余的存储系统，可以设计故障情况下的数据保护机制，但这些措施都很昂贵，还会产生性能方面的成本。我们备份的既可以是完整的数据集，也可以是增量数据、交互记录，这些信息累加起来就可以准确地重建数据。无论通过哪种方式存储，它们都应该进行独立、可靠的存储，并且按照一定的频率进行备份，同时保证延迟时间在合理范围之内。云架构可以用近乎实时的方式提供冗余数据复制功能，这可能就是最理想的连续备份解决方案，当然这种解决方案不是免费的。

所有静态数据（包括备份数据）都存在被非法访问的风险，所以我们必须在物理上对数据进行保护或者加密。我们创建的备份数据越多，泄露的风险也就越大，因为每份副本都有可能泄露。我们可以设想一下最极端的情形，以方便理解这种情况。照片蕴含珍贵的回忆，是每个家庭记忆中不可取代的组成部分，所以我们还是有必要保存多份副本——如果我们完全不备份，一旦原始文件丢失或者损坏，我们的损失就是无法计量的。为了避免这种情况的发生，我们可能会把家庭照的副本发送给尽可能多的亲戚朋友，让他们帮我们保存。但这种做法也有问题，因为他们中难保没有人会因为恶意软件或者笔记本电脑失窃，出现数据遭窃的情况。这也是一大损失，因为这些照片都是私人的回忆，在网络上到处传播这些照片也是对我们隐私的一种侵犯（如果被陌生人以可能危害儿童安全的方式利用这些照片，威胁还会更大）。这就是一种基本的取舍，它要求我们在数据丢失风险和数据泄露风险之间进行权衡，我们不可能同时把两种风险都降到最低，但是我们可以用很多方式来判断两种风险之间最理想的平衡点。

为了权衡这两种威胁，我们可以把加密的照片发给亲戚和朋友（当然，这样他们自己就无法看到这些照片了）。不过，这时我们就需要自己保存照片的密码，因为我们没有把密码交给这些亲戚和朋友，这样如果我们丢失了密码，加密的备份照片也就一文不值了。

保存照片这个例子也反映出备份数据的另一个重要问题，那就是媒介的寿命和过期的问题。物理媒介（比如硬盘和DVD）当然有各自的使用寿命，过去的媒介也会随着新生媒介的出现而被取代（笔者自己就曾经亲自把数据从几十张只有“古老”计算机才能读取的软盘上复制到一个U盘上，之后又复制到云盘上）。即使媒介和设备都可以正常工作，新的软件也越来越不会支持“古老”的数据格式。所以，对数据格式的选择也很重要，推荐大家使用那些广泛使用的开放标准，因为一旦官方不再支持私有格式，就只能进行逆向工程了。保存的时间周期越长，转换文件格式的必要性就越高，因为软件标准是在不断进化的，应用也会放弃对“古老”格式的支持。

为了理解起来比较容易，本章介绍的示例都进行了简化。虽然我们介绍了很多缓解已知威胁的方法，这些内容仍然只是冰山一角。我们需要针对每个应用的需求来采取对应的缓解措施，在理想情况下应该把这些措施集成到设计方案当中。虽然听起来很简单，但有效的缓解措施实现起来难度很大，因为我们必须以每个系统为背景，考虑一整套针对性的威胁措施。本书第4章会介绍各类有用的安全属性的主要模式，以及需要注意的反模式，它们可以帮助我们在设计安全性的过程中把这些缓解措施包含在内。

第4章 模式

艺术是由感性决定的模式。——赫伯特·里德

一直以来，建筑师都会使用设计模式来构想新的建筑，这种方法也可以用来指导软件设计工作。本章会介绍很多可以用来推动安全设计方案的重要模式（在这些模式中，很多模式都来自古老的智慧），关键是弄清楚如何把这些模式应用在软件当中，以及这些模式是如何提升软件的安全性的。

这些模式可以缓解或者避免很多种类的风险，它们可以形成一个重要的工具箱，帮我们解决潜在的安全威胁。很多模式都非常简单，但是也有一些模式理解起来比较困难，最好通过示例来解释。但读者也不要低估那些看似比较简单的模式，因为它们有可能应用范围更大，也更加有效。另外，也有一些概念很容易掌握，如反模式（即描述不要去做什么事情）。我按照这些模式在读者工具箱中的分类对它们进行了分组（见图4-1）。

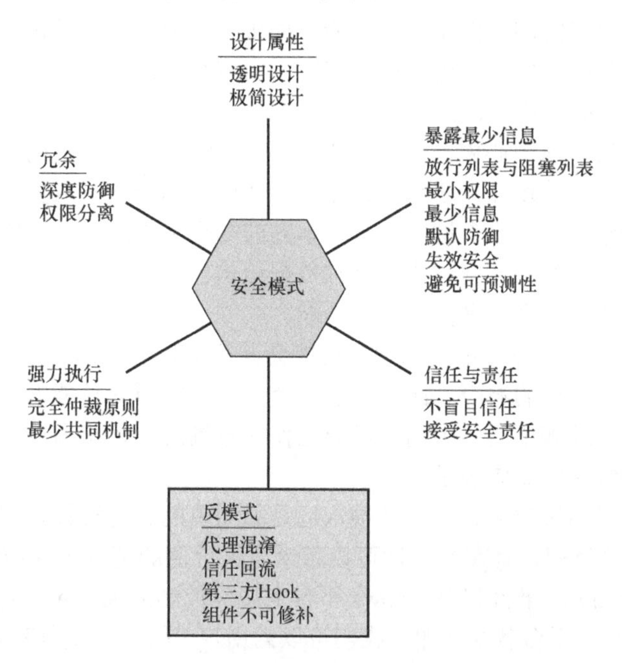

图4-1　本章安全模式的分组

何时何地应用这些模式需要我们进行判断。我们在设计的时候应该遵循必要性和简化原则。鉴于这些模式相当强大，我们千万不要过度使用——就像没有人会给自己的大门装7个门闩和7条链锁一样，我们也不需要为了解决一个问题就把所有设计模式全都使用一遍。如果7种模式都可以使用，就从中选择最好的一两种，当然对于关键的安全需求也可以多使用几种模式。过度使用这些模式反而会带来反效果，因为增加复杂性和开销所造成的损失很快就会超过额外增加的安全性。

4.1 设计属性

设计属性组的模式会概括地描述安全的设计方案看上去到底应该是什么样的，如既简单又透明。这些理念来自两句格言："保持简单"和"你不应有所隐瞒"。它们都是基本模式，而且这些模式也很可能不言自明，所以它们的应用非常广泛，效果也显而易见。

4.1.1 极简设计

设计方案应该尽可能简单。

极简设计提高了安全标准，因为设计方案越是简单，出现错误的可能性就越小，没有检测出来的漏洞自然也就越少。虽然软件开发人员都把"所有软件都有 bug"挂在嘴上，但我们也心知肚明，那些简单的程序当然可以做到没有 bug。我们应该为安全机制优先选择最简单的设计方案，同时对那些负责关键安全功能却又相当复杂的设计方案多留个心眼儿。

乐高玩具就是这种模式的一种完美体现——只要标准建筑物的组成部分在设计和制造上尽善尽美，我们就可以用它们创造出无限的可能。如果一个类似的系统由很多使用不那么普遍的部分组成，那么这个系统构建起来也会更加困难：所有特殊的设计都有可能要求我们有大量备用组件，技术层面的挑战也更艰巨。

我们可以在大规模数据中心内部运行的大型 Web 服务的系统架构中找到大量极简设计的例子。为了提升规模上的可靠性，这些设计方案会考虑将功能分解成更小的、独立的组件，让它们共同执行复杂的操作。一般来说，一个基本的前端会负责终结 HTTPS 请求，把入站的数据进行解析并验证其为内部的数据结构。这种数据结构会继续发送给一系列子服务进行处理，这些子服务则会继续使用微服务来执行各类功能。

在如 Web 搜索这类应用中，不同的设备可能会并行构建响应的各个部分，再由另一台设备把这些部分组合成一个完整的响应。比起搭建一个负责执行所有功能的大型程序，构建大量小型服务，让它们分别完成整个任务中的一部分工作（查询解析、拼写校正、文本搜索、图像搜索、结果排名等）的做法要简单多了。

极简设计并没有强制规定所有元素必须永远是最简单的。这种设计强调的是简单性给系统带来的巨大优势，强调我们只有在复杂性可以带来巨大价值的情况下才应该拥抱"复杂"。我们可以设想一下在各类 Linux 平台和 Windows 平台上访问控制列表（Access Control List，ACL）的设计差异。各类 Linux 平台就很简单，我们可以为用户、用户组或所有人设置读/写/执行的权限。Windows 平台就比较复杂，包括设置大量允许和拒绝条目以及一个继承功能。这里要注意的是，匹配结果取决于列表中条目的顺序（上面这些描述为了对设计方案进行说明而做了简化，并不是完整的介绍）。这种模式就很好地展示了一个事实，也就是各类 Linux 平台的权限更简单，也更容易正确地使用。不仅如此，系统用户也更容易弄明白 ACL 是如何工作的，从而他们也能够正确地使用 ACL。不过，如果 Windows 平台的 ACL 能够为某个应用提供正确的保护机制，同时人们也能够准确地配置这样的 ACL，那么它也同样是一种理想的解决方案。

并不是说越简单的方法就一定越好，或者越复杂的方法就一定存在越多的问题。在前面的例子当中，我们不是说各类 Linux ACL 就一定更好，Windows ACL 也不一定就存在更多问题。不过，Windows ACL 确实需要开发人员和用户进行更多的学习才能正确使用，至于那些更加复杂的特性则确实更容易让人晕头转向，从而产生一些意料之外的后果。这里的设计重点在于 ACL 设计可以在多大程度上满足用户的需求，我在这里不会做出具体的判断。有可能 Linux ACL 过于简单了，所以无法满足实际的需求；但是也有另一种可能，那就是 Windows ACL 可能受到的功能限制过多，过于烦琐了，不适合那些典型的使用环境。这类问题比较复杂，我们需要针对具体情况具体分析，但是极简设计这种模式可以给我们提供一种思考的维度。

4.1.2 透明设计

强大的保护方案永远不应该靠隐瞒信息来实现。

《星球大战》中的“死星”就是一个典型的、不符合透明设计模式的例子：它的热排气口直接连接到这台巨型“兵器”的核心。如果达斯·维德（Darth Vader）能像他惩罚莫蒂（Motti）将军那样严惩这个设计方案的设计人员，《星球大战》这个故事的走向就会完全不同。若想构建良好的系统，我们应该把它的强大展现在人们面前，从而起到阻吓攻击者的效果，让攻击者更不容易入侵这个系统。对于透明设计对应的反模式，知道的人更多，即通过隐匿信息来实现的安全（security by obscurity，隐晦式安全）。

这种模式反对依靠设计中的机密信息来提升系统的安全性。这倒不是说我们必须公开披露设计方案的信息，也不是说隐藏信息有什么不对。重点是，如果把设计方案彻底公开，这个设计方案的安全性就会降低，就说明这个设计方案应该进行改进，而不是依赖那些没有公开的部分来保持系统的安全性。上面的描述当然不适用于那些合法的秘密信息，比如加密密钥、用户身份等一旦泄露就会破坏安全性的信息。这也是这个模式叫做透明设计（而不是完全透明）的原因。披露设计方案中采用的加密方法（包括密钥大小、消息格式、加密算法等）不应该降低系统的安全性。反模式绝对应该引起我们的警惕，比如，我们不要相信任何自称是“专家”的人发明了一种绝佳的加密算法，同时他又不能公布这个算法的细节。

通过隐秘来实现的安全之所以不靠谱，是因为虽然这种方式也可以暂时让对手知难而退，但这种机制非常脆弱。假如某种设计方案中使用了某个过期的加密算法，那么只要攻击者发现这个软件仍然在使用这样的算法［比如数据加密标准（Data Encryption Standard，DES），一种于 20 世纪 70 年代诞生的传统对称加密算法］，攻击者当天就可以轻而易举地入侵这个系统。我们应该努力建立起一套稳固的安全机制，确保无论设计方案的具体信息是否公开，这个设计方案都没有什么需要刻意隐瞒的。

4.2　暴露最少信息

这是所有模式组别中模式数量最多的一组，也需要我们格外注意。英语里有一种说法叫做“err on the safe side”，这表达了在权衡基本的风险/回报时，除非有重要原因，否则我们总会选择更安全的那种方式。

4.2.1　最小权限

只给予刚好能够完成工作的权限，这就是最安全的做法。

永远不要擦一把上膛的枪；在给电锯更换刀片的时候一定要拔掉电源；等等。这些安全操作方面的常识也是最小权限模式的案例，这种模式的目的就是在执行任务时降低犯错造成的风险。这种模式也是重要系统的管理员不应该在工作中随便浏览互联网的原因。如果管理员访问了一个恶意软件并且遭到了入侵，那么攻击就有可能导致严重的后果。

Linux 系统的 sudo 命令就是为了实现这样的目的。拥有高级权限的用户账户（称为 sudoer）要避免不经意间使用了自己的超级权限，也要防止账户被攻击者入侵。为了避免用户误用超级权限，必须在超级用户命令前面加上 sudo，这时系统可能会提示用户输入密码才能运行这些命令。在这个系统中，大多数命令（那些不需要使用 sudo 的命令）只会作用于用户自己的账户，而不会影响整个系统。这就类似于火警警报控制开关上面那一层写着“在紧急情况下打破玻璃”的玻璃，它的存在就是为了防止意外激活火警警报，所以在拉下火警警报控制开关之前增加了一个必须执行的步骤（类似于 sudo 这个前缀）。因为这层玻璃的存在，没有人可以说自己是无意拉响了火警警报，这就像任何一位称职的管理员都不会输入 sudo 再加上命令来意外破坏这个系统。

这种模式之所以重要，有一个简单的理由：哪怕攻击者利用了漏洞，我们也希望他们获取到的权限越小越好。只有在确有必要的情况下，才应该使用那些拥有全部权限的授权（比如超级用户权限），而且应该把使用这类权限的时间窗口减到最小。你看，哪怕超人也践行了最小权限的模式，他只有在有活要干的时候才去拯救世界，完事之后立刻变回克拉克·肯特（Clark Kent）。

在实际工作中，如果真想有选择、有节制地使用提升的权限，确实需要付出更多的努力——这就像是把电动设备的电源拔掉也需要我们付出更多努力一样，要想谨慎地使用权限难免需要制定一些使用纪律，但是正确地使用权限肯定更加安全。即使漏洞被攻击者利用，也可以分成轻微的入侵和整个系统遭到入侵。采用最小权限也可以减少因软件错误或者人为失误所造成的破坏。

使用这种模式也要注意平衡，要避免给系统引入太多的复杂性，这一点和所有其他的经验性原则一样。最小权限并不意味着系统永远都应该赋予用户最低程度的授权（比如写一段代码，让人们在写入文件 X 的时候只给这个文件赋予写入权限）。读者可能想问，为什么我们不能一直把这样一种理性的模式运用到极致呢？除了我们需要维护一种平衡，同时意识到缓解手段都会减少系统带给我们的回报之外，还有一个重要因素，那就是我们需要控制授权机制的粒度，同时控制调整权限所产生的成本。比如在 Linux 进程中，权限是根据用户和组 ID 的 ACL 来授予的。除了在有效 ID 和真实 ID（也就是执行 sudo 的那个 ID）之间切换的灵活性之外，没有其他简单方法可以在不派生出一个进程的情况下临时删除不需要的权限。代码应该尽可能在比较低的权限下运行，只有在必要的情况下才在自然决策点转换到比较高的权限。

4.2.2 最少信息

任何情况下，我们都应该收集和访问尽可能少的、完成工作必不可少的个人信息。

最少信息模式(相当于数据隐私方面的最小权限模式)可以帮我们把信息泄露的风险降到最低。在调用子程序、请求服务或者响应请求的时候，我们都应该避免提供不必要的个人信息，一有机会就减少不必要的信息流。在实际工作中，采用这种模式是有一定困难的，因为软件往往会在独立的容器之间传输数据，这些容器没有进行有目的的优化，所以这里面就会包含一些额外数据。

很多时候，软件都不满足这种模式，因为随着时间的推进，接口设计就会服务于越来越多的目的。为了保持一致性，复用相同的参数或者数据结构也是一种很方便的做法。这样一来，那些并不是严格必要的数据也会像看似人畜无害的额外行李一样随之发送。显然，只要这些不必要的数据在系统中进行发送，系统就有更多机会受到攻击，问题也就产生了。

比如，在一家企业中，很多员工都在使用一个大型的客户关系管理（Customer Relationship Management，CRM）系统。不同的员工会出于各种不同的目的（包括销售、生产、运输、支持、维护、R&D 和财会等）使用这个系统。每个员工都会因为自己的职位而被赋予不同的权限，可以访问一部分信息。若践行最少信息原则，企业中的这些应用只应该请求执行任务所需的最少信息。比如客户支持代表接听来电，如果系统使用主叫 ID 来查询客户记录，那么客户支持代表就不应该知道客户的电话号码，而只需要知道客户的购买记录就可以了。我们可以把这个例子和更基本的设计方案进行对比，这个设计方案要么允许、要么不允许查询包含所有数据信息的客户记录。在理想情况下，即使客户支持代表拥有更多的访问权限，他们也应该只请求工作所需的最少数据，这样就可以把数据泄露的风险降到最低。

在实施层面，最少信息设计方案也包括清除本地缓存的信息（在这些信息已经不需要的情况下），只在系统中显示可用数据的一部分信息，并只在用户明确发出请求的情况下才显示信息的详情。显示密码的一般做法就是把密码显示成星号（*），这样可以降低有人在身边窥探密码的风险。

在设计过程中应用这个模式特别重要，因为在此之后再实施这个模式就非常困难了——未来人们就需要在接口的两端进行变更。如果我们为了执行某项特定任务而设计独立的组件，这个任务又需要不同的数据集，我们就比较有可能落实这种模式。负责处理敏感数据的 API 应该拥有足够的灵活性，让主叫方指定他们所需要的数据子集，这样就可以把信息暴露的风险降到最低（见表 4-1）。

表 4-1 最少信息模式如何改变 API 的设计

不满足最少信息模式的 API	满足最少信息模式的 API
RequestCustomerData(id='12345')	RequestCustomerData(id='12345', items=['name', 'zip'])
{'id': '12345', 'name': 'Jane Doe', 'phone': '888-555-1212', 'zip': '01010', ...}	{'name': 'Jane Doe', 'zip': '01010'}

表 4-1 左侧中的 RequestCustomerData API 没有遵守最少信息模式，因为主叫方没有任何选

择，只能按照 ID 请求完整的数据记录。他们不需要电话号码，所以没有必要请求这个信息，未遵守这个模式会给觊觎这些信息的攻击者创造机会。表 4-1 右侧所示是这个 API 的另一个版本，可以让主叫方指定他们需要的信息，同时也只提供他们指定的字段，这就可以把私有信息的数据流减到最低限度。

这里我们也应该思考一下默认防御模式，这里 items 参数的默认值就应该是最小的信息集，前提是主叫方可以准确地请求他们所需要的信息，这样才能把信息流减到最低限度。

4.2.3 默认防御

软件永远应该是“开箱即用”的安全软件。

在设计软件时，应该坚持默认防御原则（包括其初始状态），这样工作人员不加操作也不会给系统带来威胁。默认防御模式适用于整个系统的配置，以及组件和 API 参数的配置可选项。如果我们任由数据库或者路由器使用默认密码，就严重违背了这种模式。时至今日，这种设计缺陷居然还是无处不在，这一点相当出人意料。

如果我们希望严肃对待系统安全的问题，就永远不要给系统配置一个不安全的状态，并指望日后再去提升它的安全性，这样做不光会制造漏洞，我们事后还常常会把这件事抛诸脑后。如果我们使用的设备有默认的密码，就应该首先在一个安全的、位于防火墙后面的私有网络中配置好这台设备，然后再把它部署到网络当中。这方面的先驱非加利福尼亚州莫属，该州用立法的方式强制执行了这个模式；该州的参议院议案 No.327(2018)禁止在联网设备上使用默认密码。

默认防御适用于一切有可能影响安全性的设置或者配置，绝不仅仅是默认密码。权限应该默认采用以最严格的限制方式进行设置；用户在确有需要且绝对安全的情况下才能手动修改以使用限制更少的权限。默认情况下，应该禁用一切有可能带来危险的可选项。与此同时，我们应该默认启用所有能够提供安全保护的特性，让这些特性从一开始就能够生效。当然，我们需要始终保持软件更新到最新的版本。不要使用旧版本且很可能包含已知漏洞的软件，然后盼着它未来自己就能更新。

在理想情况下，我们永远都不应该使用那些不安全的可选项。在部署那些推荐的可配置选项时，一定要多加小心，因为其中很可能会包含不安全的可选项，从而在未来授人以柄。另外应该切记，所有新的可选项都会增加各种设置的组合情况，而确保所有这些设置的组合情况都能给我们带来帮助，同时不会增加安全风险，会随着组合数量的增加而变得越来越难。如果我们必须采用不安全的配置方案，一定要主动向管理员解释清楚这里包含的风险。

不过，默认防御比配置各个可选项的应用范围要大得多。不指定 API 参数的默认值是一种比较安全的做法。当人们在浏览器的地址栏输入 URL 却没有指定协议时，浏览器应该默认站点使用的是 HTTPS，只有在站点无法连接的时候才切换回 HTTP。协商建立新的 HTTPS 连接的两个对等体设备应该默认首先接受更安全的密码套件。

4.2.4 放行列表与阻塞列表

在设计安全机制的时候，应该优选放行列表（allowlist）而不是阻塞列表（blocklist）。放行列表列举的是安全的情形，所以这种列表在本质上是一个有限枚举的列表。阻塞列表则正好相反，这种列表希望列举出所有不安全的情形，这样做相当于隐含地放行了其他所有我们希望是安全访问的情形，这类被放行的访问在数量上是无限的。哪种方式的风险更高不言而喻。

首先，我们举个现实生活中的例子，方便读者理解放行列表和阻塞列表之间的区别，以及我们为什么应该使用放行列表（而不是阻塞列表）。在疫情居家令生效的那段日子里，我所在的州的州长下令关闭了海滩，但是提供了一些例外情况，下面我们用比较简单的形式说明一下关闭海滩的州政府政策：

> 居民不应在任何海滩上站立、坐卧、休憩、滞留或者晒日光浴。可以穿过海滩下海冲浪；如果在海滩上进行散步、慢跑或长跑，应保持社交距离。

这条居家令的第一句话就是典型的阻塞列表，因为这句话列举了哪些行为是违反法令的。第二句话则是一个放行列表，因为这句话给一系列行为赋予了合法的权限。考虑到法律方面的问题，官方使用上面这种用语自有其合理性，但是从严格的逻辑角度来看，我觉得这种说法颇有一些值得商榷之处。

首先，我们看看阻塞列表：我相信人们在海滩上的很多活动都存在风险，但是法令的第一句话并没有对此进行严格限制。如果这条法令的目的是保证人们不会在海滩上停留，那么这条法令显然遗漏了很多情况，比如，人们可以跪在海滩上、在海滩上做瑜伽或者行为艺术的表演，等等。这个阻塞列表的问题在于，所有它忽略的情形都是这类列表的缺陷。因此，除非我们可以穷举所有需要予以限制的行为，否则这个系统的安全性将存在缺陷。

现在我们反观海滩上可以进行哪些活动。当然，对于这些情况法规也没有列举完整——但谁会对在海滩上跳绳是不是合规存疑呢？所以，这个列表列举的内容虽然并不完整，但是并不会造成严重的安全性问题。在这种情况下，最多也就是有几个在海滩上跳绳的倒霉蛋会被罚款，虽然这种处罚并不公平，但是它造成的伤害性非常小。更重要的是，放行列表没有进行穷举也不会给有可能造成人们大面积感染的高风险行为打开大门。另外，只要确有需要，我们可以随时把那些安全的行为添加到放行列表当中。

如果说得再宽泛一点，我们可以想象这样一个光谱：最左边是全部禁止，渐渐过渡到最右边的全部放行。我们需要在光谱的中间某处画一条分界线，允许线右边的合规行为，同时禁止左边的违规操作。放行列表的分界线需要首先画在右边，然后让这条分界线慢慢向左移动，把光谱中更多的行为划分到合法的行为当中。如果我们的放行列表中忽略了某些情形，从这条分界线的位置来看，我们的处境仍然是安全的。我们永远不可能找到这样一个准确的位置，让我们不仅可以放行所有安全的行为，同时增加任何行为都会带来风险。但是，使用放行列表可以确保我们的安全。与此相反的是阻塞列表：除非我们把左边的所有情况都穷举出来，否则我们一定为一些不该包容的行为打开了绿灯。最安全的阻塞列表是那种包含所有限制情形的列表，但这样的列表往往也过于严格，所以无论如何，阻塞列表都很难满足设计要求。

一般来说，使用放行列表是一种比较简单的逻辑，我们一般不会把这种做法视为一种模式。比如，银行往往只会授权几位足够可靠的经理来批准大额交易。没有人会去维护一个冗长的阻塞列表：里面写清楚了所有没有这个权限的银行员工，通过这种复杂的方法默认给那些有权限的人员授权。但是，一些比较浮躁的程序员可能会想校验一个值是否包含无效字符列表，由此对输入的值进行验证，而且在这个过程中很容易就把 NUL(ASCII 0)或 DEL9(ASCII 127)之类的字符忘到了九霄云外。

特别讽刺的是，那些面向普通消费者的最畅销安全产品——反病毒软件，都会尝试阻塞所有已知的恶意软件。如今的反病毒产品比那些过时的产品要复杂太多：那些传统的产品是把摘要值和数据库中已知恶意软件的摘要值进行比较。但即便如此，如今的反病毒产品采用的还是阻塞列表的形式（这类产品就是通过隐匿来实现的安全，大多数商业反病毒软件都是私有产品，我们对它的了解都只是基于自己的猜测）。当然，这类产品都采用阻塞列表机制是因为它们知道如何收集恶意软件。反过来则基本上行不通，因为我们确实不能在那些非恶意软件发布之前就通过某种方式把它们列入放行列表。我不是针对任何具体的产品，也不是贬低它们的价值，只是解释这种采用阻塞列表来提供保护的设计方案，以及这种方案为什么存在风险。

4.2.5　避免可预测性

任何可以预测的数据或者行为都没有机密性可言，因为攻击者可以通过猜测来学习到这些内容。

在软件设计方案中，数据的可预测性可以导致严重的缺陷，因为这样的系统可能会导致信息泄露。我们在这里以新客户的账户 ID 为例对此进行说明。当一个新的客户在网站上进行注册的时候，系统需要给这个账户分配一个专门的 ID。一种最简单的、最显而易见的做法就是给第一个账户分配 1，给第二个账户分配 2，以此类推。这种做法当然可行，但是从攻击者的角度来看，这个系统又包含哪些漏洞呢？

在这种情况下，账户 ID 给攻击者提供了一种非常简单的方式，让攻击者可以了解用户账户的编号。如果攻击者周期性地在网站上创建一个新的、一次性的账户，他们就可以据此对这个网站在一段指定时间中创建多少客户账户获得一个准确的指标——而大多数企业都不愿意向自己的竞争对手披露这类信息。根据系统的具体标准，可预测性还可以给攻击者提供其他机会。这种糟糕的设计方案还有另一个后果，即如果攻击者可以很容易地猜测出分配给下一个账户的 ID，那么他们通过这个信息就可以声明这个新的账户来混淆注册系统，干扰新账户的建立。

可预测性的问题有很多不同的形式，不同的设计方案也可能会导致不同类型的信息泄露。如果一个账户 ID 包含账户创建者的姓名或者邮政编码，那么这个账户 ID 显然很容易泄露账户所有者的身份信息。当然，网页 ID 等也存在相同的问题。针对这类问题，最简单的缓解措施是，如果建立 ID 的目的是建立一个唯一的用户标识，就单纯以这种目标来建立 ID——不包含用户数量、用户邮箱地址，也不在 ID 中使用其他标识信息。

避免这类问题的一种简单方法是采用安全的随机 ID。真正的随机值是猜不出来的，所以也就不可能泄露信息（从严格意义上说，ID 的长度可以泄露 ID 的最大数量，但 ID 的最大数量一般也不是什么敏感信息）。对于一个标准的系统，生成随机数有两种方式，即使用伪随机数生成器或者使用安全随机数生成器。除非我们确定可预测性不会给我们带来损失，否则应该选择后者，即使安全随机数生成器的生成速度会慢一点。本书第 5 章会介绍安全随机数生成器的更多内容。

4.2.6 失效安全

如果发生了问题，我们至少要确保问题最终能够被妥善解决。

在物理世界中，失效安全本身属于一种常识。老式的电路保险丝就是这方面的例子：如果通过的电流过强，产生的热量就会让保险丝熔化，电路就会断开。所以物理定律就决定了这种电路不可能长时间维持过量的电流，否则其最终会被烧毁。这貌似是最显而易见的一种模式，但是考虑到软件的特点（物理定律并不适用），我们反而很容易忽略这种模式。

很多软件编程工作一开始好像不足挂齿，但该工作会因为执行错误处理而变得越来越复杂。正常的程序流程可能还算比较简单，但是在出现诸如连接断开、内存分配失败、输入无效，以及其他大大小小的问题时，代码应该尽可能继续执行，如果无法执行，至少应该能够正常退出。在写代码的时候，我们可能会觉得自己花在这些问题上的时间比我们花在满足需求上的时间更长，这时我们就很容易把错误处理当成一项可有可无的工作，然后把这项任务抛诸脑后，很多常见漏洞就是这样产生的。攻击者会尽可能刻意触发错误情形，希望发现可以利用的漏洞。

错误情形一般很难进行彻底的测试，如果多种错误组合在一起，出现在新的代码路径上，就更难测试出来了，出现错误的地方就是发起攻击的沃土。我们应该确保要么每项错误进行了安全处理，要么最终完全拒绝该请求。如果有人向照片共享服务器上传了一张照片，我们应该立刻校验这张照片的格式是否正确，因为格式错误的照片经常会遭到恶意使用。如果校验的结果是错误的，就应该立刻从存储系统中移除数据，避免任何人使用该数据。

4.3 强力执行

强力执行组的模式关注的重点是如何通过彻底强制执行规则的方式来限制代码的行为。漏洞是任何法律法规的毒药，强力执行组的模式就展示了如何避免给破坏系统创造机会。我们不能只是写写代码，然后通过逻辑推测它不会出现哪些情况。我们应该在结构上进行设计，让那些错误的操作根本不可能发生。

4.3.1 完全仲裁原则

保护所有访问路径，强制执行相同的访问，没有任何例外。

完全仲裁原则这个术语相当晦涩，但是这种模式的逻辑相当直白。所谓完全仲裁原则，即对受保护资源的访问执行一致的安全检查。如果一项资源有很多方法可以进行访问，那么对不同的访问者必须采用相同的授权校验，没有可以为访问者提供无须认证的方法，也没有任何方法可以让策略有所放松。

假如一家财务投资公司的信息系统策略规定，普通员工没有经过经理批准就不能查看客户的税务 ID，因此系统会向普通员工提供一份忽略这部分信息的简化版客户记录。经理则可以访问完整的记录，在个别情况下，普通员工如果存在合理的需求，他们也可以要求经理代为查询。员工可以为客户提供很多服务，其中一项服务是当客户出于某种原因没有收到税务文件的时候，员工可以给客户再发送一份文件。在确认客户的身份之后，员工可以申请一份表格的副本（一份 PDF 文档），然后他们把表格打印出来，再通过邮件发送给客户。这个系统的问题在于，客户的税务 ID（员工不能进行访问）会出现在税务表格中，这就是违反完全仲裁原则的情况。如果员工心怀不轨，他们就会请求客户提供自己的税务表格，但他们真实的动机是查看表格上面的税务 ID，这样就可以绕过系统禁止普通员工查看客户税务 ID 的策略了。

遵守这种模式的最好方法是，只要条件允许，就要在一个点上执行安全决策。这个点一般称为防守点，也有人把它称为瓶颈（bottleneck）。这里的重点在于，所有对某个资产发起的访问都必须穿过同一扇门。如果做不到这一点，或者有很多路径需要防守点，就要保证对各类访问执行的所有校验都必须在功能上保持一致。理想情况下，最好使用相同的代码来实现这些校验。

在实际工作中，如果以实现方式保持一致作为实现这种模式的标准，这种模式的实现难度就会很高。这种模式的合规性可以分为几个不同的级别，不同级别的差异在于系统中的防守点。

- 高合规性：只能通过一种公共的方式访问资源（瓶颈防守点）。
- 中合规性：可以在不同位置对资源发起访问，但每个位置都使用相同的授权校验进行保护（多个公共防守点）。
- 低合规性：可以在不同位置对资源发起访问，这些位置分别使用不同的授权校验进行保护（不符合完全仲裁原则）。

我们可以通过一个反例来解释为什么实现这种模式的最好方法就是采用简单的授权策略，即在一个瓶颈代码路径上对特定资源执行校验。一位 Reddit 用户最近发文，向我们揭示了一个违背这种做法的案例详情。

> 我看见自己 8 岁的妹妹在她的 iPhone 6 上用 iOS 12.4.6 浏览 YouTube 视频，且浏览时间超过了她的屏幕使用时间的限额。后来我发现，她在消息中发现了一个屏幕时间限制的错误，让用户可以使用 iMessage App Store 里面提供的应用。

苹果公司设计 iMessage 以包含自己的应用，同时让 iMessage 可以通过很多方法来调用 YouTube 这个应用，但是苹果公司没有在这种浏览视频的方式上实施屏幕使用时间限制，这就是典型的、违背完全仲裁原则的示例。

不要提供多种路径来访问相同的资源，又给每种路径定义专门的代码，且每组代码工作方式又不尽相同——因为任何差异都有可能意味着一部分路径的保护措施比另一部分的弱。存在多个防守点就需要我们多次实施相同的校验，这样的系统也更难以维护，因为每次需要变更的时候，我们都要在很多不同的地方执行相互匹配的变更。使用多个防守点就会给出错制造更多的机会，也需要我们付出更大的努力才能进行比较彻底的测试。

4.3.2 最少共同机制

独立进程之间的共享机制越少越好，这样才能保持这些进程之间相互隔离。

为了帮助读者理解最少共同（least common）机制，以及这个机制的价值，我们思考一个例子。多用户操作系统的内核会为不同用户的进程管理系统资源。内核的设计在根本上确保了进程之间的隔离，除非这些进程明确共享了相同的资源或者通信信道。在后台，内核会为来自所有用户进程的服务请求维护各种必要的数据结构。这种模式的重点是，这些结构的共同机制有可能在不经意间把不同的进程桥接在一起，因此最好能够把这样的机会降到最低。如果某个功能可以在用户空间代码中实现，其中进程边界对其进行了必要的隔离，那么这个功能就不太可能通过某种方式桥接到用户进程当中。在这里，桥接（bridge）是指泄露信息，或者让一个进程在未经授权的情况下影响其他进程。

如果这么说还是有点抽象，我们可以列举一个日常生活中的例子。我们在提交纳税申报表的截止日的前一天去见了自己的报税员，目的是看看自己的纳税申报表。到了事务所之后，我们看见报税员的办公桌上堆满了文件和文件夹。报税员从堆得像小山一样的文件和文件夹里面抽出了我们的材料并进行会谈。在等候的时间里，我们可以清清楚楚地看见其他人的姓名、税务 ID 和银行流水。搞不好，报税员不小心把我们的申报额记在了其他人的档案里。这就属于在独立的各方之间进行了信息桥接，原因是报税员的办公桌形成了一个公共空间——这也是最少共同机制着力避免的情形。

次年，我们换了一位报税员。在会面时，这位报税员从抽屉里拿出我们的文件，并且在一张整洁的办公桌上打开这些文件，桌子上没有任何其他客户的档案。这位报税员可以说正确地实现了最少共同机制，因此可以在最大程度上避免混淆不同客户的材料，也在最大程度上避免别有用心的客户瞟见别人的材料。

在软件行业当中，我们在设计服务时，应该让它们与各个独立进程或用户进行交互，这就是实现最少共同机制模式的方法。我们能不能给每个用户提供一个单独的数据库，或者把访问限制在这个用户的环境当中，而不是用一个数据库来保存所有人的数据？有时，我们确实有用一个数据库保存所有人的数据的合理理由，但是在我们主动选择不采用这种模式的时候，一定要对由此增加的风险有所警觉，同时采取必要的隔离措施。Web cookie 就是这种模式的典型应用，因为每个客户都会独立保存他们自己的 cookie 数据。

4.4 冗余

冗余是工程安全的核心策略，这个策略可以反映在大量日常行为当中，比如汽车有备胎。冗余组的这些模式可以显示如何把冗余应用在软件行业中，从而提升系统的安全性。

4.4.1 深度防御

把大量独立的保护措施组合在一起，就可以形成强大的总体防御措施，这种总体防御措施可以协同发挥作用，其效果远比其中任何一项措施都更加有力。

深度防御是最重要的模式之一。鉴于软件系统不可避免地包含大量错误，这个措施可以让我们的软件系统比系统的组件更加安全。读者可以想象通过把胶合板挡在窗户上，把一个房间改装成暗室。我们倒是有不少胶合板，但是有人在所有胶合板上随机钻了不少小孔。因此，如果我们只在窗户上罩一层胶合板，那么光线就会透过那些小孔照进房间，这个房间也就不能称为暗室了。如果我们罩两层胶合板，只有两个小孔的位置正好重合，我们的暗室才算改造成功。在安检处同时使用金属探测器和搜身也是采用了这种模式的例子。

在软件设计方面，我们可以通过叠加两层或者多层保护机制来实施特别重要的安全策略，这就是实现深度防御的方式。每种防御措施都像前文那些钻了小孔的胶合板一样，它们都难免存在一些缺陷，但是很少有攻击方式能够同时穿过两种以上的防御措施，这也就像两层胶合板上不太可能正好所有小孔的位置重合一样。执行两种独立的校验往往也需要我们付出双倍的努力，花费我们双倍的时间，所以我们应该谨慎地使用这种模式。

在平衡收益和成本方面，有一个例子就是使用沙盒。所谓沙盒是指任何一个让不可靠的代码可以安全运行的容器（当今的网页浏览器会在安全沙盒中运行 WebAssembly）。如果在我们的系统中运行不可靠代码，那么一旦出错，就可能给我们带来严重的后果，这种场景就适合采用多层防护的机制（见图 4-2）。

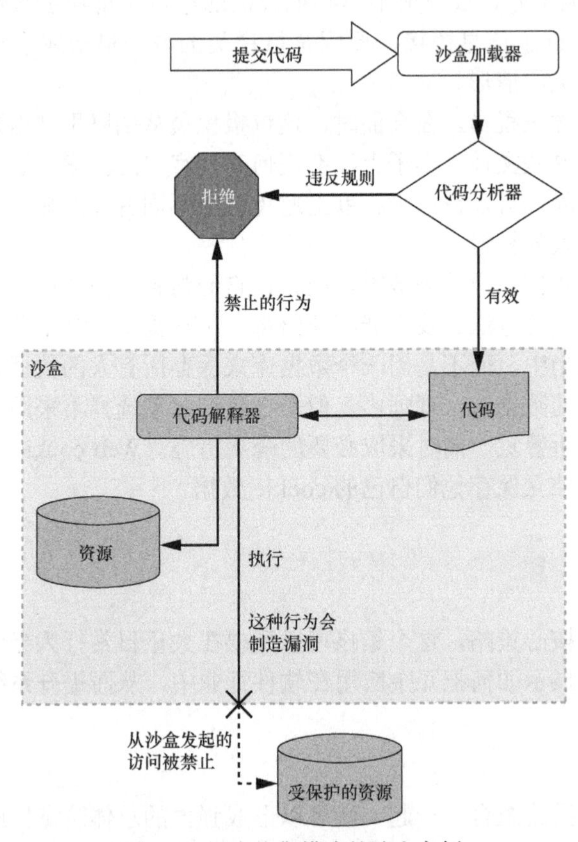

图 4-2　深度防御模式的沙盒案例

在沙盒中执行的代码会首先由代码分析器（第一层防御）进行扫描，分析器会按照一系列规则对其进行匹配。如果发生任何违背规则的情况，系统就会彻底拒绝这段代码。比如一条规则禁止调用内核，另一条规则禁止使用特定权限的机器指令。当且仅当代码通过了分析器，它才会被载入解释器中运行，同时还会有一系列限制规则来防止同类的越权操作。对于希望入侵这个系统的攻击者来说，他们必须首先通过分析器的规则校验，然后骗过解释器，才能执行禁止的操作。这个例子特别能说明问题，因为代码分析和解释有着根本的区别，所以相同的缺陷同时存在于这两层的可能性很低，如果它们是分别独立开发的，那么可能性就更低了。即使有百万分之一的概率，分析器没有检测出某种攻击方式，同时它也能够欺骗解释器，但一旦这两种机制结合起来，整个系统发生故障的概率就可以降低到十亿分之一以下，这就是这种模式的强大之处。

4.4.2 权限分离

两方总比一方可靠。

权限分离也称为责任分离（separation of duty），这种模式是指一个无可争辩的事实，那就是如果我们上两把锁，同时把两把钥匙委托给两个不同的人，这样做的安全性比只上一把锁要强。虽然我们也不排除这两个人有可能进行勾结，但是毕竟可能性相当低。另外，我们也有很多方法可以把这种风险降到最低，所以无论如何，这都比依靠某个人、某把锁要安全得多。

比如，保险箱设计为由银行负责所有金库的安全，但针对金库中的保险箱，则是由保险箱所有者自己保管钥匙。除非进行暴力破解（比如把锁撬开），银行人员将无法打开保险箱，也没有任何一位客户知道打开金库的密码。客户只有先进入金库，才能使用自己的钥匙打开他们的保险箱。

如果一项受保护资源存在明显相互重叠的职责，就应该采用这种模式。保护数据中心是一个经典案例：数据中心都有系统管理员（系统管理员可能是一个团队，负责大型运维），系统管理员负责使用超级用户权限来操作设备。此外，安保人员负责控制进入物理设施的人员。这些相互分离的责任，再加上对证书和访问密钥的控制，都应该分属向企业不同执行机构汇报工作的人员，这样他们串通的可能性更小，也可以防止任何大权在握的负责人违规采取特殊行动。具体来说，远程工作的管理员不应该能够在物理上进入数据中心的设备间并访问设备，身处数据中心的人员不应该知道登录设备系统的密码，或者对存储信息进行解密的密钥。这样一来，只有两拨人员串通起来，分别获取物理和管理访问权限，才能彻底突破安全措施。在大型企业中，不同的团队可能会负责数据中心内部的不同数据集，这也是为了进行更大程度的责任分离。

这种模式还有一种用法，这种用法一般面向最重要的功能：那就是把一项责任划分成多个职能，避免任何人无意或蓄意给系统造成严重后果。为了防止备份数据泄露，我们可以由不同团队用各自的密钥对数据进行两次加密，这样只有两个团队的人员同时提供密钥，人们才能解密备份的数据。在激活核武器这类极端情况下，则需要两把钥匙同时转动且钥匙孔相互距离 3 米以上，这种设计的目的是防止任何一个人独立激活核武器。

审计日志也可以通过权限分离的方法进行保护，由一个团队负责记录和查看事件，同时让另一个团队发起事件。这也就是说，管理员负责审计用户的行为，但是还有一个独立的团队负责对管理员进行审计。否则，犯罪人员可能会阻止记录他们自己的腐败行为，或者篡改审计日志来掩盖他们的踪迹。

我们不可能在一台计算机中实现权限分离，因为拥有超级用户权限的管理员永远可以完全控制这台计算机，但还是有很多方法可以近似实现权限分离的效果。在设计方案中包含多个独立的组件仍然是一种宝贵的缓解方式，虽然管理员确实可以突破这样的措施的限制，但这样毕竟可以提高突破系统的难度。任何攻击都需要花费更长的时间，攻击者也更有可能在这个过程中犯一些错误，从而更有可能被抓。如果希望针对管理员执行强大的权限分离，就需要要求管理员通过特殊的 ssh 网关进行工作，让他们的工作处于独立的控制之下，他们的会话也会被详细地记录下来，同时还可以针对管理员实施其他限制。

内部人员给系统带来的威胁很难消除，有时甚至根本不可能消除，但是这并不代表采取缓解措施是在浪费时间。哪怕让内部人员知道，有人正看着他们，这本身也是一种强大的震慑。这样的预防措施并不代表我们不信任这些内部人员：诚信的员工一定会欢迎任何权限分离的措施，因为这样可以增强对系统的审计，还可以降低因为他们的错误操作给系统带来的风险。这样做也是在逼迫内部的恶意人员把注意力放在掩盖自己的踪迹上，这样他们发起攻击的效率也会有所降低，同时还可以增大抓现行的概率。好在，人们在与同事面对面交流的过程中都会建立一套完善的信任系统。所以在实际工作中，内部的双面间谍实际上还是很少见的。

4.5　信任与责任

信任和责任是合作的黏合剂。软件系统之间的互联越来越多，相互之间的依赖也越来越强，所以这组模式都是重要的路标。

4.5.1　不盲目信任

信任永远都应该是明确的选择，而且应该有确凿的证据。

不盲目信任模式确认了一点，那就是信任是非常宝贵的，这也是为什么我们应该保持怀疑态度的原因。在软件出现之前，犯罪分子同样会利用人们天然希望信任别人的这种倾向，他们会把自己装扮成工作人员潜入目标场所、兜售假冒伪劣商品或者开展其他骗术。不盲目信任模式是在告诉我们，不要默认穿着制服的人就拥有合法的身份，要想到电话里那个自称是警察的人很可能是个骗子。在软件领域，这种模式适用于在安装软件之前首先校验代码的真实性，这需要在授权之前首先执行强有力的认证。

使用 HTTP cookie 也是这种模式的一个例子，这一点会在本书第 11 章进行详细介绍。Web 服务器会在响应客户端的时候设置 cookie，并希望客户端在未来请求时把这些 cookie 发送回来。不过，鉴于客户端没有任何义务按照服务器的规则来发出请求，所以服务器永远应该对 cookie 这种手段持保留态度，不要太相信客户端会忠实地执行这项任务，否则会带来巨大的风险。

即使没有恶意，我们也不应该盲目信任。比如，在一个重要的系统中，我们务必要保证所有组件都保持高质量、高安全性的水准，这样整个系统才不会轻易被入侵。如果信任了不该信任的人，使用了匿名开发人员提供的代码（代码中可能会包含恶意软件，或者代码中包含很多错误），那么系统中的重要功能可能立刻就会面临安全风险。这种模式相当直白，也非常合理，但是在现实工作中有时并不容易做到，因为人们天生就喜欢信任别人，如果一直不愿意信任别人，难免会让人觉得偏执。

4.5.2 接受安全责任

所有软件从业者都有明确的责任，他们都需要对软件的安全负责。对于他们自己开发的软件，他们应该始终秉持这样的态度。

比如，软件设计人员在审查那些要被集成到系统里面的外部组件时，就应该把安全性问题考虑在内。对于两个系统之间的接口位置，两个系统都应该明确承担各自需要履行的责任，同时对调用者承诺的保障措施加以确认。

接受安全责任模式也有对应的反模式，比如有一天我们遇到了一个问题，结果两位开发者都称："我以为安全问题是你在负责，所以我没有处理。"在一个大型系统中，双方都可以轻而易举地把问题归咎于对方。我们可以设想这样一种情况，组件 A 接收了不可靠的输入（比如，一台 Web 前端服务器接受匿名的互联网请求），然后把这些输入信息传输给组件 B 里面的业务模块——当然在传输之前可能会对数据进行一些处理或者重新格式化。A 或许不会承担任何安全责任，直接把所有输入信息统统传递出去，它默认 B 会处理不可靠的输入，并对输入信息进行合理的验证和错误校验。从组件 B 的角度来看，它也很容易默认前端设备会对请求进行验证，只把那些安全的请求传递给 B，所以 B 也完全不需要担心安全方面的问题。处理这种情况的正确方法就是在协议里面把权责写清楚，界定由谁对请求进行验证，以及如果系统会为下游提供保障的话，它会提供什么样的保障。如果希望系统尽可能安全，就应该采用深度防御模式，让两个组件独立对输入的内容进行验证。

我们在这里也可以考虑另外一个相当常见的例子，也就是责任在软件设计人员和软件用户之间相互推诿的情况。我们在前文中曾经提到默认防御模式的配置，尤其是提到了存在一种不安全做法的情况。如果软件设计人员知道有一种配置的做法的安全性比较低，他们就会认真考虑这样做是不是真的有必要。这也就是说，我们不应该因为操作起来比较简单就给用户提供一种操作的可选项，也不要因为"说不定哪天就会有人用到"就给用户提供一种操作的可选项。这简直就是给用户设下了一个陷阱，早晚有人会在不知不觉中掉进去。如果我们确实有合理的理由从而给用户提供一个包含某种风险的可选项，那么我们第一点应该考虑的方法就是修改设计方案，通过一种更安全的方法来解决这个问题。除此之外，如果需求本身就是不安全的，那么设计人员就应该明确告知用户这个需求存在的风险，并且对用户提供保护，防止他们在不知道后果的情况下配置了这个可选项。不仅是我们应该把风险记录下来，同时提供各种可能的缓解措施来弥补漏洞，用户也应该接收到明确的反馈信息。而且在理想情况下，我们最好不要用"你确定吗？"或者"了解更多信息，详见下列链接"这样的对话框，这是在推卸责任。

“你确定吗”这样的对话框到底有何不妥？

我认为，用“你确定吗？”之类对话框加上一条参考链接的做法永远代表一种失败的设计方案，这样的设计方案也永远都会给安全性带来风险。我还从来没有见过哪怕一种这种对话框是解决问题最好方法的情况。在安全性出现问题的情况下，这种做法与接受安全责任这种模式本身就存在冲突，因为这相当于软件设计人员把责任强加给了用户，用户很可能根本就不“确定”，但用户也没有任何其他选择。说得再明白一点，在这种对话框中，我们也没有包含正确的确认方式，比如rm命令这种交互式提示符或者其他操作方法来避免用户执行有风险的操作。

这样的对话框可能会让用户陷入对话疲劳当中。换言之，只要用户希望完成操作，他们就会条件反射式地忽略这个对话框，而且基本上肯定会认为这些对话框是操作的障碍而不是辅助信息。安全意识强大如我，在看到这种对话框的时候也想知道：“我还有什么别的办法来完成这项任务吗？”我的选择是要么放弃这个计划，要么冒着巨大的风险继续执行处理。因为即使对话框提供了“了解更多信息”的参考材料，这些内容也从来不可能提供理想的解决方案。在这种情况下，“你确定吗”无非就是向我发出一个信号，告诉我未来可能会对执行这项操作感到后悔，但又不告诉我到底有可能发生什么情况，同时还暗示我一旦操作就没有后悔药可吃了。

我希望这类对话框里能增加这样一个选项供用户选择，具体为“我确定不了，但还是想继续”，同时软件会把选择这一项当作严重的错误记录下来，因为用户选择这一项就代表这个软件没有满足用户的需求。在任何安全性对我们来说十分重要的环境中，我们都应该认真检查这类推卸责任的情况，并且视之为必须最终解决的严重问题。如何解决这类问题需要具体情况具体分析，但是承担责任确实有一些通用的方法。我们要对可能发生的情况，以及这种情况产生的原因洞若观火。我们使用的措辞应该简洁，但一定要提供链接或者其他参考索引来对面临的情况进行完整的解释和清晰的记录。不要使用“你确定你要这么做吗”这种模棱两可的字眼，而应该准确地向用户展示操作的目标（不要用对话框来掩饰重要的信息）。永远都不要用双重否定或者表意含混的说法（比如“你确定你想要回退吗？”，然后让用户回答“是”或“否”来选择自己的操作）。只要条件允许，我们都应该提供取消操作的选项。最近出现一种比较理想的模式，那就是在执行了主要操作之后，被动提供一种取消操作的选择。如果无法取消，那么我们应该在链接索引文档中提供一种备选方法，或者提示用户如果不确定，就要提前备份数据。我们应该尽可能减少垃圾选项的数量。在理想情况下，我们应该把责任留给那些完全了解自己所作所为后果的专业管理员，这类选项应该留给这种专业人士进行抉择。

4.6　反模式

要懂得从别人的灾祸中吸取教训。——普布里乌斯·西鲁斯

在学习有些技能的时候，最好的方法是观察大师们是如何工作的。但是还有另一种学习方

法，那就是避免犯其他人犯过的错误。刚接触化学的人都要首先学会在稀释酸溶液的时候，一定要把酸溶液加到水容器中，绝对不能反其道而行之。因为如果把一滴水加入大量酸中，化学反应会在瞬间发生，产生大量的热，水会瞬间被煮沸，水和酸性溶液也会从容器里溢出。没有人希望自己是在这一幕发生之后才吸取教训的，本着这种理念，我会在下面提出几种为安全起见，最好予以避免的反模式。

这些模式一般都会给软件带来安全风险，所以这些模式都应该尽量避免，但是这些模式本身并不是漏洞。本书前文介绍了不少模式，那些模式的名称都是人们普遍接受的术语，但反模式的名称不是行业通用的术语，所以我在这里选择使用一些描述性术语。

4.6.1 代理混淆问题

代理混淆问题是很多软件漏洞的基本安全挑战。有人说，代理混淆是所有反模式的病根。为了解释这个名词，说清楚它的含义，我们不妨先来讲一个小故事。假设有个法官签署了一份逮捕令，让备补法官（代理）逮捕诺曼·贝茨（Norman Bates）——小说《惊魂记》中的连环杀手。这位备补法官找到了诺曼的地址，逮捕了在里面居住的人。被逮捕的人坚称他们抓错人了，但是这种借口备补法官早就听腻了。这个故事的转折在于（注意我们说的不是《惊魂记》里的情节），诺曼早就想到自己会被批捕，所以他早就开始使用假地址了。备补法官被诺曼的把戏骗了，抓了不该抓的人。你也可以说大家都被诺曼给骗了，是诺曼想方设法让备补法官获得了正式授权以服务于他自己的邪恶动机。通过谎报案情诱导警力去对付无辜人员就属于典型的代理混淆，我在这里就不具体讲那些悲惨的故事了。

代理混淆的常见情况包括用户代码调用内核，或者用户通过互联网访问 Web 服务器。被调用的组件是代理，因为高权限代码是被调用来代表低权限的调用方执行操作的。这里的风险就在于这种操作跨越了信任边界，这也就是威胁建模如此重要的原因。在后面几章中，我们会介绍很多实现代理混淆的方法，其中包括缓冲区溢出、输入验证不足、跨站请求伪造（Cross-Site Request Forgery，CSRF）攻击等。软件代理和人类代理不一样，人类代理起码可以依赖直觉、经验和其他线索（包括常识），软件代理则更容易受到欺骗而执行与设计者初衷完全不符的操作——除非这个软件在设计和实施阶段就完全预见并制定了所有必要的预防措施。

1. 意图与恶意

本书第 1 章中曾经提到，要让软件值得用户信赖，起码需要满足两个要求：开发软件的人员必须是我们信任的人，这个人必须既诚信又有能力提供高质量的产品。这两个条件之间的区别就在于意图。逮捕诺曼的问题并不是因为备补法官自己不够诚信，而是因为他没有正确验证对方的身份。当然，代码不会违背我们的指令，也不会想办法偷懒，但是如果存在设计问题，那么代码仍然很容易执行超出我们预期的操作。很多容易上当的计算机用户，甚至很多技术娴熟的专业人士都会轻信那些恶意软件。同时，大量攻击还在针对那些设计合理但偶有缺陷的软件制造代理混淆的问题。

一般来说，当最初请求的上下文丢失的时候，就容易产生代理混淆这种漏洞，请求方的身份找不到了就属于这种情况。如果高权限和低权限调用共享相同的代码，这类混淆就格外容易发生。图4-3所示为这种调用方式的例子。

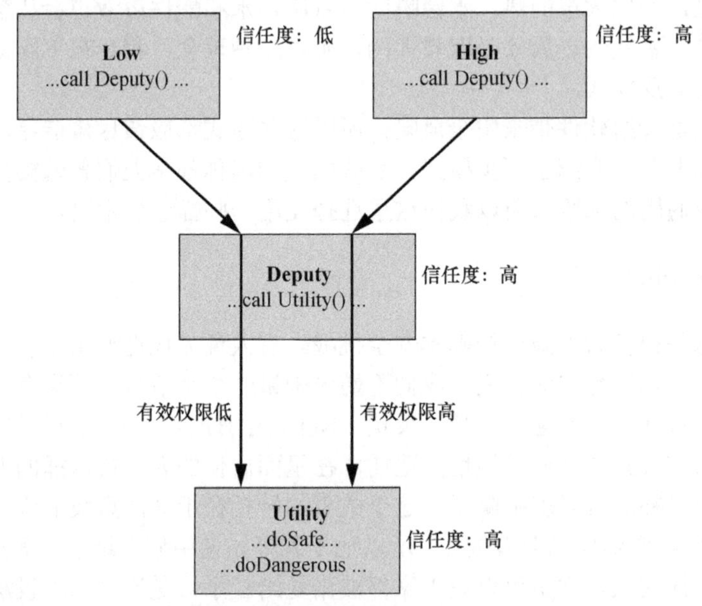

图4-3 代理混淆这种反模式的例子

中间的代码Deputy同时代表高权限代码和低权限代码执行操作。在右边的High代码发起调用时，Deputy可能会为可靠的调用方执行一些有风险的操作。当Low进行调用时，这里就会发生跨越信任边界的情况，这时Deputy应该只执行那些适合低权限调用方的操作。但是在实施时，Deputy使用了子组件Utility来完成工作。Utility代码没有标注调用方是高权限用户还是低权限用户，因此Utility就有可能错误地替Deputy执行一些危险的操作，而这些操作实际上是不应该为低权限用户执行的。

2. 可信的代理

下面分析一下如何成为一个可靠的代理。首先，我们思考一下危险到底从何而来。我们在前文中提到，信任边界就是最开始发生混淆的地方，因为混淆代理攻击的目的就是利用更高的权限。只要代理能够正确地理解用户请求、知道发起请求的是谁，同时执行正确的授权校验，就应该不会出现什么问题。

在前面的案例中，我们提到了Deputy代码。这个代码的问题在于下面的Utility代码在被Low调用时没有划分信任边界。从某种意义上说，Deputy不知不觉就把Utility变成了一个混淆代理。如果Utility不准备对低权限的调用方设置任何防御措施，那么Deputy也就有必要拦截来自低权限的欺骗，或者，Utility需要进行一些修改，从而意识到哪些调用是来自低权限代码的操作。

代理混淆的另一种解决形式基于代表请求所采取的行动。数据隐藏（data hiding）是一种基本的设计模式。在这种模式中，软件会在实现上将自己的工作机制隐藏在一层抽象后面，代理直接使用这种机制来工作，请求方则无法使用这种机制。比如，代理可能会把请求的信息记录下来，但是请求方无法访问这些记录。不过，请求方可以让代理不断记录日志，这样也是在利用代理的权限，所以我们一定要意识到操作的副作用。如果请求方可以给代理发送一个刻意捏造的字符串，让这个字符串进入日志当中，从而达到破坏数据或者让数据无法被读取的目的，那么请求方就是在使用混淆代理攻击有效地擦除日志。在这种情况下，防御措施应该首先判断出请求方发送的字符串有可能进入日志当中，然后考虑到这种情况可能带来哪些负面的影响，再采取某些措施——比如对输入信息进行验证。

本书第 3 章提到的代码访问安全模型就是为了防止混淆代理造成的漏洞。当低权限代码调用高权限代理代码的时候，权限也需要相应地降低。当代理需要更高的权限时，它必须明确声明，说明自己是在按照低权限代码的要求执行操作。

总而言之，在信任边界，我们一定要谨慎地处理低可靠性的数据和低权限的调用，不要让它们最终发展成混淆代理攻击。在执行任务期间，与请求有关的信息都应该妥善保存，这样才能根据需要对授权进行完整的校验。如果我们能够意识到各项操作的副作用，请求方就很难执行授权之外的操作。

4.6.2 信任回流

只要低可靠性的组件控制了高可靠性的组件，就会出现信任回流的情况。比如，当一位系统管理员用自己的计算机远程管理企业系统时，虽然这个人确实拥有有效的授权，也确实是可靠人员，但他的计算机并不在企业策略的规划之中，所以这台计算机也就不应该使用管理员权限发起会话。从本质上说，我们由此可以认为，一场结构化的权限提升已经箭在弦上了。

虽然在现实生活中，任何心智正常的人都不会陷入这种反模式当中，但是在信息系统中，这种问题却很容易被人们忽视。切记，这里最重要的不是你对组件有多么信任，而是这些组件有多么值得你去信任。威胁建模可以通过明确查看信任边界来揭示这类潜在问题。

4.6.3 第三方 Hook

另一种形式的信任回流反模式是系统组件中的 Hook 为第三方提供了不正当的访问。如果一个关键业务的系统中包含某个私有组件，这个组件负责在系统中执行一系列专门的进程。这个组件可能使用了高级 AI 来预测未来的业务趋势，会使用机密的销售指标，同时每天都会更新预测的结果。这个 AI 组件使用了最前沿的技术，因此设计这个 AI 组件的公司必须每天都对其进行维护。为了让这个系统简单易用，管理员需要使用一条直连隧道并通过防火墙来访问管理接口。

这也会形成一种不正当的信任关系，因为这个第三方组件可以直接访问企业系统的核心，这就完全超出了管理员的权限范围。如果 AI 组件开发商不是一家诚信的企业，或者供应商自己已经遭到了入侵，就有可能导致公司内部的数据遭到泄露，甚至连这家公司自己都毫不知情。这里要注意的是，有一些 Hook 并不存在这类问题，所以也可以接受。例如，如果 Hook 实现了自动更新机制，它只能下载和安装新版本的软件，那么只要它的信任级别达到了这个水准，使用它就不会有太大的问题。

4.6.4 组件不可修补

对于任何流行的组件，从来都不存在人们会不会发现其中漏洞的问题，而是人们什么时候会发现漏洞。一旦人们都知道了它的漏洞，除非它与所有攻击面都彻底断开，否则我们必须给它打上补丁。系统中任何不能打补丁的组件最终都会成为这个系统永远的痛。

硬件组件上如果预装了软件，这类软件往往就无法打补丁。同样，无论出于什么原因，软件开发商不再提供支持的软件或者开发商已经倒闭的软件亦是如此。在实际工作中，还有很多其他类型的无法打补丁的软件：仅以二进制形式提供的不被支持的软件、用过时编译器或者其他过时内容构建的代码、管理方决定停用的代码、卷入了司法诉讼的代码、因为勒索软件入侵而丢失的代码，还有用COBOL之类过时的语言编写的代码——毕竟，如今懂得这类语言的人已经不多了。主流的操作系统提供商一般都会为自己的产品提供一段时期的支持和升级，接下来它们就不会再给自己的产品发布补丁了。如果软件开发商不能及时地发布更新，那么即使这类软件可以更新，恐怕也好不到哪里去。如果你自己都没有把握能及时获得更新，就最好不要去碰运气。

提示：本书附录D包含了本章介绍的安全设计模式和反模式。

第 5 章

密码学

密码常常被人们绕过，而不是被破解。——阿迪·沙米尔

高中时代，我差一点就没有通过驾驶课。这个故事发生在很多很多年以前，那会儿公立高中还会给学生上驾驶课，我们驾驶的汽车用的还是含铅的汽油（没人对此做过威胁建模）。我第一次驾车的经历一点都不美好。我还记得那天我是怎么坐上大众甲壳虫（手动挡车）的驾驶位的，也记得副驾驶位上体育老师那满脸惊恐的表情。我很快发现，如果我在下坡的时候踩离合器，汽车就会加速，我之前还以为汽车会减速呢。但也是从这个错误开始，我突然开窍了。这种情况其实很少发生，体育老师也没有思想准备，所以他很惊讶，但是也立刻就放松了。事后看来，我开窍就发生在我换挡的某个瞬间，这个动作让我和汽车之间建立起了更加直接的联系，让我第一次可以按照自己的本能来驾驶车辆。

本章的重点就和驾驶课上教练的工作有异曲同工之妙，教练的工作是教会学员如何安全地驾驶，而不是如何设计汽车或如何对车辆进行大修。本章的重点则是介绍加密的基本工具，探讨如何正确、合理地使用这些工具，而不会把重点放在它们的工作原理上。为了不借助深奥的数学模型讲述加密，我们会尽量避开数学知识——除了一个例子之外，因为这个例子实在是太巧妙了。

对于密码学这个话题来说，这种讲述方法其实并不常见，但它依然不失为一种重要的方法。加密工具之所以没有得到充分使用，就是因为人们往往认为密码学是一个准入门槛极高的专业领域。如今很多库都提供了密码加密功能，但开发人员需要弄清楚如何使用这些库（以及如何正确地使用这些库）才更加有效。我希望本章成为一个跳板，为读者提供与使用加密功能有关的重要直觉。读者应该根据自己的特殊需求进行进一步的研究。

5.1　加密工具

就其核心而言，如今的加密学大部分都源自纯数学，所以只要能够正确使用，加密学确实行之有效。这并不代表这些算法本身确实无法破解，而是需要数学领域出现重大突破才能实现破解。

密码学可以提供一系列安全工具，但是要想让密码产生效果，就必须谨慎使用加密功能。本书已经反复推荐过，我们可以依靠高质量的代码库来提供完整的解决方案。我们应该选择一个库，这个库提供了合理抽象级别的接口，这样我们就可以彻底理解这个库的作用。

诚然，密码学的历史和密码学背后的数学都很迷人，但为了创建安全的软件，当今的工具盒只是由为数不多的基本工具组成。下面罗列了基本的加密工具，同时也描述了它们的功能，以及它们所依赖的安全性。

- 随机数（random number）可以充当填充或者自动生成的数值，前提是这个数值必须是不可预测的；
- 消息摘要（message digest）或散列函数可以充当数据的指纹，前提是不同的输入不会产生相同的输出（即产生碰撞）；
- 对称加密（symmetric encryption）使用各方共享的密钥来隐藏数据；
- 非对称加密（asymmetric encryption）使用接收方拥有的密钥来隐藏数据；
- 数字签名（digital signature）会根据只有签署方拥有的密钥来对数据进行认证；
- 数字证书（digital certificate）会根据对根证书的信任来对签署方进行认证；
- 密钥交换（key exchange）让双方通过公开的信道来建立共享密钥，不管是否有人在窃听这个信道。

本章后面的内容会对这些工具进行介绍，同时深入讲解它们的使用方法。

5.2 随机数

人类的大脑很难理解随机数的概念。单从安全的角度上看，我们可以认为随机数最重要的属性就是不可预测性。我们在后文中会看到，如果我们必须防止攻击者准确地猜出密码，那么不可预测性就是至关重要的，因为能够被预测到的密码都是弱密码。随机数的应用包括认证、散列计算、加密和密钥生成，这些功能都依赖不可预测性。接下来我们会描述软件可以采用的两类随机数，也会介绍它们在不可预测性方面的区别，还会说明何时应该使用哪一类随机数。

5.2.1 伪随机数

伪随机数生成器（Pseudorandom Number Generator，PRNG）会使用确定性计算来生成看似无穷无尽的随机数序列。它们生成的结果可以轻而易举地超出人类的模式检测能力，但分析和对抗软件却有可能轻松学会模仿某个 PRNG。鉴于这类软件实际上还是可预测的，所以在安全的环境中不应该使用这类软件。

不过，鉴于计算伪随机数的过程非常快，它们还是非常适合于大量非安全用途。比如，如果我们想要运行蒙特卡罗模拟，或者随机分配变体网页设计来执行 A/B 测试（拆分测试），我们就可以使用 PRNG，因为即使有人预测出了算法（这种情况的可能性不高），他们也不可能造成任何实际的威胁。

读者如果能够亲眼看到一个伪随机数的例子，也许就能够理解我们为什么说它实际上并不是随机的。下面这个数字序列就是一个伪随机的例子：

94657640789512694683983525957098258226205224894077267194782684826

这个数字序列是随机的吗？不难发现，这个数字序列中 1 和 3 的数量比较少，与数字 2 的数量不成比例。不过，在真正的随机数中，我们也可以找到这种程度的分布偏差。因此，虽然这个数字看上去随机性很强，但是只要你知道方法，想要预测下一个数字其实非常简单。不过，我们在前文的透明设计模式中已经提到过，我们不能自认为可以对我们所采用的具体方法保密，这样做是有风险的。其实，如果读者把上面那串数字输入一个简单的搜索引擎中，就会发现这些数字是 π 小数点后 200 位开始的数字，所以接下来的几位数是 0147。

这些数字本身不是数学计算的结果，π 的数位符合统计学上的正态分布，在一般意义上也是完全随机的。但是在另一方面，π 不仅很容易计算，而且广为人知，所以这个序列就完全属于可预测的数列，它也就不再安全了。

5.2.2 加密安全的伪随机数

如今的操作系统可以提供加密安全的伪随机数生成器（Cryptographically Secure Pseudorandom Number Generator，CSPRNG）函数，它可以消除 PRNG 的短板，所以适用于生成那些用于安全目的的随机数。CSPRNG 也常常被称为 CSRNG 或者 CRNG。这里最重要的部分是“C”，这个字母表示这个数足够安全，可以用于加密。加密安全的伪随机数同样包含“伪”这个字眼儿，是承认这种随机数可能同样不具备完美的随机性，但是专家们都认为这样的随机数拥有足够强大的不可预测性，所以无论用在什么场合中都是安全的。

如果我们对安全性的要求比较高，就应该使用这种类型的随机数。换句话说，只要我们认为随机数值可以预测就会削弱系统的安全性，就应该使用 CSPRNG。这种原则适用于本书提到的一切需要使用随机数的安全场景。

从定义上看，彻底随机的数据本身就不可能通过算法来实现，而是需要通过不可预测的物理进程来产生。盖革计时器可能就属于这样的硬件随机数生成器（Hardware Random Number Generator，HRNG）。它也被称为熵源（entropy source），因为放射性衰变事件的发生是随机的。HRNG 内置在了当今的很多处理器当中，我们也可以购买硬件的附加组件。软件也可以生成熵。一般来说，软件生成的熵来自硬盘访问、键盘和鼠标输入事件、网络传输等需要与外部实体进行复杂交互的操作。

一家主流互联网科技公司使用很多熔岩灯来生成五颜六色的随机数。不过，我们可以思考一下这种方法的威胁模型：因为企业的办公室、前台都可以看到这些熔岩灯，攻击者就可以想办法去观察输入的状态，然后有根据地对熵源进行猜测。但是，在实际中，熔岩灯只是在幕后给那些或许更传统的熵源增加了熵，其作用是降低熔岩灯对外显示信息给公司系统带来的入侵风险。

熵源需要一定时间来生成随机数。所以，如果我们要求生成的随机数既多又快，CSPRNG 就会变得非常缓慢。这就是生成安全随机数的代价，这也解释了为什么我们需要 PRNG 作为一种快速替代方案。只有在我们拥有 HRNG 的时候，才可以放心地使用 CSPRNG。如果我们对吞吐量有所怀疑，就应该测试一下，看看它会不会成为瓶颈。

5.3 消息摘要

消息摘要（也称为散列值）是一段使用单向函数从消息中计算出来的固定长度的数值。也就是说，每段消息都有专门的摘要值，只要消息本身进行了修改，摘要值也一定会产生变化。单向也是一个重要的属性，因为单向表示摘要计算是不可逆的，所以攻击者就不可能发现不同的消息正好计算出相同的摘要值。只要我们发现摘要值是匹配的，就表示消息的内容也没有遭到篡改。

如果两个不同的消息产生了相同的摘要值，我们称之为一次碰撞（collision）。因为摘要计算会把大块的数据转换成一个固定长度的值，所以碰撞在所难免——消息的排列组合可比摘要值的排列组合多多了。对于一个好的摘要函数，其基本特性就是极难发生碰撞。如果攻击者发现了两个不同的输出可以生成相同的摘要值，就代表他/她发起了一次成功的碰撞攻击（collision attack）。摘要函数最让人绝望的攻击莫过于原像攻击（preimage attack），即只要攻击者知道了摘要值，他/她就可以找到生成这个摘要值的输入信息。

加密安全的摘要算法是强大的单向函数，它可以把碰撞的可能性降到非常低，低到我们可以认为碰撞根本不可能发生。如果我们希望利用摘要，这个前提必不可少，因为这个前提意味着我们可以通过比较消息的摘要值来比较完整的消息。读者可以把这个过程想象成通过比较两个指纹（其实指纹也是摘要的一种非正式的叫法）来判断它们是不是同一根手指印上去的。

如果每个人都能用同一个摘要函数来计算一切，攻击者就可以大量学习和分析这些摘要值，最终可能会从中发现碰撞或者其他弱点。针对这种情况进行保护的方法之一就是使用加密的散列函数。这种函数会用额外的密钥参数来对摘要的计算进行转换。其实，使用 256 位密钥的加密散列函数是 2^{256} 个不同的函数。这些函数也称为消息认证码（Message Authentication Code，MAC），因为只要散列函数的密钥还是保密的，攻击者就无法伪造这些密钥。也就是说，我们只要使用了专门的密钥，就等于获得了一个定制的摘要函数。

5.3.1 使用 MAC 来防止篡改

MAC 通常用来防止攻击者对数据进行篡改。假设 Alice 想要通过公共信道向 Bob 发送一条消息。他们两人都私下分享了一个密钥，他们不在乎是不是有人窃听，所以他们也不需要对数据进行加密，但是如果假消息没有被检测出来，就依然有可能带来负面影响。假如 Mallory 是个坏蛋，她能篡改信道中的通信数据，但是她不知道 Alice 和 Bob 的密钥。Alice 使用密钥计算出了 MAC 值，并且把它随着每条消息一起发送给了 Bob。当 Bob 接收到通信数据的时候，他会对接收到的消息执行 MAC 值计算，然后用计算的结果与 Alice 随消息发送的 MAC 值进行比较。如果两个 MAC 值不匹配，他就会认定这条消息有假，从而忽略这条消息。

这种方法在抵御 Mallory 攻击方面如何呢？首先，我们可以考虑一下下面这些明显的攻击方式：

- 如果 Mallory 篡改了消息，那么这条消息的 MAC 值就无法匹配消息摘要（因此 Bob 会忽略这条消息）；
- 如果 Mallory 篡改了 MAC 值，那么这个 MAC 值也不匹配消息摘要（因此 Bob 同样会忽略这条消息）；
- 如果 Mallory 编造了一条全新的消息，她无法计算出这条消息的摘要（因此 Bob 还是会忽略这条消息）。

不过，还有另外一种情况我们需要予以保护。你能发现另一个 Mallory 可以利用的漏洞吗？你又会如何加以防御呢？

5.3.2 重放攻击

前文这种 MAC 通信方式还存在一个问题，读者可以借此了解如果攻击者下定了决心，我们要想通过加密来抵御他们的攻击有多棘手。假如 Alice 每天都会告诉 Bob 第二天准备购买多少零件。Mallory 观察到了这个流量，也获得了 Alice 发送的消息和随消息发送的 MAC 对：Alice 第一天订购了 3 个零件，第二天订购了 5 个零件，第三天，Alice 订购了 10 个零件。到了第三天，Mallory 突然想到可以如何篡改 Alice 的消息了。于是，Mallory 截获了 Alice 的消息，却把第一天的消息副本发给了 Bob（即订购 3 个零件）。这个消息包含 Alice 已经计算好的 MAC 值，这个值 Mallory 自然也记录下来了。结果，这个消息果然骗过了 Bob。

这就是典型的重放攻击，安全通信协议也需要解决重放攻击的问题。存在这个问题并不代表加密方式很弱，而是代表加密方式的使用方法不对。产生这个问题的根源在于，攻击者发送的消息和订购 3 个零件的真实消息是一模一样的，所以从本质上看，这还是一个可预测的问题。

5.3.3 安全 MAC 通信

很多方法可以解决 Alice 和 Bob 的协议问题，还能抵御重放攻击。这些方法都需要保证消息是唯一的，而且是不可预测的。一种简单的解决方法是让 Alice 在消息中包含一个时间戳，这样 Bob 就可以直接忽略那些时间戳已经过期的消息。如果 Mallory 在第三天才重放第一天订购 3 个零件的消息，Bob 在比较时间戳的时候就会注意到这一点，然后由此发现这是一个欺骗消息。不过，如果消息的发送频率很高，或者网络的延迟比较严重，那么时间戳就不太容易正常工作。

针对重放攻击，一种更安全的解决方案是在 Alice 发送每条消息之前，让 Bob 先给 Alice 发送一个随机数（一次性的随机值）。这时，Alice 可以在发送的消息中携带 Bob 的随机值，同时也在消息中携带消息的 MAC 值。这样就可以避免重放攻击，因为每次消息的随机值都会发生变化。Mallory 可以截获消息，修改 Bob 发送的随机值，但是如果随机值发生了变化，Bob 马上就会发现。

这个简单的例子还有另一个问题，那就是消息本身很短，只是告诉对方自己准备订购几个零件。即使没有重放攻击，很短的消息也是暴力破解攻击的对象：计算加密散列函数所需要的时间往往和消息数据的长度成正比。所以，如果消息只有几比特，那么计算起来就会非常快。Mallory 可以很快尝试不同的散列函数密钥，最终找到实际消息的匹配 MAC 值。只要知道了密钥值，Mallory 就可以模仿 Alice 来发送消息了。

如果消息没有达到最小长度，我们可以用随机位来填充消息，这样就可以缓解短消息的问题了。对那些比较长的消息计算 MAC 值，所需时间也比较长，但是这也让 Mallory 实现暴力破解的时间大幅增加，直至她无法完成暴力破解，所以仍然物有所值。实际上，也恰恰是因为这个原因，我们也愿意付出散列函数计算的成本。同样的理由，我们也应该通过填充随机位（而不是可以预测出来的伪随机数）让 Mallory 发起攻击的难度越来越大。

5.4 对称加密

所有加密都是通过对明文进行转换，把明文消息（或者原始消息）变成无法识别的形式（也称为密文），从而隐藏原始消息内容的。对称加密算法会使用密钥自定义消息的转换方法，从而建立安全的私人通信，双方首先需要对在通信过程中使用的密钥达成一致。解密算法也使用相同的密钥把密文转换成明文。我们把这种可逆的转换称为对称加密，因为只要知道密钥，我们就既可以进行加密，也可以进行解密。

本节会介绍多种对称加密算法，对这些算法的安全属性进行说明，并且解释安全使用这些算法需要注意哪些问题。

5.4.1 一次性填充

很久以前，密码学家就已经发现了理想的加密算法，虽然我们马上就会发现，这种算法我们几乎从来都用不到，但是因为这种算法相当简单，所以我们不妨从这种算法说起。这种算法称为一次性填充（one-time pad），它需要通信各方都提前同意使用一个秘密的、由随机位组成的字符串作为加密密钥。为了对消息进行加密，发送方会使用密钥对消息执行异或运算，从而计算出消息的密文。接收方也使用相同的密钥对密文进行异或运算，把密文恢复成明文消息。我们在前文中提到过异或（⊕）操作。如果密钥位是 0，那么对应的消息位就保持不变。如果密钥位是 1，那么消息位就取反。图 5-1 用图形演示了一次性填充加密和解密方法。

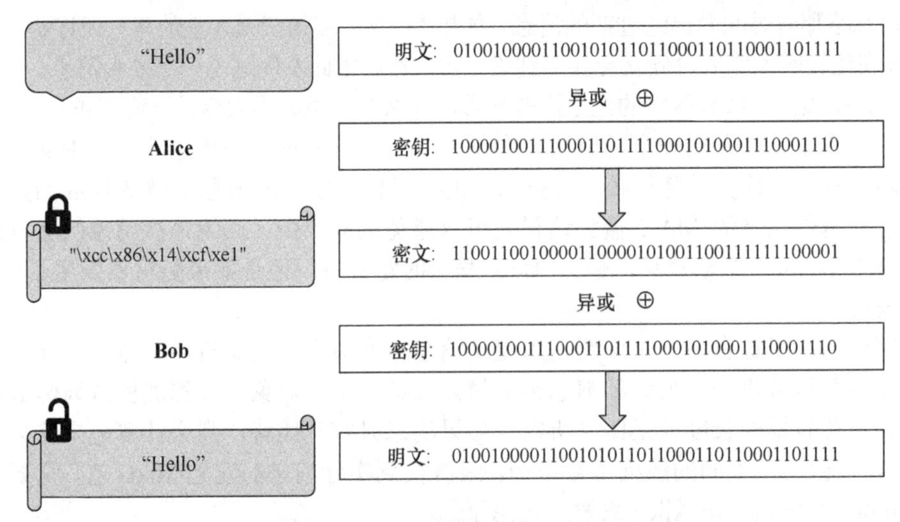

图 5-1　Alice 和 Bob 使用一次性填充加密和解密

后续的消息会使用密钥字符串后面的位进行加密。在密钥的长度用尽的时候，通信方就会需要通过某种方法对使用新的密钥达成一致意见。使用一次性密钥的理由非常充分，这一点后文马上就会进行解释。假如密钥是随机的，就代表各个消息位要么随机取反，要么保持不变，所以攻击者不可能在不知道密钥的情况下把密文还原回原始的消息。对消息中一半的位取反是最理想的消息隐藏方式，因为无论是保留还是反转消息中的大多数位都会在一定程度上揭示出消息的明文。从理论上分析，这种加密方法很难遭到攻击，但是读者也可以看出为什么这种方法我们极少使用，因为密钥的长度限制了消息的长度。

我们思考一下重复使用一次性填充密钥的后果。假如 Alice 和 Bob 使用相同的密钥 K 来加密两个独立的明文消息 M1 和 M2。Mallory 截获了密文 M1⊕K 和 M2⊕K。如果 Mallory 对两个加密的密文执行了异或运算，密钥也就失效了，因为如果我们用任何数值与自己执行异或，得到的结果都是 0（因为 1 都会取反，而 0 都会保留）。最后，我们可以得到这两个消息弱加密的版本：

$$(M1 \oplus K) \oplus (M2 \oplus K) = (M1 \oplus M2) \oplus (K \oplus K) = M1 \oplus M2$$

虽然这个版本的消息并没有直接泄露明文，但是这个消息已经开始泄露信息。在剥离消息的密钥位之后，人们就可以通过分析找到消息中隐藏的模式。如果两个消息都包含一系列连续的 0，人们就可以预见后面消息中也包含类似的连续位。

一次性密钥的使用限制是大多数应用都不会使用这种加密方法的原因：Alice 和 Bob 很可能事先完全不知道他们要加密的数据有多长，所以想要弄清楚他们需要多长的密钥也就很不现实。

5.4.2 高级加密标准

高级加密标准（Advanced Encryption Standard，AES）是一种使用相当频繁的现代对称加密块加密算法。在块加密中，长消息会被分为多个块大小的数据段，短消息则会用随机位填充到块的大小。AES 会使用密钥加密 128 位的数据块，密钥的长度通常为 256 位。Alice 会使用一个双方事先协商好的密钥来加密数据，Bob 则会使用同一个密钥进行解密。

我们还是考虑一下这种加密方式存在哪些可能的弱点。如果 Alice 在一段时间内给 Bob 发送了相同的消息块，这个消息对应的密文当然也是相同的。这时，聪明的 Mallory 也注意到出现了重复的消息。即使 Mallory 无法解密这些消息的内容，但是这还是代表了重要的信息，所以这种情况还是需要缓解措施。这种通信也还是会受到重放攻击的威胁，因为如果 Alice 可以重发相同的密文来表达相同的内容，那么 Mallory 也可以发送相同的内容。

用相同的方式加密相同的消息也称为电子密码本（Electronic Code Book，ECB）模式。因为可能受到重放攻击的威胁，所以这种做法并不理想。为了避免这类问题，我们可以使用其他模式，把反馈信息或者其他差异性的内容引入后续的数据块，让生成的密文和前面数据块的内容或序列中的位置产生关联。这可以确保哪怕明文块完全相同，加密的密文还是截然不同。不过，虽然把数据流分成块来进行链加密有很多优势，但是它会要求通信方保证数据到达的顺序以便正确地加解密数据。所以，加密模式的选择往往会取决于应用的需求。

5.4.3 使用对称加密

对称加密是现代加密算法的主力军，因为只要使用得当，这种加密算法既快捷又安全。加密可以对通过不安全信道进行传输的数据，以及存储设备中保存的数据提供保护。在使用对称加密的时候，一定要考虑下面这些基本的限制。

- 密钥的建立：加密算法依靠的是提前准备好的密钥，但是并没有明确指出如何建立这些密钥。
- 密钥的保密性：加密的有效性完全取决于我们能否维持密钥的保密性，同时还能在需要的时候使用密钥。
- 密钥的长短：越长的密钥也就越安全（理论上最理想的密钥就是一次性填充密钥），但是维护长密钥的成本更高，而且使用长密钥的运算效率更低。

对称加密在本质上依赖共享密钥。不过，除非 Alice 和 Bob 可以面对面进行可靠的交互，否则为双方建立密钥本身颇有难度。为了解决这种限制，非对称加密为我们提供了一些相当有用的功能，可以满足互联网世界的诸多诉求。

5.5 非对称加密

非对称加密完全违背了我们对加密这件事的直觉，但非对称加密的强大恰恰源于此。如果使用对称加密算法，那么 Alice 和 Bob 可以使用相同的密钥进行加密和解密。而如果使用非对称加密，那么虽然 Bob 可以把加密的消息发送给 Alice，但是他自己却无法解密这条消息。所以，对 Bob 来说，加密就成了一个单向函数，只有 Alice 拥有执行逆运算（也就是解密消息）的密钥。

非对称加密会使用一对密钥，即用来加密的公钥（public key）和用来解密的私钥（private key）。下面我来介绍一下 Bob（或者其他有类似需求的人）如何给 Alice 发送加密的消息。不过，为了实现双向通信，Alice 也会采用相同的流程，用单独的密钥对来对 Bob 做出回应。使用两个密钥加解密是交替进行的逆向操作，但是我们知道一个密钥是无法计算出另一个密钥的。这种非对称性的结果是，Alice 可以创建出一个密钥对，然后把一个密钥（她的公钥）共享给所有人，让任何人都可以加密消息，同时用这个密钥加密的消息又只有 Alice 自己可以用她的私钥解密。非对称加密的这种做法是革命性的，它通过密钥的方式赋予了 Alice 独一无二的能力。读者在后面的内容中可以清晰地看到这种功能是如何实现的。

非对称加密算法有很多种，即使不理解这些算法背后的数学背景，也不影响读者把它们作为工具来使用——重要的是，读者必须理解其他做法存在的安全隐患。我们在后文中会着重介绍 RSA，这种算法也是数学背景最简单的初始非对称加密协议。

RSA 密码系统

我在美国麻省理工学院期间正好有幸与 RSA 算法的两位发明者共事，我的学士学位论文也是旨在说明非对称加密算法是如何提升系统安全性的。在下文简化版的算法说明中，我们会按照原始的 RSA 论文进行介绍，但同时也会把更多篇幅放在介绍现代算法的实现上——虽然由于各种技术原因，其实我们也不需要介绍这个算法的具体实现。

RSA 的核心理念就是两个素数的相乘很容易计算，但是找到两个素数乘积的因数可就是难上加难了。首先，我们随机选择两个大素数，这两个数都需要加以保密。接下来，我们把这两个素数相乘。这两个素数的乘积称为 N。从这里开始，我们就可以计算出一个唯一的密钥对了。

通过这个密钥对中的每个密钥和乘积 N 可以让我们计算出两个函数 D 和 E——而这两个函数是反函数，即对于任意正整数 $x<N$，$D(E(x))$为 x，$E(D(x))$亦为 x。最后，选择密钥对中的一个密钥作为私钥，把另一个密钥公开给所有人作为公钥，以及两个素数的乘积 N。只要我们保证私钥和两个大素数不会泄露，就只有我们自己可以迅速计算出函数 D。

下面我们介绍一下 Bob 如何加密发给 Alice 的消息，以及 Alice 是如何解密的。函数 E_A 和 D_A 分别是根据 Alice 的公钥和私钥，以及乘积 N 得到的。

- Bob 用 Alice 的公钥把发送给 Alice 的消息 M 加密成了密文 C：$C=E_A(M)$；
- Alice 用自己的私钥把 Bob 的加密消息解密为了消息 M：$M=D_A(C)$。

鉴于公钥并不需要保密，我们可以认为攻击者 Mallory 也知道这个公钥，这确实让我们对公钥加密产生了一丝担忧。如果窃听者可以猜出可预测的消息，他们也就可以使用公钥加密各种类似的消息，并且将加密的结果和线路中传输的密文进行比较。只要他们发现有传输中的密文与自己加密的消息相匹配，他们也就知道了这个消息的明文与他们加密密文时使用的明文相同。这种选择明文攻击（chosen plaintext attack）可通过使用随机位填充消息来轻松挫败，让攻击者完全无从猜测加密的消息。

RSA 并不是第一个发布的非对称加密算法，但这种算法确实引起了轰动，因为破解这种算法（也就是从一个人的公钥推断出他的私钥）需要首先解决一个众所周知的难题——大素数分解问题。因为我在 RSA 面世之前就和它的发明者共事过，所以我可以给读者提供一份历史记录，相信读者中会有人对这个协议在那个年代和如今的重要性萌生兴趣。在那个年代，RSA 算法对于大多数计算机来说都会占用相当多的计算资源，所以这种算法需要昂贵的定制硬件。结果是，我们当时都认为只有大型金融机构或者军事情报机构才会使用这种算法。我们当然都知道摩尔定律（Moore's law），即计算能力会随着时间成倍地增长，但还是没有人能想到短短 40 年之后，每个人都能用自己的智能手机连接到无线网络，而这些智能手机的处理器就有能力完成必要的数学计算。

如今，RSA 正在被诸如椭圆曲线算法（elliptic curve algorithm）等逐渐取代。这类算法通过不同的数学模型来实现类似的功能，这类算法更加“物有所值”，它们可以用更少的计算产生更加强大的加密能力。因为非对称加密比对称加密需要消耗更多的计算资源，所以我们通常会选择用非对称加密的方法来处理随机密钥，然后用密钥来对消息本身执行对称加密。

5.6 数字签名

公钥加密也可以用来创建数字签名，让接收方验证消息的真实性。签名本身和消息加密无关，但 Alice 的签名可以让 Bob 确信，这个消息确实是她发送的。同时，数字签名也可以充当通信的证据，让 Alice 无法否认她曾经发送过这个消息。本书在第 2 章曾经介绍过，真实性和不可抵赖性是通信中的两大重要安全属性，另一个则是机密性。

下面我们通过一个实例来准确地解释数字签名的工作方式。Alice 使用与公钥加密相同的密钥对创建了数字签名。因为只有 Alice 知道自己的私钥，所以也只有她可以计算出签名函数 S_A。Bob（或者其他拥有公钥和 N 的人）可以使用函数 V_A 来验证 Alice 的签名。换言之：

- Alice 通过创建一个签名 $S=S_A(M)$签署了消息 M；
- Bob 通过验证 $M=V_A(S)$来验证该消息确实为 Alice 所发。

为了让读者完全理解数字签名的工作原理，这里还有几个细节需要特别解释。因为验证只需要依赖公钥就可以完成，所以 Bob 可以向第三方证明 Alice 签署了这个消息——这并不需要 Bob 破解 Alice 的私钥。同样，签名和加密是两个独立的过程，根据应用的不同，我们可以只进行签名、只进行加密或者两项操作都执行。本书不会对 RSA 背后的数学原理进行解释，但读者应该知道签名和解密函数（都需要使用私钥）其实采用的是相同的计算，验证和加密函数（都需要使用公钥）也是一样。但是为了避免混淆，我们还是应该根据目的，用它们各自的名称来称呼这两类操作。

图 5-2 总结了对称加密和非对称加密之间的根本差异。对于对称加密来说，签名是不可能实现的，因为通信的双方都知道密钥。非对称加密的安全性取决于是不是只有通信方知道自己的私钥，所以只有这个通信方可以用私钥来进行签名。因为验证工作只需要使用公钥就可以完成，所以这个过程不会泄露任何秘密。

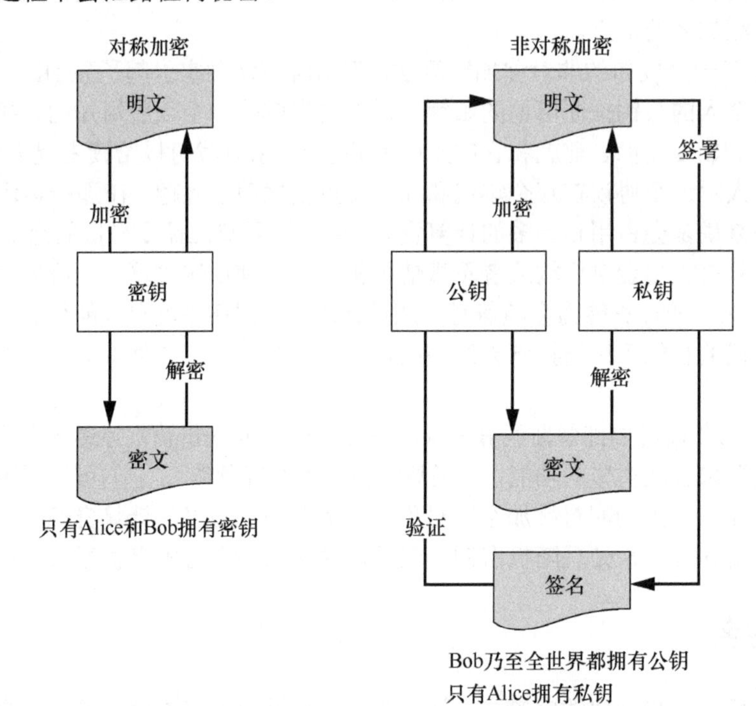

图 5-2　对称加密和非对称加密之间的比较

数字签名广泛应用于签署数字证书（这是 5.7 节的主题）、邮件、应用代码和合法文件，也广泛应用于保护各类加密货币（如比特币）。按照惯例，为了方便起见，人们会对消息的摘要值进行签名，其目的是让一次签名操作就可以覆盖整个文档。现在读者就可以理解为什么如果攻击者能够对摘要函数进行成功的原像攻击，后果就会非常严重了。如果 Mallory 可以用相同的消息摘要编造一份支付协议，Bob 的本票也可以充当有效的签名。

5.7 数字证书

我第一次从 RSA 算法发明者那里了解到这种算法的时候，我们在麻省理工学院对这种算法可能在未来用于哪些应用进行了一次头脑风暴。公钥加密的优势在于它提供的便利性。它可以让我们用一把钥匙处理所有通信，而不需要为各个通信分别管理不同的密钥，只要我们把密钥宣告给全世界的任何人自由使用。但是，我们要如何才能做到这一点呢？

我在论文研究中找到了一个答案，这种想法如今已经得到了广泛的实施。为了推广数字公钥加密这种全新的做法，我们应该建立一类新的组织，这种组织称为证书认证机构（Certification Authority，CA）。首先，新的 CA 需要广泛地发布自己的公钥。操作系统和浏览器需要及时地预装一系列可靠的 CA 根证书（root certificate），这些证书都用 CA 对应的公钥进行了自签名。

CA 会从申请者那里收集公钥（这里一般会收取费用），然后为每个人发布一个数字证书，这个数字证书中会列出申请人的姓名（如 Alice）和其他关于申请人的详细信息，同时数字证书中也会包含申请人的公钥。CA 会签署一个数字证书的摘要，这是为了确保这个数字证书的真实性。从理论上讲，CA 服务的一个重要部分包括对应用进行审查，确保这个应用真的来自 Alice，而且人们只有在 CA 正确执行操作的时候才应该信任这个 CA。但是在现实环境当中，我们很难对身份进行验证，特别是很难通过互联网对身份进行验证，所以这里确实存在一些难点。

一旦 Alice 获得了数字证书，她就可以在希望和人们通信的时候，给对方发送一份数字证书的副本。如果这些人信任颁发这个数字证书的 CA，那么他们就会拥有这个 CA 的公钥，也就可以验证数字证书的签名，这个签名则会提供 Alice 的公钥。数字证书基本上就是指 CA 签署的一份消息，证明 Alice 的公钥是 X。到了这一步，接收方也就可以立刻开始加密发送给 Alice 的消息，这个过程一般需要他们通过一个签名的消息来发送他们自己的数字证书，让 Alice 相信她之前发送的消息确实是发给了她认为的那个接收方。

我们这种对数字证书进行了简化的解释方法，把侧重点放在了可靠的 CA 如何认证名称和公钥之间的对应关系上。实际上，这种环境会更加复杂。人们往往没有一个独一无二的名称，而且人们还会改名，不同地方可能会有同名的企业等（本书第 11 章会详细介绍 Web 安全环境中一些与此有关的复杂情况）。如今，数字证书会用来把密钥和各类身份（包括 Web 服务器域名和邮箱地址等）进行绑定，绑定的目的（包括代码签名等）不一而足。

5.8 密钥交换

在 RSA 问世之后不久，怀特菲尔德・迪芙（Whitfield Diffie）和马丁・赫尔曼（Martin Hellman）开发了一个非常实用的密钥交换算法。为了理解这个神奇的密钥交换算法，读者可以想象 Alice 和 Bob 通过某种方法建立了一个通信信道，但是他们没有事先安排密钥，连信任哪个 CA 作为公钥源都没有事先安排。好在，密钥交换让他们可以通过公开信道（Mallory 可以看到所有内容）来交换消息。这种算法都能够实现，恐怕很多人无法相信。在这里，我希望对算法的数学背景进行介绍，让读者亲眼看到这种算法的原理。

幸运的是，这个算法的数学模型非常简单。如果数字不大，计算起来也很轻松。读者唯一可能还不熟练的符号就是(mod p)这个后缀。这个后缀表示前面的数字除以整数 p 之后得到的余数。比如 2^7(mod 103)是 25，因为 128−103=25。

下面就是 Diffie-Hellman 密钥交换算法的基础：

（1）Alice 和 Bob 公开协商出一个素数 p 和一个随机数 g，取 $1<g<p$；

（2）Alice 选择一个随机自然数 a，取 $1<a<p$，然后发送 g^a(mod p)给 Bob；

（3）Bob 选择一个随机自然数 b，取 $1<b<p$，然后发送 g^b(mod p)给 Alice；

（4）Alice 计算出 $S=(g^b)^a$(mod p)作为他们之间的共享密钥；

（5）Bob 计算出 $S=(g^a)^b$(mod p)，这个结果和 Alice 计算的共享密钥相同。

图 5-3 用不大的数字展示了这种算法的工作原理。这个示例并不安全，因为人们很容易就可以对 60 种可能性进行穷举。不过，这种算法本身也适用于很大的数字，如果数字的位数高达数百位，那么人们就不可能完成穷举了。

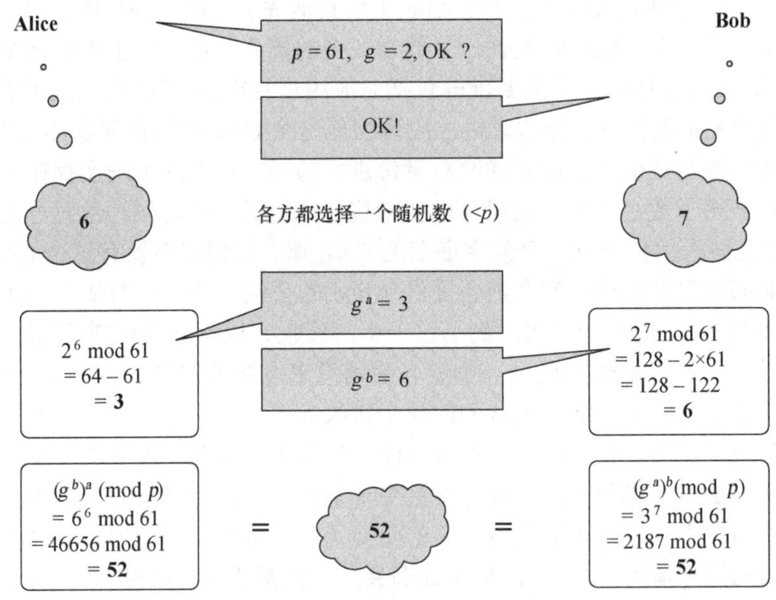

图 5-3　Alice 和 Bob 通过密钥交换安全地选择了一个共享密钥

在这个示例中，我们尽量选择了很小的数字。Alice 选择了 6，这个值正好等于 Bob 的计算结果（g^b）。在实际操作中，这种情况不太可能发生。不过，算法当然可以正常工作，也只有 Alice 能够发现这次巧合。

通信双方都要实实在在地通过 CSPRNG 选择安全随机数，这样才能防止 Mallory 猜出他们选择的数字，这一点非常重要。如果 Bob 用一个公式根据 p 和 g 计算出了自己选择的数字，那么 Mallory 就有可能通过大量观察双方交换的密钥，推断出 Bob 使用的公式，最终模拟 Bob 的计算过程，这就破坏了密钥交换的保密性。

密钥交换基本上就是一个没有包含任何欺骗手段的“魔法”：Alice 和 Bob 大摇大摆走到 Mallory 两侧，Alice 喊出自己选择的数字，Bob 用自己选择的数字作答。二人经过两次往复的信息交互之后，Mallory 仍然一头雾水，但 Alice 和 Bob 却可以把自己的共享密钥写在卡片上，在收到信号时一起举牌，两边得到的密钥就是完全相同的。

如今，当两台端点设备需要通过互联网建立一条安全的通信信道时，密钥交换扮演的角色可谓至关重要。大多数应用都会使用椭圆曲线密钥交换，因为这类算法性能更高，但这类算法背后的概念与 RSA 大致相同。在互联网上建立安全通信信道（比如通过 TLS 协议）方面，密钥交换是一种特别方便的机制。两个端点首先使用一条 TCP 信道（Mallory 是可以看到信道中的数据的），然后通过密钥交换与那个还没有确认的通信对端协商出一个密钥。一旦拥有了共享密钥，双方就可以通过加密通信来建立安全的私有信道。正因如此，通信双方才能在不预先商定密钥的前提下建立安全的信道。

5.9 使用加密

本章前文从实用主义的角度解释了加密工具箱中的一些工具。从密码学的角度来看，安全随机数增加了不可预测性，从而缓解了通过猜测进行的攻击。摘要提供了一种安全的方式，可以提取唯一的数据来对原始数据执行完全性检查。加密包括对称加密和非对称加密两种方式，其目的都是保护数据的机密性。数字签名是一种对消息进行认证的方式。数字证书可以利用对 CA 的信任，来简化共享真实公钥的方式。密钥交换完善了加密工具箱，让通信双方可以通过公共网络连接安全地远程协商密钥。

图 5-4 所示的这段漫画说明了本章开篇提到的观点：一个设计优秀的加密算法是相当强大的，它最大的威胁就是让人们不试图去破解这种算法。或许对读者来说，本章最大的收获应该是：正确使用加密算法非常重要，因为你可以避免给对手提供发起这类攻击的机会。

图 5-4 安全与 5 美元的扳手（由 Randall Munroe 提供）

加密也对很多软件设计中存在的安全问题（或者通过威胁建模发现的安全问题）有所帮助。如果我们的系统必须通过互联网向一个合作伙伴的数据中心发送数据，我们就要为保证机密性而对数据进行加密，并且为保证完全性而对数据执行数字签名，或者通过认证端点的 TLS 安全信道来完成这些工作。安全摘要提供了一种理想的方式来验证数据是否遭到了改动，而不需要我们为数据保存一份完整的副本。一般来说，我们都会使用现成的加密服务，而不是设计一个自己的加密服务。本章则可以在何时、如何使用加密方面，给读者提供一些洞见，同时告诉读者安全地使用加密服务存在哪些重难点。

金融账户的余额和信用卡信息都属于我们必须加以保护的数据。这类敏感数据会流经更大的分布式系统，虽然我们几乎无法访问这些设施，但是我们也不希望任何人能够在物理上接入网络，把这些敏感数据收入囊中。一种强大的缓解方法就是在这些敏感数据进入前端 Web 服务器的一刹那就对所有入站敏感数据执行加密。立刻使用公钥加密信用卡号码可以让我们在执行交易的时候把数据变成加密的信息。最终，这些数据会抵达受到严密保护的金融处理设备，这台设备保存了私钥，因此可以解密数据，并且和银行系统协调金融交易。这种方法可以让大多数应用代码安全地传输敏感数据，以便对这些数据进行后续处理，同时消弭数据暴露的风险。

另一种常用的缓解方法就是在独立的站点同步保存加密的数据和密钥。比如，一家企业希望把长期数据存储外包给第三方备份。他们可以把加密数据交接出去进行妥善保存，同时把密钥保存在自己的保险库中待用，以备他们需要从备份中恢复数据。在遭遇到威胁的情况下，数据存储服务负责保护数据的完整性（因为他们可能会丢失数据），但是只要密钥是安全的，加密工作也操作正确，那么数据的机密性就不存在风险。

上面这些只是一些常见的使用场景，我们可以找到很多方法来使用加密工具（加密货币属于一种非常聪明的应用）。如今的操作系统和库都会提供很多当前可行算法的成熟实施方法，所以读者完全不需要自己考虑如何实现这些计算——连想都不用去想。

不过，加密也不是灵丹妙药。如果攻击者可以观测到加密数据或者其他元数据的频率或者规模，我们可能也会给攻击者泄露一些信息。比如，一个基于云的安全摄像头系统会在检测到房间中的动作时把影像记录下来。在家人外出的时候，房间里肯定就没有任何动作，所以摄像头就不会进行任何传输。在这种情况下，即使图像进行了加密，只要攻击者能够接入这个家庭网络，他们就可以通过摄像头的流量推断出这个家庭的日常生活模式，确认什么时候无人在家。

加密的安全性依赖于数学上的未知领域，以及当前最先进的数字硬件技术，这两个领域仍在不断发展和进步。如果某位数学家未来发现了一种高效的方法可以破解当前的算法，这位数学家必然声名鹊起。此外，不同类型计算技术（譬如量子计算）的前景也是另一个潜在的威胁。加密也和其他所有缓解方法一样，一定会包含一些取舍权衡和未知风险，但加密仍然是绝对值得一用的伟大工具。

Part 2

第二部分

设　计

本部分内容

第 6 章

安全设计

过载、混乱和迷惑性并不是信息的属性，而是设计的失败。——爱德华·塔夫特

一旦你对安全原则、模式和缓解方法有了充分的理解，将安全性集成到你的软件设计中就会变得理所当然。你能够识别出设计所面临的威胁，就可以根据需要应用相关工具，并寻求更好的替代设计方案，从而系统地降低风险。

本章着眼于安全设计，与第 7 章紧密结合，后者涵盖了安全设计审查。从不同的角度来看，这两个主题其实是同一个行为的不同方面。软件设计师应该重视本章中讨论的概念，并在整个设计过程中应用这些方法，而不应该将系统的安全性留给审查员进行修补。反过来，审查员应该在对设计进行审查时，将威胁和缓解作为安全评估的附加层。安全设计的过程具有综合性，安全设计的审查具有分析性——将二者协同使用，并将安全性融入其中，会得到更好的设计。

软件设计是一门艺术，本章只关注其安全方面。无论你是依据正规的流程进行设计，还是在脑海中完成设计，你都无须改变固有的工作方式就可以融合本章提出的想法。威胁建模和安全视角无须成为设计的驱动因素，但在设计中应该将其纳入考量。

本章提出的安全设计做法遵从了大型企业采用的典型流程，你可以对这些方法进行调整，以适应你的工作。小型企业的运营通常不会那么正式，并且设计师和审查员可能是同一个人。本章介绍的方法是以一般的方式来解决问题的，因此无论你倾向于使用哪种软件设计方法，都可以很好地使用这些方法。

集成了安全性的设计文档示例

设计是一个创造性过程，我们不能将其简化为多个“如何做”的步骤，因此本章想要提供一个完整的设计文档示例，来演示如何应用本书中介绍的概念。附录 A 中的示例说明了如何从一开始就将安全性融入其中。它并非旨在成为一个设计精湛的完美示例，而是一个正在进行中的工作初稿，并且包含足够的内容让你能够对最终结果有所预期。为简洁起见，我们会省略那些对我们的阐述目标不重要的设计，部分设计比较粗糙，甚至带有一些瑕疵，因为大多数真实的设计都是这样的。

设计文档示例中想要创造一种日志工具，旨在促进审计工作，同时最大限度地减少私人信息的泄露，它的目标是开发出一个能够实际应用的有用组件。在需要处理敏感数据的大型系统环境中，这种工具可能会是一种实用的缓解方法，如果你愿意的话，欢迎你充实这个设计并构建这个组件。无论如何，我强烈建议你看一下这个示例，因为了解如何在设计文档中实际体现本章中的指南，将有助于你更好地理解安全设计的工作原理。

6.1　在设计中集成安全性

我认为概念完整性是系统设计中最重要的考虑因素。——弗雷德·布鲁克斯（来自《人月神话》）

设计阶段为将安全原则和模式应用到软件项目中提供了绝佳的机会。在这个早期阶段，你可以在投资被消耗并被曾经的决定束缚之前，轻松地探索其他替代方案。

在设计阶段，开发者应该创建开发文档，以便明确一个软件项目的高层级特征，类似于一个架构蓝图。我强烈建议你投入精力来记录你的设计，因为它有助于确保设计的严谨性，还能够创建出一个宝贵的“创造物”，让其他人能够了解你做出的决定——尤其是在平衡威胁与缓解措施的过程中。

设计文档中通常包含功能描述（从外部审查软件是如何工作的）和技术规范（从内部审查软件是如何工作的）。在面临以下情景时，更为正式的设计尤其具有价值：当存在相互竞争的利益相关者时，当需要协调更大的投入时，当设计必须符合正式的要求规范或严格的兼容性要求时，当面临艰难的权衡时，等等。

当你在查看一个软件设计时，戴上你的“安全帽”。然后，在开始编码之前，你可以先进行威胁建模、识别攻击面、绘制数据流等。如果这个设计在架构上使保护系统安全变得困难，那么现在是考虑替代方案的最佳时机——替换为一个本质上更为安全的软件设计。你还应该在设计文档中指出那些重要的安全缓解措施，以便实施者能够提前看到软件设计中对这些措施的需求。

经验丰富的设计师会从一开始就将安全性纳入设计方案之中。如果这看起来太难了，你可以从一个“功能完整”的草稿设计开始，然后以安全性为重点进行第二遍设计，但这会需要投入更多的工作。在设计过程的早期最容易进行重大更改，这样能够避免事后重做。尽早探索新的架构，并满足基本的要求，越早着手越容易完成。正如乔希·布洛克（Josh Bloch）曾经打趣的那样：“一周的编码通常可以节省一个小时的思考时间。”

6.1.1　明确设计中的假定规则

在 20 世纪 80 年代中期，我在一家公司工作，该公司从零设计并制造了当时功能强大的计算机，包括硬件和软件。经过多年的开发，硬件和软件团队的工作齐头并进，最终将操作系统加载到原型硬件中……并马上失败了。原来，硬件团队主要来自 IBM，他们使用大端序（big-endian）架构，而软件团队主要来自 HP，传统上他们使用小端序（little-endian）架构，所以“bit 0”在硬件中表示高位字节，但在软件中表示低位字节。在多年的规划、会议和原型设计过程中，每个人都只是假定在设计中沿用了他们公司惯用的字节序（当然，一旦发现了这个问题，必须由软件团队做出必要的改变）。

不成文的假定规则可能会破坏安全设计审查的有效性，因此设计师应该努力记录这些规则（审查员应该对任何不清楚的地方发起提问）。设计文档的“背景”部分是明确记录这些假定规则的好位置，“背景”部分位于设计主体之前。

记录假定规则的方法之一是预测严重的误解，从而使你永远不会听到任何人说：“但我原本以为……”以下是一些对文档很重要，但在设计中很容易忽略的常见假定规则。

- 会对设计空间带来限制的预算、资源和时间。
- 系统是否可能成为攻击目标。
- 非协商性要求，如与旧系统的兼容性。
- 对于系统必须执行的安全级别的期望。
- 数据的敏感性，以及保护数据安全的重要性。
- 对系统未来变更的预期需求。
- 系统必须达到的特定性能或效率基准。

澄清假定规则对于安全性至关重要，因为误解通常是一些问题产生的根本原因，例如薄弱的接口设计或组件之间交互不匹配，而攻击者恰恰能够利用上述情况。此外，澄清假定规则还可以确保设计的审查员对项目具有清晰和一致的看法。

通常在企业中或在任何一组相关的项目中，大多数假定规则会在一组设计中保持不变，在这种情况下，你可以在共享文档中通过一个列表来提供通用的背景信息。然后，个别的设计只需要参考通用信息，并对任何例外情况进行详细说明。例如，与其他企业应用程序相比，计费系统可能需要遵守更高的安全标准，并且需要符合针对信用卡处理组件提出的特殊财务要求。

6.1.2 定义范围

如果审查范围存在不确定性，就不可能对设计中的安全性进行全面的审查。明确范围对于回答第 2 章中的 4 个问题中的第 1 个也至关重要：“我们的工作是什么？”要想了解为什么会这样，我们可以考虑一个新的客户计费系统设计——这个设计中是否包含收集计费时间报告的 Web 应用程序，还是它只是一个单独的设计？它当前依赖的数据库怎么样？这些数据库的安全性是否包含在审查范围内？审查范围是否应该包含要向公司会计系统提供报告的新 Web API 的设计？

通常，设计师会就如何定义范围，以及需要涵盖多少内容做出战略性决策。当由别人来定义这些战略性决策时，设计师必须了解这个定义的范围，以及如此定义的原因。你可以将设计范围定义为一个进程中运行的代码、一个系统框图中展示的特定组件、一个库中的代码、一个源存储库中的一部分，或任何其他很有意义的东西，只要参与工作的每个人都可以清晰地理解。上一段提到的客户计费系统设计可能应该包括新的 API，因为它是这个相同设计的扩展。相反，现有的数据库可能不在审查范围之内，前提是我们使用它们时没有采用全新的方式，并且它们的安全性已经受到足够的关注。

如果一个设计的范围很模糊，审查员可能会认为一些重要的安全内容不在范围之内，而设计师也不会意识到有问题。这种遗漏所带来的“裂缝”可能会导致整个设计失败。举例来说，几乎所有软件设计中都会涉及一些数据存储。除非数据是“耗材”（罕见），否则为了预防各种威胁（同时包括恶意攻击和意外）所导致的完整性破坏，显而易见的缓解措施就是保持良好的备份。设计师往往会忽略这些不言自明的点，但如果没有清晰阐明设计范围，所有人都会以为其他人在定期对生产系统中的所有存储进行备份，导致这项任务一直未被执行——直到第一次失败，而这个教训太大了。

不要因为那些被遗漏在设计生态系统之外的部分，导致整个设计的失败。当你接管一个旧系统时，你首先要努力理解它，要关注它最敏感的部分，以及对于维护安全性最基础的部分，或者最明显的攻击目标。然后有选择地对系统的其他部分（这些部分构成了独立的组件）进行审查，直到你掌握了所有内容。

你可以通过定义一个狭窄的范围，使其对应需要重新设计的部分，来处理现有系统的设计迭代、冲刺（sprint）和主要修订。一旦你为新的设计工作划定了界限，原有设计中所明确定义的前提条件就不在这个范围之中，你可以自由地在内部重做任何事情。现有的设计文档可以使这项工作变得更加容易且可靠，并且也应该在文档中对更新的设计进行跟踪修订。

在重新设计的过程中，工作超出预期范围是很常见的，并且这通常是一件好事，当超出预期范围时，你应该根据需要对范围进行调整。举例来说，增量的设计更改可能需要对现有的接口或数据格式进行修改，如果设计更改涉及更敏感的数据，那么由于新的安全假定规则，你可能需要在接口的另一端进行更改。

很少有软件设计是存在于“真空”中的，它们需要依赖于现有的系统、流程和组件。确保设计能够与它所依赖的事务很好地协作至关重要。特别是要符合安全期望，因为你无法使用不安全的组件来构建安全的应用程序。另外，重要的是你要知道安全和不安全不是一个二元选择，这是一个连续的统一体，其中假定和期望要保持一致。你可以阅读协作系统和依赖事务的安全设计审查报告，以证实你对它们的安全期望。

6.1.3　设置安全要求

安全要求主要来自4个问题中的第2个问题：“哪里有可能出错？”CIA三元组是一个很好的起点：描述保护私人数据免遭未经授权披露的需求（机密性）、描述保护和备份数据的重要性（完整性），以及描述系统所需要的稳健和可靠程度（可用性）。许多软件系统的安全要求很简单，但为了确保完整性并传达优先事项，仍然值得对其进行详细的说明。对你来说显而易见的事情对其他人可能并不明显，因此最好阐明期望的安全立场。

我们需要注意的一个极端情况是安全性无关紧要——或者至少，当有人认为它不重要时。这是一个需要提出的重要假定，因为团队中可能会有人认为它很重要（你也可以想象这种不匹配的期望最终会有暴露出来的一天）。如果你正在设计一个原型来处理人工产生的虚拟数据，你可以跳过安全审查，但需要将其记录下来，这样代码就不会被重新利用，也不会在以后与真实的个人信息一起使用。低安全性应用程序的另一个示例是由多个研究小组共享的天气数据收集程序：温度和其他大气条件都可供任何人免费测量，并且披露这些信息也是无害的。

我们要注意的另一个极端情况是要特别关注对于安全性要求很高的软件，我们要仔细列举它的安全要求。这些内容将成为威胁建模、安全审查和测试的重点，以确保软件的最高质量。设计文档示例（附录 A）中展示了安全要求是如何影响设计的。大型系统受到复杂法规约束，可能会有严格规定的安全要求，以确保高水平的合规性，但这是一项专门的工作，超出了我们的目标范围。

对于具有关键或不寻常安全要求的软件设计，请考虑以下一般性准则。

- 将安全要求表达为最终目标，而不规定“如何做”。
- 考虑所有利益相关者的需求。特别是在这些需求可能发生冲突的情况下，有必要找到一个良好的平衡点。
- 了解关键缓解措施的可接受成本和权衡。
- 当有不寻常的要求时，解释这些要求的动机以及它们的目标。
- 设定可以实现的安全目标，无须要求完美。

以下较为极端的示例说明了在一个具有重大安全需求的系统中，安全需求的陈述可能是什么样的。

1. 国家安全局，保护国家最敏感的秘密

系统管理员将拥有对大量绝密文件的超级访问权限，鉴于这会对国家安全构成威胁，我们必须尽可能减少内部攻击。具体来说，管理员能够冒充具有更高访问权限的高级官员，可能会因此泄露大量文件，并且能够使相关行为看起来像是许多不同主体的独立访问事件，来掩盖他们的踪迹。

2. 大型金融机构的认证服务器

泄露服务器的私钥将完全破坏我们所有面向互联网的系统的安全性。虽然不太可能发生内部攻击，但操作人员不得有似是而非的推诿。安全要求中可能包括将密钥存储在一个防篡改的硬件设备中，在一个受保护的物理位置保存该硬件设备，并建立正式的流程来创建和轮换密钥，所有访问都要由至少两个受信任的人参与（注意：将“如何做”包含在其中，以最直接的方式来说明信任分配，以及将物理和逻辑安全性相结合）。

3. 昂贵的科学实验的数据完整性

我们计划这个实验只做一次，而且在几年之内都将不会再次获得它所需的资金，所以我们不能丢失仪器收集到的信息。我们必须立即复制流数据，并以冗余的方式将其存储在不同的存储介质上，同时还要通过两个不同的网络，将其传输到物理上分离的远程存储系统，作为额外的数据备份。

6.1.4 威胁建模

提高软件架构安全性的最佳方法之一是将威胁建模纳入设计过程之中。设计软件要能够创造性地处理相互竞争的需求和策略，迭代地考虑系统的不同方面，有时还需要逆转进程以实现完整的愿景。从威胁建模的角度来看这个过程，可以阐明设计的权衡，因此它有很大的潜力来引导设计师朝着正确的方向前进——但要想弄清楚如何实现更好的结果，还是需要一些试验和错误尝试。

首先，有一种简单的方法可以将威胁建模集成到软件设计中。这需要先炮制一系列潜在的设计，依次对每一个设计进行威胁建模，通过某种汇总评估对它们进行评分，然后选择最好的一个。在实践中，这些以安全为中心的评估也会展示其他重要因素，包括可用性、性能和开发成本。但是，开发多个设计后再分别对每个设计进行威胁建模所涉及的工作量过大，因此设计师通常需要凭直觉挑选出哪些权衡提供了更大的可能性，然后通过分析它们的差异来比较替代设计方案，而不是从头开始重新评估每个设计方案。

在软件系统设计的早期阶段，我们要特别注意信任边界和攻击面，因为它们对于建立符合安全性的架构至关重要。包含敏感信息的数据流应该尽可能远离拓扑中最易暴露的部分。举例来说，假设一个应用程序要为在外的销售人员提供客户联系信息的离线访问，以便销售人员能够在路上拨打销售电话。将整个客户数据库放在每个移动设备中会带来巨大的暴露风险，但如果员工在没有良好连通性的情况下前往偏远地区，这种做法可能是必要的。威胁建模会突出这种风险，进而促使你评估替代方案。随着销售人员改变位置或基于出行时间表动态更新，也许只提供数据库的区域子集就足够了。或者不直接提供客户的电话号码，而是为销售人员提供客户的唯一代码，他们可以将其与唯一的 PIN（Personal Identification Number，个人识别号）一起使用，并通过转接服务拨打电话，从而根本不需要完整的电话号码。

对于设计师正在构建的软件，他们还应该考虑软件的基准威胁模型，并在寻找替代设计时，也将其视为一种基线。我的意思是，在理想的设计中融入一个固有的安全风险模型，无论这个模型是如何构建的。举例来说，如果一个客户端/服务器系统会从客户端收集 PII（Personally Identifiable Information，个人验证信息），那么它就会面临一个不可避免的安全风险，即信息暴露，比如由客户端暴露、在传输过程中暴露，或者在处理数据的服务器上暴露。没有所谓的设计魔法能够让这些风险消失，但我们需要针对这些风险采取适当的缓解措施。

当固有的安全风险很高时，设计师应该尽可能考虑替代方案。回到 PII 示例，软件是否真的有必要针对所有用例收集所有信息？如果不是的话，那么我们可以花费精力支持一些子用例，从而避免从源头收集信息。

使用基准威胁模型来指导设计的另一种方式是突出设计决策带来的额外风险的来源。比如为敏感数据添加缓存层，以提高响应时间。这种额外的数据存储（可能会成为攻击者瞄准的资产）必然会增加新的风险，尤其是在缓存存储靠近攻击面的情况下。这说明了设计的更改总是会影响威胁模型（无论好坏），在对安全影响有所了解后，设计师可以明智地权衡替代方案。

好的软件设计最终取决于主观判断。通过权衡其中涉及的各种因素，找到的软件设计即便不是最好的，也至少是令人满意的。尽管安全很重要，但安全并不是一切，因此我们不免要做出艰难的决定。多年来，我发现（虽然有时很可怕）对权衡的讨论保持开放的态度会带来更高的效率，而不是宣称安全问题是首要的。

当我们获得最大化安全性的成本很低时，就很容易宣称安全问题最重要——但情况并非总是如此。当需要妥协时，请记住以下这几个好策略。

- 进行灵活的设计，以便未来轻松地添加安全保护（也就是说，不要把自己置于不安全的境地）。
- 如果有需要特别关注的特定攻击，则对系统进行检测，以推动对企图滥用实例行为的监控。
- 当可用性与安全性发生冲突时，寻求用户接口的替代方案。此外，可以在真实情况下进行原型设计并测量可用性；有时可用性问题是想象出来的，并不会在实践中体现出来。
- 使用一些能够说明设计中可能存在的主要缺点的潜在场景（源自威胁模型），来解释安全风险，并使用这些场景来证明不实施缓解措施的成本。

6.2 建立缓解措施

在你定义了软件系统的范围和安全要求，并回答了 4 个问题中的前两个之后，现在是时候考虑第 3 个问题了：“我们打算怎么办？”这个问题会指导设计师将所需的保护和缓解措施纳入设计之中。在后续内容中，我们会研究如何为接口和数据执行此操作，这是软件设计中最常见的两个主题，并且它们会反复出现。后续的讨论和示例仅仅会触及设计中缓解措施的表面。我们可以根据特定设计的需要，应用前 3 章中的所有思想。

6.2.1 设计接口

接口定义了一个系统的边界，描绘了设计或其组件的局限性。它们可能包括系统调用、库、网络（客户端/服务器或点对点）、进程间和进程内 API、公共数据存储中的共享数据结构等。复杂的接口通常都有自己的设计，比如安全通信协议。

在设计范围内定义所有接口时，要确保你清楚地了解共享这个接口的组件的安全责任。要记录输入的数据是否经过可靠验证，或应该被视为不受信任的数据。如果存在信任边界，要说明如何处理穿越信任边界的身份验证和授权。

连接外部组件（设计范围之外的组件）的接口应该符合这些组件的现有设计规范。如果没有此类信息，请记录你的假定，或考虑采取防御策略来弥补不确定性。例如，如果你无法确定输入的数据是否经过了验证，则假定输入的数据不受信任。

要想设计安全的接口，首先要对它们的工作方式做出可靠的描述，包括必要的安全属性（即 CIA、黄金标准或隐私要求）。审查接口的安全性相当于验证它们的功能是否能够正常运行，以及是否能够在潜在威胁面前保持强健。除非设计师阐明了安全要求，否则安全审查员（以及未来会使用该接口的开发人员）将不得不猜测设计师的意图，当他们低估或高估了安全要求时，就会造成混乱。

有时，你可能有些左右为难，比如使用的现有组件未在设计过程中考虑安全性，或者现有组件的安全性对于你的要求来说还不够——或者你根本不知道组件的安全性如何。如果你必须使用现有组件，请将其标记为一个问题，并且如果可能的话，请进行研究以找出你能够了解的组件安全属性（这可能包括尝试攻击测试模型）。在某些情况下，另一种选择是封装接口以添加安全保护。举例来说，假设有一个存在数据泄露风险的存储组件，你可以设计一个额外的软件层来提供加密和解密，以确保该组件仅存储加密后的数据，这样即便数据泄露了也不要紧。

6.2.2　设计数据处理

数据处理是几乎所有设计的核心，因此保护它是很重要的一步。要想获得安全的数据处理，一个很好的起点是概述你的数据保护目标。当我们需要对特定的数据子集提供额外的保护时，请明确说明，并且要确保在整个设计过程中始终如一地对其提供额外保护。比如在一款在线购物应用程序中，要对信用卡信息提供额外的保护措施。

减少对敏感数据的移动。这是在设计级别上显著降低风险的关键机会（参见第4章的“最少信息”模式），而这在以后的实施中通常是不可能做到的。要想减少传递数据的需要，一种方法是将数据与不透明的标识符相关联，然后使用该标识符作为句柄，在必要时，你可以将其转换为实际的数据。比如在附录A中的设计文档示例中，你可以使用此类标识符来记录交易，以便将客户的详细信息排除在系统日志之外。在极少数的情况下，若需要调查日志条目，审核员可以查看这些详细信息。

标识公共信息或数据是否具有保密要求。这在数据处理的要求中是一个重要的例外，让你能够在合理的地方放松保护。在应用这种方法时，请记住数据是具有上下文相关性的，因此当公共信息与其他信息配对使用时，可能会成为敏感信息。比如大多数企业的地址和首席执行官的姓名通常都是公开信息，但是，指定人员在场时的确切时间应保密。

在没有明确规定的情况下，始终将个人信息视为敏感信息，并且仅在有特定用途时才收集此类数据。无限期地存储敏感数据会带来无尽的保护义务。要想避免这种情况，你可以在可能的情况下（比如在其变得不活跃的多年后）销毁不使用的信息。设计中应该要预见到最终需要从系统中删除无用的私有数据，并要指定哪些条件会触发删除，包括备份数据。

6.3　将隐私融入设计

个人信息的泄露经常会成为头条新闻，我相信公司可以通过将隐私融入软件设计中来获得更好的结果。隐私问题关乎数据保护给人带来的影响，不仅涉及法律和监管问题，还涉及客户期望和未经授权即披露所带来的潜在影响。要想做到这一点，需要特殊的专业知识和主观判断。但部分问题在于当授予第三方使用数据的权限时，第三方需要访问数据。从这个程度来说，好的软件设计可以通过设置限制来尽量减少失误。

在一开始，设计师应该熟悉所有适用的隐私政策，并了解这些政策与设计的关系。设计师需要向隐私政策所有者提出问题，并最好能够获得书面答复，以便明确各种要求。其中包括通过合作伙伴来获取数据的第三方隐私政策义务。这些隐私政策负责管理数据的收集、使用、存储和共享，因此如果设计中包含这些行为，那么政策的规定则暗示了相关要求。如果面向公众的隐私政策缺乏细节，设计师就需要考虑开发一个内部版本来描述必要的细节。

当人们或流程对政策中的承诺产生了误解，或者根本没有考虑上述内容时，往往就会发生隐私问题。设计师能够通过数据安全保护，在设计中设置限制以确保其合规性。设计师可以首先考虑隐私政策所做出的明确承诺，然后尽可能确保在设计中履行这些承诺。举例来说，如果政策的承诺是“我们不会共享你的数据”，那么请谨慎使用易于共享的云服务，除非部署了其他事项来确保即便配置错误也不会造成数据的泄露。

审计是隐私管理的重要工具，即使我们只使用它来记录对敏感数据的合法访问。通过仔细追踪访问记录，我们可以及早发现并纠正有问题的访问和利用。在隐私数据泄露之后，如果没有任何记录可以指明谁可以访问相关数据，那么人们将很难有效地做出响应。

设计师要尽可能设计出明确的隐私保护措施。如果你无法判断隐私的合规性，请让隐私政策的负责人在设计上签字。在软件设计中集成隐私的一些常用技术如下。

- 识别收集到的新类型数据，并确保隐私政策合规。
- 确认政策允许你将数据用于你想要的目的。
- 如果该设计可能不会对数据的使用施加限制，请考虑仅将访问权限赋予熟悉隐私政策规范以及了解如何审计合规性的员工。
- 如果政策限制了数据的保留期限，请设计一个系统来确保及时删除相关数据。
- 随着设计的发展，如果数据库中的某个字段被废弃，请考虑将其删除以降低泄露的风险。
- 考虑建立一个数据共享的审批流程，以确保接收方能够获得管理层的批准。

6.4 规划整个软件生命周期

太多的软件设计都默默地假定了这个系统会永远存在下去，而忽略了一个现实，即所有软件的生命周期都是有限的。从首次发布和部署，到更新和维护，再到最终退役，系统生命周期中的许多方面都存在重大的安全隐患，而且这些隐患随着时间的推移很容易被忽略。就像软件设计的美妙之处一样，无论设计成功还是失败，它都将随着环境的发展而发生变化。在设计过程中，设计师要对变化带来的影响做出最好的预测，然后加以解决，或者至少为后人记录下来。在企业内部，有很多问题是相同的，对它们的一般性处理能够适用于大多数系统，但在个别设计中需要指定例外情况。

在开始创建一个新设计时，人们很难想象系统生命结束的那天，但大部分的影响应该是明确的，至少任何设计都应该考虑数据的长期处理。你可能需要遵从特定的法律或商业原因，将数据保留一段时间，但在不再需要时应该将数据及其备份一并销毁。有些系统在接近其使用寿命时需要经历一个特殊的阶段，一个良好的设计可以从一开始就考虑到合适的结构和配置选项，让这个阶段的实现变得轻松。比如采购系统可能会停止接受订单，但出于为工资单提供数据和记录数据的目的，仍需要在一年内提供数据，然后归档交易记录以供长期保留。

6.5 权衡取舍

在无法简单地做出选择的情况下，权衡取舍需要进行大量的工程判断，同时还要考虑很多其他因素。实施更多的安全缓解措施可以降低风险，但措施多到一定程度时，实施所带来的复杂性也容易带来更多的错误——并且你应该对开发工作量的大幅增长和回报率的减少有所考虑。本书将反复建议设计师在各种相互竞争的需求之间做出妥协，但这说起来容易做起来难。本节介绍了一些经验法则，可以用于实现这些重要的权衡。

预测一下最坏的场景，如果你未能保护特定系统资产的机密性、完整性或可用性，情况会有多糟糕？对于每种场景，都需要对不同程度的"灾难"进行分析：有多少数据会受到影响？系统不可用多久后会变成一个严重的问题？主要的缓解措施通常会避免最坏的情况，比如每小时都进行备份，就可以确保最多只有一小时的交易数据会面临丢失的风险。需要注意的是，如果面临最坏的情况，即数据失去了机密性，情况会难以控制，因为一旦数据被盗，我们通常无法阻止披露（2017 年 Equifax 的泄露就是一个很明显的例子）。

大多数设计工作都是在企业或项目社区中进行的，它们所需的安全级别在很大范围内都是统一的。在需要有所调整的地方——需要更高或更低的安全级别——最好能够在设计前言中提出这个假定。以下示例会进一步做出说明。提供在线商店的网站应该考虑为处理信用卡业务的软件设置更高的安全门槛，不仅因为它是一个明显的攻击目标，还因为要遵从财务责任所带来的特殊要求。另外，网页设计公司可能会建立一个完整的网站来展示其设计示例，由于这个网站仅用于提供信息，并且从不收集真实的最终用户数据，因此对它提供保护的重要性就没有那么高。

设计阶段是在软件的各项竞争需求之间取得适当平衡的最佳机会。坦率地说，当考虑到预定的截止日期、预算和人数限制、遗留的兼容性问题，以及冗长的功能列表时，很少会（甚至完全不会）将安全作为重中之重。此时，设计师处于考虑多种替代方案（包括激进的替代方案）的最佳时机，并做出基础的更改，而这种更改在未来可能会无法实现。

安全软件设计的核心是在这些理想化的原则与现实世界系统的实用需求之间取得适当的平衡。完美的安全性从来不是我们的目标，额外的缓解措施也只能带来有限的好处。最佳设计从来都不容易确定，但在软件设计中明确这些权衡，更有可能找到合理的折中方案。

6.6　设计的简洁性

简单是最终极的复杂。——列奥纳多·达·芬奇

讽刺的是，正如达·芬奇的名言所暗示的那样，我们往往需要通过大量的思考、花费大量的努力才能产生一个简单的设计。早期的天文学家为天体力学开发了各种复杂的计算方法，直到哥白尼通过将太阳而不是地球作为中心参考点，简化了计算模型，这进一步促使牛顿通过推断万有引力定律从根本上简化了计算。我最欣赏的出色软件设计的示例是*nix 操作系统的核心，其中的大部分内容至今仍在使用。在追求一个精美简单的设计的过程中，即使很少能实现完美的设计，通常也能够对提高安全性带来直接的帮助。

在软件设计中，有多种形式可以体现出简洁性，但没有一个简单的公式能够发现最简单、最优雅的设计。第 4 章中讨论的几种模式中就包含简洁性，比如设计的经济性和最少的通用机制。如果安全性需要依赖于正确地做出一些复杂的决定或设计一些复杂的机制，我们都要小心：要看看是否有更简单的方法来实现相同的目标。

当复杂的功能与安全机制进行交互时，其结果通常会变得非常复杂。一项研究得出了以下结论：1979 年三哩岛核事故的发生是由于系统巨大的复杂性，其中包括许多多余的安全措施。安全性可能会对你尝试做的事情造成阻碍，想要确保整体的安全性反而会变得更加棘手。这里的解决方案通常是将安全性与功能性分开，创建一个分层模型，通常将安全性放在“外部”作为保护壳，而所有功能单独存在于“内部”。但是，当你使用“硬壳”和“软内”进行设计时，强制分离就变得至关重要。我们可以很容易地在城堡周围设计一条安全“护城河”，但在软件中，我们却很容易在不经意间绕过外部保护层，打开通往内部的通道。

第7章

安全设计审查

一个好的、富有同情心的审查总是会带来惊喜。——乔伊斯·卡罗尔·奥茨

将安全性融入软件设计的最佳方法之一是戴上“安全帽”进行单独的设计审查。本章将解释如何在SDR（Security Design Review，安全设计审查）中应用第6章讨论的安全和隐私设计概念。我们将这个过程想象成建筑师设计建筑物的过程，然后由工程师审查设计，以确保其安全可靠。设计师和审查员都需要了解结构工程学和建筑规范，通过合作可以获得更高水平的质量保障。

理想情况下，安全审查员是熟悉软件运行的系统和环境，以及知道如何使用它的人，但他们不参与设计工作，这能够给予他们距离感以保持客观性。然而，这些都不是绝对的先决条件，对设计不太熟悉的审查员往往会提出更多问题，同时也可以很好地完成工作。

我编写本书的核心目标之一就是将一些审查方法分享出来，并鼓励更多的软件专业人员亲自执行SDR。相比那些不熟悉这些软件系统，但具有更丰富安全经验的人来说，在熟悉的软件系统上你肯定会做得更好。本书将提供一些指导，帮助你完成这项任务，我希望这些指导能够为提高软件安全的标准做出一点贡献。

7.1 SDR基本概念

在介绍SDR的方法之前，我们首先提供一些背景知识并讨论一些基本的流程。SDR的用途是什么？如果我们要执行SDR，应该在设计过程中的哪个阶段完成？最后我会给出一些关于准备工作的提示，尤其是对文档重要性的说明。

7.1.1 为什么要执行SDR

我自己完成过几百个SDR，可以负责任地说这绝不是浪费时间。SDR只会占用总设计时间的一小部分，却能够识别出重要的改进以增强安全性，或者为设计出适当的安全性解决方案提供有力的保证。我们可以对简单、直接的设计进行快速审查，但对于较大的设计，审查过程提供了一个有用的框架来识别和验证主要的热点。即使你审查的这个设计从表面上看已经涵盖了所有安全基础，但对此进行确认也是职责所在。当然，当SDR确实出现重大问题时，这种努力是非常值得的，因为我们很难在实施过程中发现这些问题，并且事后补救需要付出更大的代价。

此外，SDR 可以带来有价值的新见解，从而促进与安全性无关的设计变更。SDR 提供了一个很好的机会来考虑不同的观点（用户体验、客户支持、营销、法律等），每个人都在思考容易被忽视的主题，比如滥用的可能性和意想不到的后果。

7.1.2 什么时候执行 SDR

如果计划在设计（或设计迭代）完成且稳定时执行 SDR，通常要选在功能审查之后但在设计最终确定之前，因为可能有需要更改的地方。我强烈建议不要将安全性作为功能审查的一部分，因为两者的思维方式和关注领域完全不同。此外，对于每个人（不仅仅是审查员）来说，关注安全性也很重要，但联合审查会倾向于更多地关注设计的运作，因此很难关注到安全性。

复杂的或安全性第一的设计，通常能够受益于额外的初步 SDR，也就是在设计开始形成但仍未完全成形时执行 SDR，以便能够获得有关重大威胁和整体策略的早期信息。初步的 SDR 可以不那么正式，预先审查特定的、你希望进一步挖掘的安全利益并在较高级别对安全性的权衡进行讨论。在整个设计过程中，优秀的软件设计师应该始终考虑并解决安全和隐私问题。需要明确的是，设计师永远不应忽视安全性，也不能依靠 SDR 为他们解决相关问题。设计师应该始终对其设计的安全性负全部责任，安全审查员扮演的是支持角色，其职责是帮助设计师并确保他们能够很好地完成工作。反过来，安全审查员不应该自命不凡，而应该在不好做出判断的情况下，清楚而有说服力地向设计师展示他们的发现。

7.1.3 文档是必不可少的

有效的 SDR 依赖于及时更新的文档，以便参与的各方对审查中的设计有准确和一致的理解。口口相传的这种非正式的 SDR 也总比没有的好，但关键的细节很容易遗漏或传达错误，没有书面的记录，就很容易丢失有价值的结果。就个人而言，我总是更喜欢在会议前预览设计文档，这样我就可以提前开始研究设计，而不是在会议上花时间学习我们正在做的事情。

从我的经验来看，高质量的设计文档可以为交付出色的 SDR 提供宝贵的帮助。当然，在实践中可能无法获得详尽的文档，7.4.2 节的案例研究也提到了该如何处理这种情况。举例来说，任何含糊地指出“安全地存储客户数据”的设计文档都值得打个红标，除非它详细描述了这意味着什么，以及如何做到这一点。没有具体细节的笼统陈述总是能够暴露出幼稚的想法，以及对安全性缺乏扎实的理解。

7.2 SDR 流程

以下描述了我在一家大型软件公司进行的正式且强制性的 SDR 流程。也就是说，软件设计可以以无数不同的方式开展，你可以将相同的策略和分析应用于不是很正式的组织机构。

从清晰完整的书面设计开始，SDR分为6个阶段。

（1）研究设计文档和支持文档，对项目建立基本的了解。

（2）对设计进行询问，并就基本威胁提出澄清问题。

（3）识别出设计中最需要保障安全性的关键部分，以引起更密切的关注。

（4）与设计师合作，识别风险并讨论缓解措施。

（5）撰写一份审查结果和建议的评估报告。

（6）跟进后续的设计变更，在签署前确认解决方案。

对于小型设计，你通常在一次会议中就能完成其中的大部分；对于较大的设计，你需要按阶段将工作分解，有些阶段可能需要多次会议才能完成。最理想的是专门与设计团队会面的会议，但如有必要，审查员也可以单独工作，然后通过电子邮件或其他方式与设计团队交换笔记和问题。

每个人都有不同的风格。一些审查员喜欢一头扎进去并进行“马拉松”。我更喜欢并建议在几天之中逐步工作，让自己有机会“睡在上面”，我最好的想法通常都来源于此。

以下流程示例解释了SDR的每个阶段，并总结了有用的技术。当执行SDR时，你可以参考每个阶段的注意事项。

7.2.1 研究

研究设计文档和支持文档，对软件建立基本的了解，为审查做准备。除了安全知识之外，理想情况下审查员还可以带来其他领域的专业知识。如果不具备其他专业知识的话，试着关注那些你所能做的，并在整个过程中保持好奇心。大多数的安全决策都需要权衡取舍，因此如果闷头追求越来越多的安全性，可能会带来过度行为，并有可能在这个过程中对设计造成破坏。要想了解过多的安全性可以有多糟糕，请考虑专门为降低火灾风险而设计的房屋：它完全由混凝土建造，只有一扇厚厚的钢门，没有窗户，既昂贵又丑陋，同时也没有人愿意住在里面。

在这个阶段中，你需要做如下工作。

- 阅读文档，从全局上理解设计。
- 戴上你的“安全帽”，以威胁意识的心态重新审视它。
- 记笔记，记录你的想法和观察结果以供将来参考。
- 为未来标记潜在问题，但在此阶段进行大量安全分析还为时过早。

7.2.2 询问

要求设计师回答和澄清问题，以了解系统所面临的基本威胁。对于易于理解的简单设计来说，或者当设计师制作了清晰且准确的文档时，你可以跳过这个阶段。我们可以将这个阶段看作一个机会，以确认你对设计的理解，并在进行下一步工作之前消除歧义，或解决未解决的问题。审查员当然不需要了解设计从内到外的有效性（这是设计师的工作），但审查员确实需要牢牢掌握设计的大致轮廓，以及主要组件的相互作用。

这个阶段是你在深入挖掘之前填补空白的机会，你可以参考以下提示。

- 确保设计文件清晰完整。
- 如果有遗漏或需要更正之处，请在文档中修正它们。
- 对设计的理解要通透，但不一定要达到专家级。
- 询问团队成员他们最担心什么，如果他们没有安全性担忧，请追问其原因。

安全审查员提出的问题不必严格局限于设计文档中的内容。了解对等系统，也有助于衡量它们对设计安全性带来的影响。被遗漏的细节是最难发现的。比如当设计中隐含存储数据，但没有提供对其处理的细节信息时，请询问存储的相关信息及其安全性。

7.2.3 识别

识别出设计中安全性要求最高的关键部分，将其作为目标并进行仔细分析。从基本原则出发，以安全视角来看待问题：从 CIA、黄金标准、资产、攻击面和信任边界的角度进行思考。虽然这些部分的设计值得特别关注，但现在我们要将安全审查集中在整体设计上，以免忽略其他部分。也就是说，我们可以跳过与安全性无关或关联性较少的部分。

在这个阶段中，你应该做如下工作。

- 检查接口、存储和通信——这些通常是需要关注的重点。
- 从外向内（从最易暴露的攻击面到最有价值的资产）审查，这也是态度坚决的攻击者会做出的尝试。
- 评估设计中明确的安全问题的解决程度。
- 如果需要，指出关键的保护措施，并在设计中将它们标注为重要特性。

7.2.4 合作

与设计师合作，向其告知你的发现并讨论替代方案。理想情况下，设计师和审查员会当面进行讨论并一一解决问题。这对所有人来说都是一个学习过程。设计师在了解安全性的同时，会对设计产生全新的看法，审查员会对设计和设计师的意图有深刻的理解，同时能够加深他们对安全挑战和最佳缓解方案的理解。我们的共同目标是使设计整体变得更好，安全性是审查的重点，但不是唯一的考虑因素。虽然不需要当场就变更做出最终的决定，但需要对哪些设计变更值得进一步考虑达成一致。

以下是有效合作的一些准则。

- 审查员要针对风险及其缓解措施提供安全性见解。即使设计已经是安全的，这也很有价值，因为可以对良好的安全实践进行加强。
- 可以考虑勾画出一个场景，以说明安全更改能够获得的最终回报，从而帮助说服设计师在设计中添加缓解措施。
- 尽可能为问题提供多个解决方案，并帮助设计师了解这些替代方案的优势和劣势。
- 要接受设计师的决定，因为他们要对设计负最终责任。
- 记录交流的想法，包括设计中会涵盖或者不会涵盖的内容。

对“最终结论”进行扩展：在实践中，这种扩展将取决于组织及其文化、适用的行业标准、可能的监管要求和其他因素。在大型或制度化的组织机构中，最终的决定可能会涉及多方（包括架构委员会、标准合规委员、可用性评估员和执行利益相关者）的签署。当需要层层批准时，设计师必须考虑相互竞争的多方利益，因此安全审查员应该特别注意这种动态并尽可能保持灵活。

7.2.5 撰写

撰写一份审查结果和建议的评估报告。审查结果是安全审查员对设计安全性的评估。该报告应该侧重于需要考虑的潜在设计更改，以及对设计安全性的分析。应该在显著位置对设计师已经同意的更改进行标识，并在以后进行验证。考虑在报告中对建议的更改进行优先级排名，比如下面这个简单的三级方案。

- 必须（must）的排名最高，表示对于这一点来说，应该没有其他选择，并且通常还包含紧迫性。
- 需要（ought）排名中间，我用它来表示倾向于“必须”，但我们可以进行讨论的更改。
- 应该（should）在可选的推荐更改中排名最低。

在设计阶段很难进行更精确的排名，但如果你想尝试的话，可以参考第 13 章的排名指南，该章说明了如何系统地为安全漏洞进行更细粒度的排名。

SDR 的差异很大，以至于我从未使用过标准化的评估报告模板，而总是会撰写一段文字来描述审查结果。我喜欢使用自己在审查过程中记录的笔记，并系统性地形成最终报告。如果你能记住所有的细节，那么你可能会在审查会议之后写出报告。

你可以将以下提示用作写作的框架。

- 围绕着解决安全风险的特定设计变更来组织报告。
- 将大部分精力和笔墨花费在优先级最高的问题上，而在较低优先级的问题上少着笔墨。
- 提出替代方案和策略，而不要尝试做该由设计师做的工作。
- 对审查的发现和建议进行优先级排序。
- 关注安全性，但也可以提供单独的评论以供设计师参考。要对 SDR 范围之外的设计更为尊重，不要吹毛求疵，避免淡化安全性信息。

将设计师和审查员的角色分离至关重要，但在实践中，实现这一点的做法会有很大的不同，这取决于每个人的职责和他们的协作能力。在你的评估报告中，要避免进行设计工作，同时要为所需的更改提供明确的方向，以便设计师知道他该做什么。通过当前的审查结果，对重大的设计进行审查和评论。根据经验，优秀的审查员可以帮助设计师“看到”安全威胁及其潜在后果，并对缓解策略提出建议，而不是对实际的设计更改提出要求。要求太多的审查员会发现他们的建议常常是无效的，即使这些建议是正确的，审查员也面临着这样的风险，即迫使设计师做出他们不完全理解或者认为不需要的更改。

如果这种程度的做法让你感觉过于烦琐，你也可以略过撰写报告，但很有可能你或其他从事该软件工作的人员在日后会希望有详细记录的信息以供参考。以最低限度来说，我建议审查员至少要花些时间向团队发送电子邮件摘要，以供将来参考。即使是最简单的报告也不应该只是说“看起来不错！”，而应该用一个具有实质性的总结来支持这种观点。如果设计中已经涵盖了所有安全基础，请参考对安全性带来最大影响的一些最重要的设计特性，并强调这些特性的重要性。当设计中并不需要考虑安全性时（比如我曾经审查过一个不收集私人信息的网站），审查员要概述该结论背后的原因。

评估报告的风格、长度和详细程度因组织机构的文化、报告的可用时间、利益相关者数量，以及许多其他因素而有很大差异。作为审查员，当你与软件设计师密切合作时，你可能可以将所需的更改直接合并到设计文档中，而不是在报告中列举需要更改的问题。即使对于小型、非正式的项目，将设计师和审查员的角色分离也是值得的，这样就可以有多双眼睛来关注这项工作，并确保适当地考虑设计的安全性。然而，即使在只有单人的设计工作中，设计师也能从他们自己的工作中获益，设计师可以戴上“安全帽”来获得全新的视角。

7.2.6 跟进

对安全审查做出的设计变更结果进行跟进，以确认这些问题已被正确地解决。当协作进展顺利时，我通常只会检查文档中是否已有更新，而不直接检查软件（而且在我的经验中这种方法从未出错）。在其他情况下，以及需要你做出判断的情况下，审查员可能需要更加警惕。更改完成后在审查表上签字，包括对所有必要的更改进行验证。在项目错误跟踪器中分配 SDR 是跟踪进度的一种可靠方法。如果你愿意的话，也可以使用正式或非正式的流程。以下是对于最后阶段的一些提示。

- 对于重大的安全设计更改，你可能希望与设计师协作以确保正确地进行更改。
- 如果意见不同，审查员应该书写一份声明，说明双方的立场和未遵循的具体建议，并将其标记为未解决的问题（7.4 节“处理分歧”更详细地讨论了这个话题）。

在最好的情况下，设计师会将审查员视为安全辅助资源，并使其随着时间的推移继续参与到项目中。

7.3 评估设计的安全性

现在我们已经介绍了 SDR 流程，本节将深入探讨审查背后的思考过程。到目前为止，本书已经为你提供了执行 SDR 所需的概念和工具：基本原则、威胁建模、设计技术、模式、缓解措施、加密工具——这一切都涵盖在安全设计的产生过程中。

7.3.1 以 4 个问题为指导

你可以使用第 2 章中用于威胁建模的 4 个问题来开展有效的 SDR。如果你有时间并且想要投入精力的话，那么显式威胁建模将非常有用，但如果你不这样做，也可以使用这 4 个问题作为试金石，并以此将威胁观点整合到你的审查中。后文将给出更详细的解释，但在全局视角下，让我们看看如何将这些问题映射到 SDR。

（1）我们的工作是什么？

审查员应该了解设计的整体目标，并将其作为审查的背景，即思考实现这个目标最安全的方法是什么。

（2）哪里有可能出错？

这就是“安全帽”思想的用武之地，也是应用威胁建模的地方，即思考这个设计是否未能预见或低估了关键威胁。

（3）我们打算怎么办？

审查你在设计中发现的保护机制和缓解措施，即思考我们能否以更好的方式应对重要威胁。

（4）我们干得怎么样？

评估设计中的缓解措施是否足够，是否需要更多工作，或者是否缺少了一些缓解措施，即思考设计的安全性如何，如果缺乏安全性，我们如何才能使其达到安全标准。

在执行SDR时，你可以使用这4个问题作为参考。如果你已经阅读了设计文档并划出了重点区域，但还不知道要寻找什么，请回答这4个问题（尤其是第2个问题和第3个问题）并考虑如何将它们应用于设计中的特定部分。这时你的评估会自然地转移到第4个问题。如果答案不是“我们干得很好”，就很可能暗示了一个需要讨论的主题，或者你应该在评估报告中包含一个条目。

1. 我们的工作是什么

我们的工作是什么？这个问题可以在多个方面让你保持在正轨上。首先，需要了解设计的目的，这样你就可以自信地建议割舍那些会带来风险且实际上并不必要的部分。反过来说，当提出更改建议时，你肯定不想破坏真正需要的功能。也许最重要的是，你可以从新的方向提出一个替代方案，来替代一个高风险特性。

举例来说，在隐私领域，如果你正在审查一个工资系统，这个系统会从所有员工那里收集个人信息，你可能会认为健康问题是特别敏感的。如果带来安全问题的数据项确实是多余的，那么正确的做法就是从设计中删除它。但是，如果它对这个设计所提供的业务功能很重要，那么你可以提出一些方法来严格保护这些数据不被泄露（比如早期加密，或在短时间内删除数据）。

2. 哪里有可能出错

审查工作应该确认设计师已经预见到了系统所面临的重要威胁。同时，设计师仅仅意识到这些威胁是不够的，他们必须已经确实创造了一种能够承受这些威胁的设计。

有一些威胁是可以接受的，并且无须减轻，在这种情况下，审查员的工作是对这个决定进行评估，但重要的是要确保设计师意识到这个威胁的存在，并主动选择忽略相关缓解措施。如果在设计中没有明确说明这是设计师的选择，那么请在SDR中记下这一点，以复核这种做法是否是故意为之。审查员还要关注那些能够接受的风险，并解释为什么可以容忍它们。举例来说，你可能会写：“线路上未加密的数据可能会遭受窥探威胁。但是，我们确定这个风险是可以接受的，因为数据中心在物理上是安全的，且并没有暴露PII或业务机密数据的可能性。”

审查员需要预测未来有哪些变化可能会使这个风险变得不可接受。在刚刚提到的示例中，你可能会补充："如果系统迁移到了第三方数据中心，我们应该重新审视这个物理网络访问风险的决策。"

3. 我们打算怎么办

随着审查员的研究，设计中的安全保护机制和缓解措施应该变得清晰。审查员通常会将大部分时间花在最后两个问题上，以确定是什么使得设计变得安全，并评估它的安全性如何。完成此任务的一种方法是将威胁与缓解措施进行匹配，以查看是否涵盖了所有基础内容。审查员还要指出由这个问题引起的问题，并确认设计是令人满意的，这也是 SDR 最重要的贡献之一。

如果在减小安全风险方面设计做得不够，那么你应该逐项列出设计中缺少的内容。为了使这些反馈有效，你需要对未解决的特定威胁进行解释，以及说明它们为何重要，也许还可以提供一组粗略的选项来解决每个威胁。出于多种原因，我建议不要在 SDR 中提出具体的补救措施。然而，非正式地提供帮助是很好的做法，如果被要求的话，审查员可以与设计师合作来考虑替代方案，甚至详细说明设计变更。举例来说，你可能会反馈："监控 API 不应该被公开，因为它会披露我们网站的使用水平，这可能会被竞争对手所利用。我建议使用访问密钥来对 RESTful API 的请求进行验证。"

当设计中确实为给定的威胁提供了缓解措施时，审查员需要评估缓解措施的有效性，并考虑是否有更好的替代方案。有时，设计师会"多此一举"地从头开始构建安全机制，对此提出的好反馈是建议设计师使用标准库。如果设计是安全的，但这种安全性需要付出很大的性能代价，那么如果可以的话，请提出另一种方法。举例来说，指明设计中冗余的安全机制，比如通过加密的 HTTPS 连接发送加密数据，并描述如何简化这个设计。

4. 我们干得怎么样

最后一个问题提到了我们的底线。你认为设计安全吗？有能力的设计师应该已经解决了安全问题，SDR 的大部分价值在于确保设计师看到了全局，并预测到了主要威胁。根据我的经验，SDR 可以快速识别出问题和机会，或者至少能够为现在值得考虑的权衡决策提出建议（因为以后你将无法如此轻松地进行更改）。

我建议在报告的开篇声明中总结你对整个设计的总体评价。比如以下这些总结。

- 我认为设计是安全的，没有需要更改的地方。
- 设计是安全的，但我建议进行一些更改，以增强其安全性。
- 我对当前的设计有疑虑，并提供了一些建议，以增强其安全性。

在总结之后，如果有多个地方都做得不够好而需要修复，就把它们进行分解，一一解释。如果你可以将弱点归因于设计中的特定部分，那么设计师将更容易找到问题、看清问题并做出必要的补救措施。

当然，没有设计是完美的，所以在判断一个设计是否有所欠缺时，重要的是要清楚你所坚持的标准是什么。我们很难抽象地表达出这个标准，一个好方法是指出具体的威胁、漏洞和后果来证明你的观点。最好根据竞争产品的安全性来说明你的评估结果，比如"我们的主要竞争对手将抗勒索软件作为主要卖点，但这种设计特别容易受到此类攻击，因为员工会使用维护本地库存数据库的计算机上网”。

7.3.2　在哪里挖掘

针对大型设计的每个角落都进行深入研究是不切实际的，因此审查员需要尽快关注那些对安全至关重要的领域。我鼓励安全审查员遵循他们的直觉来判断将工作导向设计的哪个方面。在开始时，审查员要通读设计，并根据直觉来关注感兴趣的领域。接下来，回到最关心的领域，更仔细地研究它们，收集要提出的问题，将潜在的威胁和4个问题作为指南。其中一些线索会比其他线索更有用。如果你已经开始在一条效果不明显的道路上进行研究，你通常很快就会意识到这一点，从而将精力重新集中在其他地方。

掠过设计中那些与安全和隐私无关的部分是很好的做法，审查员可以获得那些刚好足以对所有活动组件有所了解的内容。如果你把自己锁在家里，你知道要检查打开的窗户或未上锁的门：没有人会花时间一寸一寸地检查房子的整个外部。同样，我们对设计中发现的薄弱环节进行关注是最有效的，或者密切关注该如何在设计中保护最有价值的资产。

审查员要留意攻击面，并给予其应有的重视。攻击面越容易访问，就越有可能成为潜在的攻击源，典型的最坏情况就是匿名的互联网暴露。审查员在分析中应该强调对宝贵资源提供了保护的信任边界，尤其是当其可以从攻击面访问时。有时我们最好将有价值的资产与面向外部的组件相隔离，但通常暴露是不可避免的。这些都是审查员在整个过程中需要搜索和评估的因素。

7.3.3　隐私审查

根据你的技能和组织机构职责，你可能希望在SDR范围内处理信息隐私，或单独处理。SDR中的隐私反馈应该以适用的隐私政策为中心，并与设计范围内的数据收集、使用、存储和共享相关联。

一种好的做法是通读隐私政策，并注意与设计相关的段落，然后找出预防违规的方法。如第6章所述，我们的重点是确保设计符合政策。对于需要更多专业知识的问题，请获得隐私技术专家和法律部门的批准。

7.3.4　审查更新

软件一旦发布，似乎就有了自己的生命，随着时间的推移，变化是不可避免的。在敏捷开发或其他迭代开发的实践中尤其如此，在这种环境中，设计更改是一个持续的过程。在此过程中人们很容易忽视设计文档，这些文档会在多年后丢失或者变得无关紧要。然而，对软件设计的更改可能会影响到软件的安全属性，因此审查员可以执行增量SDR更新，以确保设计能够保持其安全性。

设计文档应该是一个能够跟踪软件架构形式演变的动态文档。版本化的文档提供了设计成熟度的重要记录，或者在设计变得复杂时提供了重要记录。你可以使用这些相同的文档作为指南，将增量审查的重点放在上一个SDR更新之后的精确更改集（设计增量）上。当设计的安全关键区域（或附近）发生更改时，通常审查员的明智做法是跟进，以确保设计文档中没有遗漏可能带来重大影响的小细节。如果在增量审查中确实发现了任何实质性内容，请将其添加到现有的评估报告中，使报告能够讲述出完整的故事。如果没有任何发现，只需要更新报告，以记录其涵盖的设计版本。

安全灾难的一个常见诱因是低估了“简单更改”所带来的影响，而对设计进行重新审查是有效、主动评估此类影响的好方法。如果设计更改非常小，以至于没有必要进行审查的话，那么审查员也可以立即确认更改没有带来安全影响。除了微不足道的设计更改之外，我建议不要跳过 SDR 更新，因为这样做可能会错过重要的保护措施。

7.4 处理分歧

在生活中无论你做什么，都请与跟你争论的聪明人在一起。——约翰·伍登

从多年宣传安全的过程中，我学到了重要的一课：良好的人际沟通对于成功执行 SDR 至关重要（虽然事后看来显而易见）。当然，分析是技术性的，但对设计提出批评需要良好的沟通和协作，因此人为因素也很关键。很多时候，安全专家（无论是内部人员，还是外包人员）都被认为是（无论是否真的是这样）永远不会满足的闯入者。这种看法巧妙地阻碍了交互，不仅使工作变得困难，而且对每个人的工作效率都会产生不利的影响。我们必须承认这个因素才能做得更好。

7.4.1 巧妙地沟通

SDR 在本质上具有对抗性，因为审查员通常会在人们投入了巨资的设计中指出其风险和潜在的缺陷。一旦发现了设计缺陷（事后这个缺陷看起来往往非常明显），审查员很容易将其归因于设计师的粗心，甚至无能，但以这种方式进行沟通永远不会有成效。相反，我们应该将出现的问题视为一次教学机会。一旦设计师理解了问题，他们通常会开始讨论那些审查员可能错过的其他领域。有人指出自己设计中的漏洞，是了解安全性的最佳方式。

在 SDR 过程中，我们无法通过单方面的演讲来强调安全是所有事务中的重中之重，进而“撕开”一个薄弱的设计（想象一下你自己是听众，就很容易理解这个观点）。不幸的是，这种情况有时还是会发生，但我认为这不一定是因为审查员很刻薄，还可能因为他在关注所需的技术更改时，很容易忘记保持尊重的语气。我们最好能够抱有良好的意愿，强调所有人是一个团队，融合不同的观点并朝着共同的目标努力权衡。体育教练经常做出这种权衡，也就是指出他们看到的弱点而不要求太多（他们知道对手会利用这些弱点），以帮助他们的球队付出必要的努力来打好比赛。正如马克·库班（Mark Cuban）所说：“好态度比坏态度走得更远。”

我们需要在传递可能不受欢迎的信息时，与他人保持良好的关系，但说起来容易做起来难。本书是讲述软件开发技术的图书，因此我没有针对如何交朋友和影响开发人员提供建议。但是人为因素真的非常重要，或者更准确地说，忽视它可能会影响工作，因此它还是值得一提的。我的基本指导很简单：注意你传递信息的方式，并考虑其他人将如何接收这些信息，以及可能做出的回应。为了说明它会对 SDR 产生何种影响，我将提供一个真实的故事，以及一些我已经开始依赖的技巧。

7.4.2　案例研究：困难的审查

在最难忘的一次SDR中，我学到了重要的软技能。在开始阶段，为了获取文档并提出一些基本问题，我经历了痛苦的电子邮件沟通过程。沟通后我立即明白，团队负责人认为执行SDR完全是浪费时间。更重要的是，由于他们一直没有意识到这个产品的上市要求，SDR突然成为一个不受欢迎的新障碍，并认为SDR阻碍了他们产品上市的进程。这个故事的第一个关键点是，它让我认识到其他参与者对SDR的看法（对或错），以及做出调整的重要性。

在得到文档后，我发现这些文档是粗略的、不完整的，而且相当过时。如果我直接指出这一点无疑是徒劳的，而且会进一步恶化这种关系。第二个关键点是，为了推动改善、解决问题，并有效地执行SDR，我们可以使用以下策略来增强效率。

- 对修复或添加提出建议，并在其中包含每个建议背后的安全原理。
- 在可行的情况下，主动提出帮忙审查文档、提出修改建议，以及你可以做的其他事情来推动该过程（但没有真正地代替他们做他们的工作）。
- 在提出初步的SDR反馈时，以“我的观点”提出，而不是作为要求提出。
- 使用“三明治”法：从正面评价开始，指出需要改进的地方，然后以正面的方式结束（比如改变将带来何种帮助）。
- 如果你要反馈的内容很多，请先询问使用何种形式的沟通最佳（不要吓到他们，比如在电子邮件中罗列97个要点，或突然提交大量错误）。
- 探索你所注意到的所有线索，但仅将你的反馈限制在最重要的点上（不要成为完美主义者）。
- 一个好的经验法则是，如果缺失的信息对许多人都有用，则值得记录这个信息，但如果它仅与你的特定需求相关，那么你应该不那么正式地提出这个问题（如有必要，你可以在评估报告中包含这些问题的详细信息）。

与其抱怨或评判文档的质量，不如寻找一些具有创造性的替代方法来了解软件，比如使用内部原型（如果可用的话），或仔细阅读代码和代码审查结果。旁听定期的团队会议也是了解设计的好方法，而且不会占用任何人的时间。

在电子邮件的沟通中，我感觉他很粗鲁，但当我们最终面对面时，我可以看出他只是一个压力很大的首席开发人员。我没有完全依赖于首席开发人员，而是找到了另一位不那么紧张并且乐于回答我的问题的团队成员。为了节省准备SDR会议的时间，我只关注那些需要提前解决的重要问题，当会议中有大量听众时，我尽量节省大家的时间。

准备SDR会议是一种平衡行为。你应该对此有所准备，因为团队可能并不愿意为你描述所有内容，尤其是在已经为你提供了文档的前提下。你可以提前确定你不熟悉的主要组件和依赖项，并至少在会议中加快提出问题的速度。在准备过程中，一个好的做法是记下问题和疑问，然后将它们进行分类。

- 事先准备的问题，以便会面时你能够深挖安全问题。

- 你可以自己找到答案的问题。
- 最好在会议中探讨的主题。
- 你将在评估报告中包含的观察结果，但不需要对其进行讨论。

当我们最终召开会议时，首席工程师认为 SDR 是推出产品的主要障碍，并对此感到非常不满。第一次会议有点困难，但我们取得了不错的进展，每个人都很专注。在开过几次会后（渐渐地每次会议变得更容易且占用的时间更短），我在设计上签了字。我们在第一次会议上对一些更改达成了共识，但确认细节并对最终结果进行确定，是对所有人来说都很重要的保证。如果你不花时间确认设计中是否已完成必要的更改，就很容易产生不良沟通。

我们很难让忙碌的人们相信你会通过占用他们的时间来帮助他们，尤其是仅仅通过告诉他们这一点。不过把提高安全性的机会标识出来（哪怕是微小的机会），并展示出这些机会对最终产品带来的贡献，或许是一个能够让双方都满意的好方法。

在完成这次 SDR 后，产品团队对安全性有了更好的理解，进而对他们自己的产品也有了更深入的了解。最后，他们看到了审查的真正价值，并承认产品因此得到了改进。更喜人的是，在更新版本时，团队主动联系了我，我们顺利完成了 SDR 更新。

7.4.3 上报分歧

当设计师和审查员未能达成共识时，他们应该对分歧达成共识。如果问题不大，审查员可以简单地在评估报告中注明分歧之处，并遵从设计师的意见。在这种情况下，我们可以明确地表达出分歧，比如在一个标题为“被拒绝的建议”的部分中，对你所建议的设计更改进行解释，并阐明你推荐这样做的原因，以及不进行更改的潜在后果。但是，如果对重大决定存在严重争议，审查员应该将问题上报。

在这种情况下，设计师和审查员都应该写下他们的观点，首先可以尝试确定一个他们达成了共识的起点，然后交换笔记，以便每个人都了解双方的观点。他们各自的观点结合在一起形成了一份备忘录，其中解释了风险，以及拟议的结果和成本。这个备忘录是对评估报告的补充，并可以作为会议的基础，或作为管理层决定如何推动工作进展的指南。最终决定的结果以及这个备忘录都应该被纳入评估报告。

在多年来进行的安全设计审查工作中，我从来没有机会升级问题，但有几次我已经很接近了。强烈的分歧几乎总是源于基本假设的南辕北辙，一旦确定了基本假设，分歧通常会被解决。这种差异通常源于一些隐性的假设，比如软件的使用方式，或者它将处理哪些数据。在实践过程中，软件的使用方式非常难以控制，并且随着时间的推移，用例通常也会不断发展，因此按安全的道路前进通常是最好的做法。

产生严重分歧的另一个主要原因是设计师没有意识到数据机密性或完整性的重要性，这通常是因为他们没有站在最终用户的视角，或者没有考虑所有可能的用例。另一个需要考虑的重要因素是：假设我们在发布后改变主意，那么在那个阶段做出改变会有多困难？事后没有人愿意说“我告诉过你”，但是将相反的情况写下来，通常是促使人们做出正确选择的最佳方式。

7.5 练习

为了巩固并内化你在本章中学到的知识，我强烈建议读者勇敢一试，找到一个软件设计，并为它执行 SDR。如果你眼前感兴趣的领域中没有合适的软件设计，请选择任何可用的现有设计，并将其作为一次练习进行审查。如果你选择的软件没有正式的书面设计，请先自己创建一个粗略的设计替代文档（不必是完整或完善的文档，框图也可以），然后对其进行审查。一般来说，最好从一个中等大小的设计开始，这样你不会觉得太难上手，或者从一个大型系统中分出一个组件并只审查这一部分内容。读到这里，你应该已经准备好开始了。如果你还没有足够的信心与人分享你的评估报告，可以先进行快速审查以供自己使用。

当掌握了 SDR 这个重要技能时，你可以将它应用到你遇到的任何软件中。学习大量的设计（无论是通过了解大师是如何做到的，还是通过发现其他人所犯的错误）是了解软件设计艺术的好方法，并且以这种方式练习应用 SDR 也是提高技能的一种好方法。

你可以通过查看附录 A 中的设计文档示例轻松练习。设计文档示例突出显示了安全规定，展示了你应该在设计中查找哪些内容。你可以阅读这个设计，注意突出显示的部分，然后想象一下如果设计中缺少了这部分内容，你要如何识别并提供这些与安全性相关的详细信息。在更大的挑战中，你可以寻找其他方法，使设计更加安全（我绝不认为或期望它是完美的理想设计）。

每次执行 SDR，你都能够提高自己的熟练度。即使没有发现任何重大漏洞，你也能够增强你的设计知识基础，以及安全技能。永远不缺乏需要关注安全性的软件，因此我请你开始练习。我相信你获得这种宝贵技能的速度之快会让你大吃一惊。

提示：请参阅附录 D 中对 SDR 流程的总结，并将其作为进行安全设计审查的便捷辅助工具。

Part 3

第三部分

实　施

本部分内容

第 8 章

安全地编程

第一个原则是千万不能自欺欺人，要记住你是最容易被骗的人。——理查德 · P.费曼

在一个完整的软件设计过程中，我们要在创建和审查时就将安全性放在心中，但这只是产品开发过程的开始，接下来是实现、测试、部署、运行、监控、维护，并最终在生命周期结束时将其淘汰。虽然上述过程中的具体细节在不同的操作系统和语言下有很大差异，但广泛的安全主题几乎是具有普适性的。

开发人员不仅必须忠实地实现一个优良设计中明确的安全规定，还必须避免无意中通过有缺陷的代码引入额外的漏洞。我们可以用工匠根据建筑师的设计来建造房子作比喻：使用糟糕的材料，马虎地建造建筑，会导致成品出现各种各样的问题。如果工匠打错了钉子并把它砸弯了，这个错误就很容易被发现并且被修正。相比之下，我们很容易忽视有缺陷的代码，但这些代码可能会产生可被利用并带来可怕后果的漏洞。本章的目的不是教你如何编码（我假定你已经知道了这一点），而是让你知道是什么让代码变得易受攻击，以及如何让它更安全。后文将介绍许多持续困扰软件项目的常见漏洞。

设计和实现之间的界限并不总是很清晰，同时也不应该如此。深思熟虑的设计师可以预测编程中遇到的问题，并就注重安全性的领域提供建议等。执行实现的程序员必须填充设计，并对任何模糊不清的地方进行解析，以便通过精确定义的接口来完成功能性代码。他们不仅必须安全地呈现设计（这本身就是一项艰巨的任务），还必须在提供完整详细的必要代码的过程中避免引入额外的漏洞。

在理想情况下，在设计中应该指定主动的安全措施，即为了保护系统、资产和用户而构建的软件功能。注重开发中的安全性是为了避免软件轻易地掉入陷阱，比如组件和工具中的缺陷。在实现过程中出现新风险时，我们要为这些风险提供缓解措施，因为我们不能期望设计人员能够预料到所有风险。

本章将重点介绍错误如何成为漏洞、它是如何发生的，以及如何避免各种陷阱。我们将在后文逐一回答这些问题，深入探讨一些已被证明充满了安全问题的部分。我们将首先探索安全编码的本质挑战，包括攻击者如何利用漏洞，并将其影响力扩展到代码的更深处。我们还将讨论 bug（程序错误）：bug 如何产生漏洞，小 bug 如何形成漏洞链，从而引发更大的问题，以及从熵的角度查看代码。

我们要提高警惕，避免代码中出现漏洞，但这需要了解代码是如何破坏安全性的。为了将编码漏洞的概念具象化，我们将介绍一个简化版的代码来展示破坏性漏洞，即展示由于单行编辑失误对互联网安全性造成的破坏。然后，我们将查看几类常见的漏洞，将其作为 bug 示例，这些 bug 可能会被利用并导致严重的后果。

在第三部分中，大多数代码示例将使用 Python 和 C 语言，这些被广泛应用的语言涵盖了从高级到低级的抽象范围。本书选用的都是使用特定语言的真实代码，且本书阐述的概念具有普适性。本书选用的代码片段也足够简单，即使你并不熟悉 Python 或 C 语言，只要熟悉任何一种现代编程语言，你就能理解。

8.1 挑战

"安全地编程"一词是本章标题的最佳选择，但它可能有一些误导性。更准确地说，本章的目标是"避免以不安全的方式进行编码"。我的意思是，安全编码的挑战主要在于避免引入缺陷，因为缺陷有可能成为可被利用的漏洞。程序员当然会构建一些保护机制来主动提高安全性，通常这些要求在 API 的设计或特性中是明确的。我想最应该关注的是容易被忽略的陷阱，因为它们并不明显，并且这也是大多数安全故障的根本原因。我们可以将安全编码看作掌握道路上的坑洼位置，把持方向盘并始终让车辆行驶在正确的方向上。

我相信许多程序员对软件安全抱有不良态度（在某些情况下，"软件安全"这个词会让人本能地想到"安全警察"，或者更糟糕的名字——给他们带来麻烦的人），这种认知很可能是完全正确的，因为他们经常在谈论实现时，听到这样的话："不要搞砸！"这是一句无益的意见，比如对于即将切割稀有钻石的珠宝商来说，他们一心想要做到最好，此时徒增的压力只会让他们更难以集中注意力并做好手头的工作，对于程序员来说亦是如此。善意的"警察"往往会提出必要的建议，但他们通常不会以最友善和最具有建设性的方式来表达。我自己就犯过很多次这种错误，我在努力朝着正确的方向前进，并请求读者的理解。

谨慎确实是必要的，因为程序员的一次失误（正如将在本章后文中介绍的 GotoFail 漏洞）很容易带来灾难性后果。这些问题的根源在于大型现代软件系统有着巨大的脆弱性和复杂性，并且在未来也只会越来越严重。专业的开发人员知道该如何测试和调试代码，但安全性是另一回事，因为易受攻击的代码通常也可以在没有攻击的情况下正常工作。

软件设计师创造了一个理想化的概念（尚未实现）：理论上人们可以实现完美的安全性。但是制作出能够真正运行的软件会带来更高的复杂性，并且需要在设计之外对细节进行填充，所有这些都不可避免地会带来安全风险。好消息是，完美并不是我们的目标，大多数会导致常见漏洞的编码失败模式都很好理解，而且不难纠正。诀窍是时刻保持警惕，并学会如何寻找代码中的危险缺陷。本章将介绍一些概念，这些概念可以帮助你很好地了解安全的代码与易受攻击的代码，同时本章还将提供一些示例。

8.1.1 恶意影响

在考虑安全编码时，需要考虑的一个重要因素是了解攻击者可能会怎样对正在运行的代码施加影响。请想象一台庞大且复杂的机器正在平稳地运行，这时一个恶作剧者拿起一根棍子开始戳它的一些机械装置。有些零件被完全保护在密封舱内，比如汽油机的气缸，而其他零件则暴露在外，比如风扇皮带，这种零件很容易被卡住并引发故障。上述这种行为类似于攻击者在试图渗透系统时对系统施加的刺激：他们会从攻击面开始，使用精心设计过的意外输入来尝试欺骗软件系统中的某些机制，进而尝试欺骗系统内部的代码来执行攻击者的命令。

不受信任的输入可以通过直接或间接两种方式对代码产生影响。攻击者从任何有可能的地方注入不受信任的输入（比如字符串“BOO!”），他们希望这些数据能够不被拒绝，并且能够更深入地传播到系统中。通过向下穿越 I/O 层和各种接口，字符串“BOO!”通常能够在许多代码路径中发挥自己的作用，并且它的影响会更深入地渗透到系统中。有时不受信任的数据与代码的交互会触发错误，或者会触发具有副作用的功能。在网络中搜索“BOO!”的操作可能会涉及一个数据中心内的数百台计算机，每台计算机都对搜索结果做出了一点贡献。最终，这个字符串必须在数千个位置上被写入内存。它的影响力传播很广，即使受到伤害的机会很小，也可能很危险。

这种通过数据对代码产生影响的技术被称为污染，一些语言已经实现了一些功能来跟踪它。Perl 解释器可以跟踪污染行为，以缓解注入攻击（详见第 10 章）。早期版本的 JavaScript 也出于相似的原因进行了污染检查，只不过由于缺乏使用，它早已被删除。尽管如此，我们要理解不受信任的来源的数据能够对代码产生的影响，这一概念对于预防漏洞非常重要。

还有一些其他方法，可以在不存储数据的情况下，让输入数据对代码产生间接影响。我们仍然假设使用字符串“BOO!”作为输入，代码不会存储它的任何副本。这是否能够使系统免受其影响？当然不能。举例来说，考虑 input = "BOO!"。

```
if "!" in input:
    PlanB()
else:
    PlanA()
```

输入字符中的感叹号导致代码现在会执行 PlanB，而不是 PlanA，即使输入字符串本身既没有被存储，也没有传递给后续处理。

这个简单的示例说明了即使数据（此处为“BOO!”）本身可能并不会传播很远，不受信任的输入的影响仍可以深入代码。在大型系统中，当你从攻击面开始考虑传递闭包（即全部路径的集合）时，你可以体会到渗透到大量代码的潜力。这种能够通过多层进行扩展的能力很重要，因为这意味着攻击者可以访问比你预期更多的代码，从而使其能够控制代码所提供的功能。我们将在第 10 章进一步讨论如何管理不受信任的输入。

8.1.2 漏洞是 bug

如果调试是消除 bug 的过程，那么编程一定是放入 bug 的过程。——艾兹格·迪杰斯特拉

大家都已经接受了所有软件都有 bug 这件事，甚至我们没有必要去证实它。当然，例外也总是存在的：简单代码、可证明是正确的代码，以及运行在航空、医疗或其他关键设备上的高度工程化的软件。但对于其他软件来说，能够意识到 bug 的普遍性是走向安全编码的一个很好

的起点，因为其中一部分 bug 会被攻击者利用。因此，bug 是我们的重点。

漏洞是对于攻击者来说有用的一部分软件 bug，攻击者可以利用漏洞来造成伤害。但我们几乎无法准确地将漏洞与其他 bug 区分开，因此一开始可以先识别明显不是漏洞的 bug，也就是完全无害的 bug。让我们考虑在线购物网站中的一些 bug 示例。网页布局未能按照设计工作，就是一个无害的 bug：虽然布局有些乱，但所有重要的内容都展示出来了，并且功能也是正常的。尽管出于品牌形象或可用性的考虑，将其修复可能也很重要，但很明显的是，这个 bug 不会带来安全风险。即使是在这种情况下，类似的搞乱布局的 bug 也可以是有害的，例如它们遮盖了用户必须了解才能做出准确安全决策的重要信息，因此漏洞的发现是很复杂的。

面对有害的 bug，我们要考虑一个可怕的漏洞：管理界面被意外地暴露在互联网中，没有受到任何保护。现在，任何访问该网站的人都可以通过单击某个按钮进入经理控制台，在那里他能够更改价格、查看机密业务和财务数据。不用是天才，我们也能看出这里出现了彻底的授权失败，以及明显的安全威胁。

当然，在这两种极端示例之间有一大片连续的模糊地带，你需要对 bug 造成伤害的可能性进行主观判断。正如我们将在 8.1.3 节中看到的，多个 bug 意外地叠加也会带来潜在危害，识别这种情况更加具有挑战性。为了安全起见，我建议当 bug 有可能成为漏洞时，则要对更多的 bug 进行修复。

我从事过的每个项目都有一个记录了大量 bug 的跟踪数据库，但我们也并没有努力将已知 bug 的数量（与实际 bug 的数量相差悬殊）减少到 0。所以可以肯定地说，一般来说我们所有人都在编写大量的已知错误，更不用说未知错误了。如果还没有修复全部 bug，请考虑那些已知的 bug，标记其可能造成的漏洞，并进行修复。另外重要的是，修复一个 bug 几乎总是比调查并证明它是无害的更容易。第 13 章提供了安全 bug 评估和排名的指导，以帮助你确定漏洞的优先级。

8.1.3　漏洞链

漏洞链的意思是看似无害的多个 bug 可以结合起来，并形成严重危害安全的 bug。这是攻击者能够利用的 bug 加成效应。想一想散步时你遇到了一条小溪，你想要穿过去，但它太宽了，无法一步跨过去，这时你注意到水面上露出了几块石头：从一块石头上跳到另一块石头上，就能够很轻松地跨过小溪，而不会弄湿鞋子。这些石头代表多个小 bug，它们不是漏洞，但它们在一起形成了一条穿过小溪的新路径，使攻击者能够深入系统内部。这些“垫脚石”bug 组合在一起，形成了可被攻击者利用的漏洞。

我们通过一个简单的示例，说明在线购物网络应用程序中的这类漏洞链是如何出现的。在最近一次代码更新后，应用程序的订单表单中多了一个新字段，其中预填了一个代码，指示由哪个仓库来处理这批货物。以前，客户下订单后，后端的业务逻辑会分配一个仓库。现在，客户可以通过编辑这个字段，自行决定处理订单的仓库。我们把这个 bug 称为 bug #1。负责这次更新的开发人员表示，没有人会注意到这个新添加的内容，另外，即使客户修改了系统默认提供的仓库名称，新仓库中也没有客户请求的库存，因此这个值最终会被标记并更正：“没有伤害，没有犯规。”仅凭他的这种分析，未进行任何测试，团队将 bug #1 安排到下一个发布周期。他们很高兴省去了一次演习，并将有 bug 的代码更新推送到生产环境中。

与此同时，bug 数据库中的某个优先级为 3（这个优先级表示“日后修复”，也就是说可能永远不会修复）的 bug #2 早已被遗忘。多年前，一位测试人员发现如果在下订单时指定了错误的仓库，系统会立即退款，因为该仓库无法履行订单，但随后另一个处理阶段会将订单重新分配给正确的仓库，并由该仓库完成订单并发货。测试人员认为这是一个严重的问题（因为公司将免费提供商品），并将这个 bug 的优先级设置为 1。在分流会议上，程序员坚持认为测试人员“作弊”了，因为这是由后端程序来确认可用库存并分配仓库的（引入 bug#1 之前）。换句话说，在发现 bug #2 时，它纯粹是假设性的，不可能发生在生产环境中。由于业务逻辑中各个阶段的交互很难厘清，团队决定不理会它，将 bug #2 的优先级设置为 3，并很快遗忘了它。

如果持续关注这个故事，你可能已经预见到不愉快的结局。随着 bug #1 和 bug #2 的引入，现在形成了一个成熟的漏洞链，几乎可以肯定没有人知道它的存在。既然仓库指定字段是客户可以修改的，那么很容易产生触发 bug #2 的错误仓库情景。如果一位狡猾（或者只是好奇）的客户尝试编辑仓库字段，就会惊喜地收到全额退款的免费商品，他们下次可能会再次购买，或者与他人分享这个秘密。

让我们看看 bug 分流出错的地方。较早发现的 bug #2 会带来严重的脆弱性，他们应该首先修复 bug#2。在假设订单中的仓库分配字段与所有攻击面完全隔离的情况下（这种情况在当时是对的），是否处理 bug#2 取决于仓库是否相信其他后端逻辑会正确地修正这个订单。尽管如此，这仍是一个令人担忧的漏洞，它显然会带来不良后果，而且如果业务逻辑难以修复的话，重写可能是一个好主意。

较后引入的 bug #1 开辟了一个新的攻击面，将仓库字段暴露出来，使客户能够修改。测试人员决定不去修正它，是因为他们认为即便篡改，也是无害的。事后看来，如果当初有人做了测试（当然，要在测试环境中测试，绝不要在生产环境中测试），他们很容易就会发现推理中的漏洞，并在发布 bug #1 之前进行修正。而且，在理想情况下，如果发现 bug#2 的测试人员或任何熟悉 bug#2 的人在场，他们可能会联想到这两个 bug 带来的后果，从而将两个 bug 定义为优先级 1 并进行修复。

与上文这个编造的案例相比，识别出 bug 是何时形成漏洞链的，通常非常具有挑战性。一旦你理解了这一点，就很容易看出尽可能主动地修复 bug 是多么有远见。此外，即使你怀疑软件中可能存在漏洞链，我也应该先警告你，在实践中，通常很难说服其他人花时间针对那些看似模糊的假设来实施修复，尤其是当修复可疑 bug 需要大量工作时。很可能大多数大型系统中都充满了未被发现的漏洞链，从而导致我们的系统变脆弱。

上述案例说明了两个 bug 是如何形成一个漏洞链的，就像台球桌上一次高超的击球：主球击中了另一个球，继而将目标球击落入袋。信不信由你，漏洞链可能涉及更多的 bug。在 Pwn2Own 黑客大赛中，有一个团队曾设法将 6 个 bug 连接在一起，以实现一次高难度的利用。

在了解漏洞链后，你能够更好地理解代码质量与安全性的关系。你应该积极修复那些会引入脆弱性的 bug，尤其是关键资产周围的 bug。因为认为“它永远不会发生”（就像前文中的 bug #2）而将 bug 留在那里是有风险的，你应该记住，认为“会没事的”的观点就只是一个观点，而不是证据。这种想法类似于隐晦式安全这种反模式，充其量只是一种临时措施，而不是一个好的最终分流决定。

8.1.4　bug和熵

在调查漏洞和漏洞链之后，接下来要考虑那些也会对软件造成破坏的事件。一些bug往往会以不可预测的方式对软件造成破坏，这使得我们很难分析它们的可利用性（如漏洞链）。这种现象的一个证据是：我们通常会重启手机和计算机，以清除随着时间的流逝，由于大量bug而积累的熵（在这里，我使用"熵"这个词来泛指紊乱和隐晦的情景）。有时，攻击者可以利用这些bug及其带来的后果，因此采取对策有助于提高安全性。

由执行线程之间的意外交互所引起的bug往往是容易产生这种问题的一类bug，因为它们通常以各种方式出现，并且看起来似乎是随机的。内存损坏bug是这类bug中的另一种，因为堆栈的内容在不断变化。这些bug会以不可预知的方式扰乱系统，它们是更理想的攻击目标，因为它们提供了无限的可能性。攻击者非常擅长利用这种bug，同时自动化降低了重复尝试的成本，直到他们的攻击成功为止。另外，大多数程序员不喜欢处理这些难以捉摸的bug，因为人们很难准确指出这些bug，并且常认为这些bug太不稳定且无须关注，因此它们往往会一直存在而得不到解决。

即使你无法清晰地找出明确的因果链，熵诱导出的bug也可能很危险，并值得修复。所有的bug都会在系统中引入大量内容，比如熵，从某种意义上说，它们只是与正确的行为稍有偏差，但这些少量的偏差很快就会累加起来——尤其是在狡猾攻击者的怂恿之下。类比于热力学第二定律，在一个封闭系统中不可避免地会累积熵，当某一时刻这类bug变得可被利用时，就增加了危害风险。

8.1.5　警觉

我喜欢徒步，我家附近的小径常常是泥泞湿滑的，有很多树根和岩石都裸露在外，因此我总是有滑倒和跌倒的风险。随着实践和经验的积累，我现在已经很少滑倒了，但不可思议的是，由于我的专注，在那些特别危险的地方，我反而从来没有滑倒过。虽然偶尔我还是会跌倒，但不是因为任何绊脚石，反而是在比较好走的地方，因为我没有太留意。这里的重点是，有了意识，就可以应对困难的挑战；反之，注意力不集中很容易失败，即使事情并不困难。

软件开发人员面临这样的挑战：如果没有意识到潜在的安全隐患，并持续关注它，就很容易在不知不觉中掉入它的陷阱。开发人员会本能地编写能够适用于正常用例的代码，但攻击者却经常进行意想不到的尝试，并希望能够从这些尝试中找到实现漏洞利用的缺陷。正如前文在漏洞链和熵部分所说的，为了能够交付安全的代码，一定要保持警惕并预测所有可能的输入和事件组合。

本章后面内容和本书后续章节针对困扰现代软件的漏洞提供了一个具有代表性的抽样调查报告，并使用toy代码示例来展示漏洞实现后的样子。我在麻省理工学院有幸遇到了人工智能传奇人物之一马文·明斯基（Marvin Minsky），正如他指出的："在科学中，人们可以通过研究最少的内容来学到最多的东西。”在本书中，这句话意味着简化的代码示例能够使人们将关注重点集中在重要缺陷上，从而使本书的解释变得更清晰。在实际工作中，漏洞与其他代码一起被编织到庞大的代码结构中，这些代码对于目标任务来说至关重要，但与安全影响毫不相关，这时漏洞就不易被识别出来。如果你想看一看真实世界的代码示例，可以查阅任意开源软件项目的 bug 数据库——那里一定能查到安全 bug。

警觉首先需要的是纪律，但随着练习的不断深入，当你知道要注意什么的时候，它就会成为一种习惯。需要记住的是，即使你的警觉得到了回报，并且你确实设法抵御了潜在的攻击者，你也有可能永远不知道这一点——所以让我们庆祝每一次小小的胜利，因为每一次的修复都避免了未来有可能发生的攻击。

8.2 案例研究：GotoFail

有些漏洞是难缠的 bug，因为它们不符合任何模式，它们不知怎么躲过了测试，并最终被释放出来。这种情况往往比你认为的更容易发生，因为代码在正常用途中往往会表现正常，只有在故意进行的攻击下才会展现出有害的行为。2014 年，苹果公司为其大部分产品悄悄地发布了一系列关键安全补丁，并且出于“保护我们的客户”的考虑，拒绝解释问题的原因。没过多久，全世界就知道了这个漏洞是因为一个明显的编辑失误造成的，这个失误破坏了安全保护。接下来让我们通过检查真实代码中的一小部分，说明到底发生了什么。

8.2.1 单行漏洞

以防万一，这段有问题的代码是在安全连接建立期间运行的。安全连接会检查一切工作是否正常，以确保后续通信的安全性。SSL（Secure Sockets Layer，安全套接层）协议之所以安全，是因为它会检查服务器签署的协商密钥，并根据服务器的数字证书执行身份验证。具体来说，服务器会对派生出密钥的数据块的散列值进行签名。第 11 章中涵盖 SSL 基础，但你无须了解更多详细信息，也可以跟随我们查看这个漏洞背后的代码。这是一段 C++代码：

易受攻击的代码

```
/*
* Copyright (c) 1999-2001,2005-2012 Apple Inc. All Rights Reserved.
*
* @APPLE_LICENSE_HEADER_START@
*
* This file contains Original Code and/or Modifications of Original Code
* as defined in and that are subject to the Apple Public Source License
* Version 2.0 (the 'License'). You may not use this file except in
* compliance with the License. Please obtain a copy of the License at
* http://www.opensource.apple.com/apsl/ and read it before using this
* file.
*
* The Original Code and all software distributed under the License are
* distributed on an 'AS IS' basis, WITHOUT WARRANTY OF ANY KIND, EITHER
* EXPRESS OR IMPLIED, AND APPLE HEREBY DISCLAIMS ALL SUCH WARRANTIES,
* INCLUDING WITHOUT LIMITATION, ANY WARRANTIES OF MERCHANTABILITY,
* FITNESS FOR A PARTICULAR PURPOSE, QUIET ENJOYMENT OR NON-INFRINGEMENT.
```

```
* Please see the License for the specific language governing rights and
* limitations under the License.
*
* @APPLE_LICENSE_HEADER_END@
*/
--snip--
  if ((err = SSLHashSHA1.update(&hashCtx, &clientRandom)) != 0)
    goto fail;
  if ((err = SSLHashSHA1.update(&hashCtx, &serverRandom)) != 0)
    goto fail;
    goto fail;
  if ((err = SSLHashSHA1.update(&hashCtx, &signedParams)) != 0)
    goto fail;
--snip--

fail:
  SSLFreeBuffer(&signedHashes);
  SSLFreeBuffer(&hashCtx);
  return err;
```

在这段代码中，对 SSLHashSHA1.update 函数的调用会将它们各自的数据块输入散列函数中，并检查返回值为非 0 的错误情况。由于与我们的目的无关，因此代码中没有显示出散列计算过程。读者只需要知道在这里散列计算很重要，因为它的输出值必须与预期值一致，这个通信才能够通过验证。

在函数的底部，代码释放了几个缓冲区后会返回 err 的值：0（表示成功）或非 0 的错误代码。

这段代码的预期模式很明确：检查非 0 的返回值，非 0 代表错误，或者当一切正常时返回 0。你可能已经看出了这段代码中的错误——goto fail 行重复了。尽管有缩进，但代码逻辑会无条件地分流到 fail 标签，完全跳过其余的散列计算和散列检查。由于在这次额外的跳转之前对 err 的赋值为 0，因此这个函数突然无条件地放行了所有尝试。这个 bug 之所以没有被检测出来，推测是因为安全连接仍然有效，代码没有对散列进行检查，但如果它检查了，它也会认为检查通过。

8.2.2　当心 footgun

GotoFail 很好地展示了缩进所构建的代码智慧，Python 等语言正是这样做的。C 语言会通过句法来确定程序的结构，这就带来了 footgun（指某项功能很容易倒戈相向，对代码构成不良影响）。在 C 语言中，根据标准的代码风格约定，缩进会带来误导，因为代码实际的语义并不相同，同时编译器会完全忽略这种区别。当我们查看这段代码时：

```
if ((err = SSLHashSHA1.update(&hashCtx, &serverRandom)) != 0)
  goto fail;
  goto fail;
```

程序员看到的很可能是以下代码(除非程序员看得非常仔细,并在头脑中对这段代码执行编译):

```
if ((err = SSLHashSHA1.update(&hashCtx, &serverRandom)) != 0) {
  goto fail;
  goto fail;
}
```

与此同时，编译器看到的是这样的代码：

```
if ((err = SSLHashSHA1.update(&hashCtx, &serverRandom)) != 0) {
  goto fail;
}
goto fail;
```

人们很容易忽略这种简单的编辑错误，但这种编辑错误却彻底改变了代码，这也正是关键安全检查的核心。上述例子是严重漏洞的缩影。

我们要留意不同语言、API、其他编程工具和数据格式中的其他 footgun。在后文中你会看到很多例子，但在这里我要提出另一个 C 语言中的例子，也就是将 if (x == 8)错写为 if (x = 8)。if (x = 8)会将 8 赋值给 x，然后无条件地执行 then 子句，因为这个值非 0；if (x == 8)会将 x 与 8 进行比较，只有当比较结果为 true 时，才执行 then 子句。因此，这两个代码的含义完全不同。虽然有些人会从风格角度提出反对意见，但我喜欢在 C 语言中这样编写代码，如 if (8 == x)，这是因为一旦我忘记输入第二个等号，编译器就会将它当作一个语法错误，从而发现我的编辑错误。

编译器中的警告可以帮助我们标记这种错误。GCC 的-Wmisleading-indentation 警告选项仅用于指出会导致 GotoFail 漏洞的各种问题。有些警告会以更微妙的方式指出潜在的问题。当编译器警告代码中有未使用的变量时，这个警告看起来并不严重，但假设代码中的两个变量名称类似，而你在重要的访问测试中不小心输入了错误的变量，这时编译器会发出警告，提示你在关键测试中使用了错误的数据。虽然警告绝不是能够指出所有漏洞的可靠性指标，但它们很容易排查，并且有可能会挽救局面。

8.2.3 GotoFail 的教训

我们可以从 GotoFail 中学到以下重要的教训。

- 关键代码中的小错误会给安全性带来毁灭性影响。
- 在预见到的用例中，易受攻击的代码仍能正常工作。
- 对安全性测试来说，测试代码拒绝无效用例的能力，比测试代码在合法用例中的正常运行更为重要。
- 代码审查非常重要，它能够找出无意间引入的 bug。很难想象一个仔细查看代码差异的审查员会错过这种 bug。

GotoFail 漏洞也提示了一些可以阻止它发生的对策。其中一些对策仅适用于特定的 bug，即便这样，你也应该在其他地方应用这些预防措施，以避免写出有缺陷的代码。有用对策如下：

- 首先当然是更好的测试。至少应该为每个 if 条件都设置一个测试用例，以确保所有必要的检查都有效。
- 注意那些无法访问的代码（很多编译器都提供了选项以对此进行标记）。在 GotoFail 情况下，这可能会让程序员发现程序中引入的漏洞。
- 让代码尽可能明确，比如多用圆括号和花括号，即使可以略去它们。
- 使用诸如 linter 之类的源代码分析工具，可以提高代码质量，并且在此过程中可能会标记出一些潜在的漏洞，以提前进行修复。

- 考虑使用 ad hoc 源代码过滤器来检测可疑模式，比如在上述情况下，检测重复的源代码行，或检测其他重复出现的错误。
- 测量并要求全面的测试覆盖率，尤其是对于安全关键代码。

上述只是一些基本技巧，你可以用它们找出可能破坏安全性的 bug。当你遇到新类别的 bug 时，应该考虑如何应用工具来系统性地避免在未来重复发生相同的 bug。从长远来看，这样做应该会减少漏洞。

8.3 编码漏洞

所有幸福的家庭都是一样的，而每个不幸的家庭各有自己的不幸。——列夫·托尔斯泰

可悲的是，列夫·托尔斯泰的小说《安娜·卡列尼娜》中著名的开场白非常适用于软件：新类别的 bug 是无穷无尽的，不要徒劳地试图编写一份涵盖所有潜在软件漏洞的完整列表。类别很有用，我们将介绍其中的许多类别，但不要将它们与涵盖所有可能性的完整分类法混淆。

本书虽然不会详尽地列出所有潜在的缺陷，但确实涵盖了许多最常见的类别。这份基本调查能够为你提供一个良好的开端，你将开始凭借经验来发现其他问题，并学习如何安全地避开它们。

8.3.1 原子性

在我听过的最糟糕的编码“灾难故事”中，很多都涉及多线程或分布式进程，并由于一系列意外事件，它们以奇怪的方式相互交互。漏洞通常就来自这些前提条件，好在创造这些条件的时机可能并不常见，因此这种漏洞利用对于攻击者来说并不可靠——尽管你并不应该指望这会轻松阻止攻击者的尝试。

即使你的代码是单线程的，并且它运行得很好，但运行它的那台机器上几乎总是同时运行很多其他的活动进程，因此当与文件系统或其他公共资源进行交互时，你可能仍然需要处理一些与你的代码相关，但你却对其一无所知的竞争条件。软件中的原子性描述的是一种操作模式，即将任务作为一个单一的步骤并保证有效地完成。在这种情况下，原子性是一个重要的防御武器，它可以用来预防可能会导致漏洞的意外情况。

为了解释可能会发生的情况，假设我们要将敏感数据复制到一份临时文件中。已被弃用的 tempfile.mktemp 函数会返回一个确定不存在的临时文件名称，以供应用程序在创建文件时使用。不要使用这个函数，改用新的 tempfile.NamedTemporaryFile 函数。接着我们解释原因。在 tempfile.mktemp 函数返回临时文件路径与你的代码实际打开文件的时间间隔内，另一个进程就有机会干预进来。如果其他进程能够猜到接下来会返回的文件名称，那么它就可以先行创建这个文件，并在这个临时文件中注入恶意数据（或者做出其他恶意行为）。新函数提供了一个简洁的解决方案，使用原子操作来创建和打开临时文件，消除了在此过程中出现干预的可能性。

8.3.2 时序攻击

时序攻击是一种旁路攻击，它会从操作执行的时间上推断出一些信息，以此间接地了解系统中本应是私密的一些状态。时间差有时可以提供一些暗示，也就是说会有少量的受保护信息被泄露，从而使攻击者受益。举个简单的例子，在 1 到 100 之间猜测一个秘密数字；如果我们知道系统判断“错误”的时长与我们的答案距离正确数字的间隔成正比，那么这个行为特征就可以帮助猜测者更快地找到正确的数字。

Meltdown（熔断）和 Spectre（幽灵）是针对现代处理器的时序攻击，它们运行在软件层面之下，但原理是相同的。这些攻击利用了预测执行（speculative execution）的行为特征，即处理器会加速得到预计算结果，同时为了速度而暂时放松各种检查。当这些检查中包含通常不被允许的操作时，处理器最终会检测到这一点，并在预计算结果变为最终结果之前将其取消。根据处理器的设计，这种复杂的预测很高效，并且在实现让人满意的速度方面提供重要的帮助。然而，在预测执行且规则被规避期间，每当有计算访问内存时都会产生副作用，即将预计算结果缓存起来。当预测执行被取消时，缓存是不受影响的，从而这个副作用显现出一个潜在的暗示——这些时序攻击会利用这个副作用来推测在预测执行期间发生的事情。具体来说，攻击代码可以通过检查缓存的状态，来推测被取消的预测执行期间发生的事情。内存缓存技术加快了执行速度，但缓存不会直接披露给软件，因此，代码可以判断特定内存位置的内容是否曾经存在于缓存中，这是通过测量内存访问时间做出的判断，因为被缓存的内存处理速度快得多。这是针对现代处理器架构的复杂攻击，但就我们的目的而言，当时序与受保护信息的状态有关时，它就可以作为泄露信息被攻击者利用。

以一个更简单且纯粹基于软件的时序攻击为例，假设你想知道你的朋友是否拥有某个在线服务的账户，但你并不知道他们的账户名称。“忘记密码”选项会要求用户提供他们的账户名称和电话号码，以便发送“提醒”信息。但是，假设这个功能的实现是首先在数据库中查找用户提供的电话号码，在找到后，它会继续查看与之相关联的账户名称是否与用户输入的账户名称相匹配。如果每次查找都会花费几秒的时间，用户就会意识到这个时延。首先，你可以尝试随机地输入几个账户名称（比如胡乱地敲击键盘）和电话号码，让这种组合不太可能匹配到真实用户，接着你注意到系统每次都会花费 3s 来反馈“查无此账户”。接下来，你可以使用自己的电话号码注册一个账户，然后尝试“忘记密码”，这次你使用自己的电话号码和一个随机的用户名称。这时你观察到这一次系统花费了 5s（几乎是两倍时长）才反馈“查无此账户”。

掌握这些信息后，你可以使用你朋友的电话号码加上一个随机账户名称来尝试“忘记密码”：如果 5s 才收到反馈，说明数据库中有朋友的电话号码；如果 3s 就收到了反馈，说明数据库中没有。仅仅通过对时间的观察，你就可以推断出某个电话号码是否存在于数据库中。如果这种会员资格本身就有可能泄露敏感的个人信息的话，比如专门讨论某种疾病的患者论坛，这种时序攻击就有可能导致有害的泄露。

当软件中存在一系列缓慢的操作（想想 if...if...if...if...）时，软件的运行就会出现时间差。当我们对执行中的事件顺序有所了解时，就可以通过时间差来推断有价值的信息。信息泄露需要多长或多短的时间差取决于很多因素。在这个在线账户检查的例子中，考虑到正常的访问时延，可能需要几秒的时间来展示出一个清晰的信号。相比之下，当使用同一台机器上运行的代码来利用 Meltdown 和 Spectre 时，亚毫秒级的时间差都是可以被注意到的，并且这也是很重要的。

最好的缓解措施是将时间差缩小到可接受的水平，也就是难以察觉的水平。要想防止数据库中某个电话号码被泄露，将代码更改为使用单个数据库来查找用户名称和电话号码就足够了。当软件中存在固有的时间差，并且这个时序旁路会导致严重的泄露时，你可以用来缓解风险的做法就是人为引入时延，以模糊时序信号。

8.3.3 序列化

序列化是指将数据对象转换为字节流的通用技术，有点像电影《星际迷航》中的传送装置，在时间和空间中“传送”船员。通过存储或传输字节，可以让你随后通过反序列化来重构出等效的数据对象。这种将对象“脱水”后再“水化”的能力为面向对象的编程提供了方便，但如果在“脱水”和“水化”之间存在任何篡改的可能性，那么这种技术在本质上就面临着安全风险。攻击者不仅能够篡改关键数据值，而且通过构造无效的字节序列，甚至能够使反序列化后的代码执行有害的操作。只有对受信任的序列化数据执行反序列化才是安全的，因此上述情景描述的是不受信任的输入问题。

出现这种问题并不是因为这些库构建得不够好，而是因为它们需要信任输入的数据，才可以构建出相应的对象以完成相应的功能。实际上，反序列化就是一个解释器，输入的序列化字节让它做什么，它就会做什么，因此让它反序列化不受信任的数据绝不是一个好主意。举例来说，Python 的反序列化操作（称为“unpickling”）很容易将恶意字节序列嵌入要被执行反序列化的数据中，以执行不可知的代码。除非我们可以安全地存储和传输序列化的字节数据并保证其不会被篡改（比如使用 MAC 或数字签名，详见第 5 章），否则最好完全避免这种做法。

8.4 非常嫌疑犯

魔鬼的最大把戏就是让全世界都相信他不存在。——查尔斯·波德莱尔

接下来的几章会介绍许多“非常嫌疑犯”，它们常作为漏洞出现在代码中。本章讨论了 GotoFail，以及与原子性、时序攻击和序列化相关的问题。以下是我们接下来要探索的主题。

- 定宽整数漏洞；
- 浮点精度漏洞；
- 缓冲区溢出和其他内存访问漏洞；
- 输入验证；
- 字符串漏洞；
- 注入攻击漏洞；
- Web 安全。

其中有很多问题看起来是很明显的，但这些导致软件漏洞的根本原因却一直有增无减，并且看不到尽头。从过去的失败中吸取教训是很重要的，因为这些漏洞类别中的很多已经存在了几十年。如果我们可以将所有可能出现的安全 bug 详尽地进行分类，那么回顾过去这种方法可能并不正确。没有一本书可以对所有可能存在的陷阱发出警告，但你可以通过研究本书展示的例子，来了解它们背后更深层次的模式和教训。

第9章

低级编码缺陷

低级编程对程序员的灵魂有好处。——约翰·卡马克

接下来的几章将会讨论出于安全原因，程序员所要注意的大量编码陷阱。我们从最经典的陷阱开始介绍。本章涵盖一些基本缺陷，在更靠近机器级别的代码中常会出现这类缺陷。当数据超出了固定的大小，或者超出了分配的内存缓冲区容量时，就会出现这类问题。现代语言倾向于提供更高级别的抽象，使代码免受这类风险的影响，即使是使用这些更安全的现代语言的程序员，也会在理解这些缺陷后受益，而程序员只需要充分理解现代语言所做的一切，以及为什么它们很重要。

C 和 C++等语言会暴露出这些低级功能，但这些语言在许多软件领域中仍占据主导地位，因此它们所带来的潜在威胁绝对不仅仅停留在理论上。Python 等现代语言通常对硬件进行了足够的抽象，因此在这些语言中并不会出现本章描述的问题，但越接近硬件级别越能获得最大效率的诱惑仍然很大。少数流行的语言为程序员提供了两全其美的选择。除了类型安全（type-safe）对象库之外，Java 和 C#的基本类型中还包括定宽整数，同时它们还提供了“不安全”模式，该模式移除了普遍提供的一些保护措施。Python 中的浮点（float）类型，如 9.1.2 节“浮点精度漏洞”中所说的，依赖于硬件的支持，并且有其局限性，需要加以应对。

从不使用会暴露低级功能的语言的读者想要跳过本章是可以的，跳过本章并不会破坏本书的整体叙述。但我还是建议你能够通读一遍本章内容，因为最好能了解你所使用的语言和库都提供或不提供哪些保护，并充分了解这些语言为你做的一切。

如果做得好的话，更接近硬件级别的编程是非常强大的，但其代价是工作量和脆弱性的增加。在本章中，我们将重点关注较低级别抽象层的编码中最常见的漏洞类别。

由于本章中介绍的 bug 均出现于接近或处于硬件级别的代码环境中，因此你必须意识到其中很多操作的确切结果会因平台和语言而出现变化。我会将示例设计得尽可能具体，但具体实现的差异会导致不同的结果——这正是因为计算可能会发生无法预测的变化，而导致变化的问题很容易被忽视，并且可能会对安全性产生不良影响。你的硬件、编译器和其他因素都会导致细节内容出现变化，但本章中介绍的概念具有普适性。

9.1 算术漏洞

不同编程语言在定义其算术运算时有所不同，这种不同体现在数学上或处理器的相应指令上，在本章后文中我们会看到它们的不同。在说到低级（low-level）时，我指的是那些依赖机器指令的编程语言所具有的特性，它们需要应对硬件的行为特征和限制。

代码中充满了整数运算。它不仅用于数值计算，还用于字符串比较、对数据结构的索引式访问等。在处理更大范围的值时，硬件指令比软件抽象速度快得多，也更容易使用，人们很难拒绝这些优势，但伴随着便利和速度而来的是溢出的风险。当计算结果超出了定宽整数的容量时就会发生溢出，随之而来的意外结果会产生漏洞。

浮点数运算的范围比整数运算的范围更大，但其有限的精度也会导致意外的结果。即使是浮点型数字也是有限制的（对单精度来说，大约是 10^{38}），但是在超出这个限制时，浮点型的表现比较好，因为它会产生一个特定值，并用其来表示无穷大。

如果读者对硬件级别的算术指令实现感兴趣，可以从 Jonathan E. Steinhart 的 *The Secret Life of Programs*（No Starch 出版社，2019 年）中了解更多信息。

9.1.1 定宽整数漏洞

在我的第一份全职工作中，我负责在小型机上使用汇编机器语言编写设备驱动程序。尽管以现代标准来看，这份工作微不足道，但小型机为我提供了一个了解硬件如何工作的绝佳机会，因为我可以看到电路板，并且可以看到每个连接和每个芯片（每个芯片内部有数量有限的逻辑门）。我可以看到寄存器，它们连接着算术逻辑单元（只能执行加法、减法和布尔运算）和内存，从而我可以确切地知道计算机是如何工作的。相比之下，现代处理器非常复杂，它们包含数十亿个逻辑门，这种复杂度远远超出了人类能够通过观察进行理解的范围。

今天，大多数程序员都会学习并使用更高级的语言，以免受机器语言和 CPU 架构复杂性的影响。定宽整数是包括 Java 和 C/C++在内的许多语言中最基本的构建块，如果计算超出了定宽整数的限制范围，你将得到错误的结果。

现代处理器通常具有 32 位架构或 64 位架构，但我们可以通过讨论更小的架构来了解它们的工作原理。让我们看一个基于无符号 16 位整数的溢出示例。一个 16 位整数可以表示从 0 到 65535（$2^{16}-1$）中的任何一个值。比如 300 乘 300 应该得到 90000，这个结果超出了我们所使用的定宽整数的范围，由于溢出，我们实际得到的结果是 24464（这比正确的结果少了 65536）。

有些人会从数学上将溢出视为模运算，或者除法的余数（比如上个示例实际得到的结果就是 90000 除以 65536 的余数）。其他人会从二进制或十六进制截断的角度，或者从硬件实现的角度来考虑溢出，但如果这些对你来说都没有意义，只需要记住，产生过大值的结果并不是你所期望的。由于首先会有溢出缓解措施来尝试避免出现过大值，因此精确的结果值通常并不重要。

在这里，重要的是预测二进制算术的弱点，而不是知道计算结果确切的值是什么。这个值取决于语言和编译器，可能没有一个完善的定义（也就是说，语言规范不会保证任何特定的值）。在一种语言中，从技术上被指定为“未定义”的操作似乎是可以预测的，但如果语言规范没有提供任何保证，则程序员将如履薄冰。安全性的底线在于我们要了解语言规范，并且避免出现有可能未定义的计算。不要耍小聪明，试图找到某种方法来检测未定义的结果，因为在不同的硬件或新版本的编译器上，你的代码可能会停止工作。

基于 16 位架构的二进制计算快速复习

对于不太熟悉二进制计算的读者，这里展示了前文 300 × 300 计算的图形化分解示例。正如十进制数字用 0 到 9 来表示，二进制数字用 0 和 1 来表示。正如在十进制中，每个数字的左边都代表了一个是它的 10 倍的位置，在二进制中，每向左移动一位，数字就会翻倍（1、2、4、8、16、32、64，以此类推）。图 9-1 显示了十进制数 300 转换为 16 位二进制数的表示，其中以十进制数 0 到 15 来表示二进制数位的二次幂。

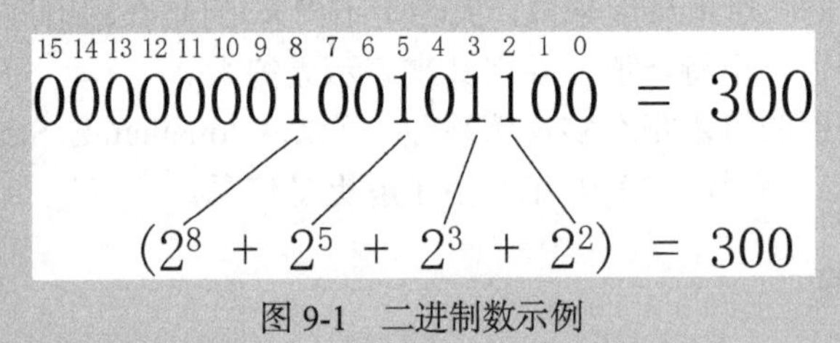

图 9-1　二进制数示例

要想知道二进制所表示的十进制数，需要将所有二进制位为 1 的位数所代表的值相加。300 就是 $2^8 + 2^5 + 2^3 + 2^2$（即 256 + 32 + 8 + 4）的结果，表示为二进制数 100101100。

现在让我们看看如何在二进制中计算 300 乘 300（见图 9-2）。

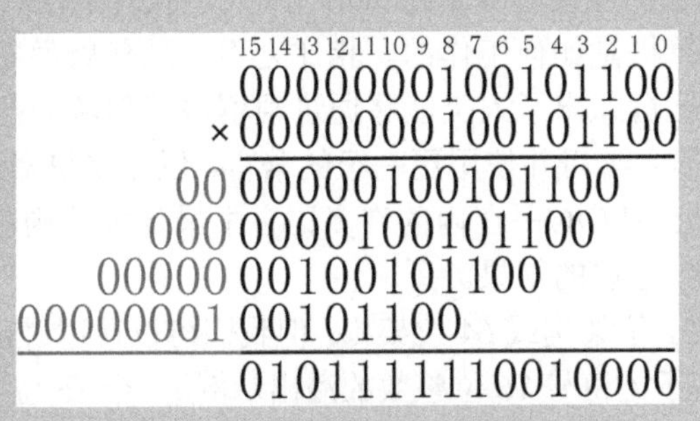

图 9-2　二进制中的乘法示例

就像我们在草稿纸上计算十进制乘法一样，我们按照乘数中 1 的位置，重复添加并移动被乘数。从最右边开始，我们将第一个被乘数副本向左移动了两个位置，因为第一个 1 出现在距离最右侧两个位置的地方，以此类推，每个被乘数副本都与乘数中的某个 1 对齐。图 9-2 左侧扩展出的灰色数字部分超出了 16 位寄存器的容量，因此被截断——这也就是溢出发生的地方。然后我们只会将部分二进制数进行相加以获得结果。数值 2 在二进制中的表示为 10（即 2^1），图 9-2 中的第 5 位是第一个需要进位的地方（即 1 + 1 + 0 = 10）：我们写下一个 0，并进位 1。这就是定宽整数的乘法计算，最终结果就是如此被默默截断的。

错误的计算结果会让代码出现各种问题，并且这些问题通常会像雪球一样越滚越大，形成一连串的功能障碍，并最终导致系统崩溃或蓝屏。由整数溢出导致的漏洞包括缓冲区溢出（详见 9.2.2 节）、错误的值比较，以及在卖出货物时给予信用额，而不是收取货款，等等。

程序员最好能在代码执行任何有可能超出范围的计算之前解决这些问题，并且保证所有数字都在范围之内。解决问题最简单的方法是使用比有可能出现的最大值还要大的整数空间，然后检查并确保无效值永远不会悄悄潜入。比如计算前文中的 300×300，可以使用 32 位数值，它有能力处理任意的 16 位值的乘积。如果必须将计算结果转换回 16 位，请使用 32 位值进行比较以确保值在范围之内。

以下是在 C 语言中对两个 16 位无符号整数相乘并得出 32 位结果的例子。为了清晰，我倾向于在强制转换外侧使用一对额外的括号，尽管依照运算符优先级的规则，在乘法之前会先进行转换（本章稍后会提供一个更全面的例子，以更为真实地展示这些漏洞是如何“溜”进来的）：

```
uint32_t simple16(uint16_t a, uint16_t b) {
  return ((uint32_t)a) * ((uint32_t)b);
}
```

定宽整数会发生溢出这一事实并不难理解，但在实践中，即使是身经百战的程序员也会受到这些缺陷的困扰。其中一部分问题是因为在编程中，整数运算无处不在——还包括它隐式的用法，比如指针计算和数组索引，我们必须在这些地方应用相同的缓解措施。另外一个挑战是，我们要始终留意必要的严谨性，不仅要记得每个变量的合理值范围，还要考虑在攻击者的各种尝试中可能会出现的值范围。

编程时，我们常会感觉所有的一切都是在操纵数字，但我们绝不能忽视这些计算上的脆弱性。

9.1.2 浮点精度漏洞

浮点数在很多方面都比定宽整数更强健，并且限制更少。从我们的目的考虑，你可以将浮点数视为由符号位（用于标识正数或负数）、固定精度的小数和小数乘以 2 的指数组成。流行的 IEEE 754 双精度规范中提供了 15 个十进制数字（即 53 个二进制数字）的精度，当超出这个极大的范围时，你会得到一个有符号的无穷大或 NaN（Not a Number，不是数字）反馈，而不是像定宽整数那样对值进行截断。

由于 15 位数字的精度满足了以便士为单位的美国联邦预算（目前为数万亿美元），精度损失的风险很少会成为一个问题。尽管如此，低位数字确实会默默损失精度，这可能有些奇怪，因为浮点数是以二进制表示的，而不是十进制。举例来说，十进制小数并不一定具有精确的二进制表示，如 0.1 + 0.2 会得到 0.30000000000000004——一个不等于 0.3 的值。发生这种混乱的结果是因为，比如分数 1/7 在十进制中是一个循环小数，1/10 在二进制中是一个无限循环小数（即 0.00011001100…以 1100 无限循环），所以最低位会出现错误。这些错误都是在低位引入的，因此称为下溢（underflow）。

尽管在比例上，下溢造成的差异很小，但当值的大小不同时，它们仍然会产生并不直观的结果。考虑下面这段以 JavaScript 编写的代码，JavaScript 语言中的所有数字都是浮点型。

易受攻击的代码

```
var a = 10000000000000000
var b = 2
var c = 1
console.log(((a+b)-c)-a)
```

在数学上，最后一行表达式的结果应该等于 b-c，因为先加了值 a，又减去了值 a（console.log 函数是输出表达式值的一种便捷方式）。但实际上，在这里 a 的值足够大，以至于加上或减去一个小得多的值没有任何影响，考虑到有限的可用精度，在最后减去值 a 后，结果为 0。

当类似本例中的计算是计算出一个近似值时，错误不会带来重大影响，但是当需要全精度时，或者当计算中纳入不同数量级的值时，优秀的编码人员会格外谨慎。当这类差异有可能会影响代码中的安全关键决策时，就会出现漏洞。对那些需要精确结果的计算（比如校验和、复式记账等）来说，下溢错误就是一个问题。

对许多浮点计算来说，即使没有出现前文示例中那样严重的下溢，当无法精确表示结果值时，低位少量的错误也会一直累积。尽可能永远不要使用浮点值来比较值是否相等（或不相等），因为这种操作无法容忍计算值的微小差异。因此，不要使用(x == y)，而是在一个比较小的范围内对值进行比较(x > y – delta && x < y + delta)，要选取适用于应用程序的delta值。Python提供了一个名为math.isclose的辅助函数，该函数执行了比此测试稍微复杂的运算。

当你必须使用高精度时，请考虑使用超高精度浮点表示法（IEEE 754 中定义了 128 位和 256 位格式）。根据计算要求，任意精度的十进制或有理数表示都可能是最佳选择。当语言本身不支持时，各种库可以提供这类功能。

9.1.3　示例：浮点下溢

人们很容易低估浮点下溢，但由此带来的精度损失可能是毁灭性的。下面这段 Python 代码展示了一个在线订购系统的业务逻辑。这段代码的工作是检查采购订单是否已全额支付，如果是，则批准产品发货。

易受攻击的代码

```
from collections import namedtuple
PurchaseOrder = namedtuple('PurchaseOrder', 'id, date, items')
LineItem = namedtuple('LineItem', 'kind, detail, amount, quantity',
                      defaults=(1,))
def validorder(po):
    """Returns an error text if the purchase order (po) is invalid,
    or list of products to ship if valid [(quantity, SKU), ...].
    """
    products = []
    net = 0
    for item in po.items:
        if item.kind == 'payment':
            net += item.amount
        elif item.kind == 'product':
            products.append(item)
            net -= item.amount * item.quantity
        else:
```

```
        return "Invalid LineItem type: %s" % item.kind
    if net != 0:
        return "Payment imbalance: $%0.2f." % net
    return products
```

采购订单由 LineItem 组成，LineItem 包含产品或付款明细。付款总额减去订购产品的总成本后，应该等于 0。在这个示例中，付款已经事先经过了验证，同时我还要明确这个过程中的一个细节：如果客户立即取消了全额付款，那么信用卡和借记卡都会显示为 LineItem，无须向信用卡支付机构进行查询（这会产生费用）。另外，我们也假设订单中列出的商品价格都是正确的。

我们只专注于浮点计算，了解如何将 LineItem 的金额添加到 net，以及如何减去产品的总金额（上述需求已被编写入 Python 的 doctests 模块，其中>>>行是要运行的代码，后跟返回的预期值）。

```
>>> tv = LineItem(kind='product', detail='BigTV', amount=10000.00)
>>> paid = LineItem(kind='payment', detail='CC#12345', amount=10000.00)
>>> goodPO = PurchaseOrder(id='777', date='6/16/2022', items=[tv, paid])
>>> validorder(goodPO)
[LineItem(kind='product', detail='BigTV', amount=10000.0, quantity=1)]
>>> unpaidPO = PurchaseOrder(id='888', date='6/16/2022', items=[tv])
>>> validorder(unpaidPO)
'Payment imbalance: $-10000.00.'
```

这段代码如预期般工作，批准了第一笔交易（全额付款的电视），拒绝了没有付款的订单。

现在让我们来破解这段代码并“偷走”一些电视。如果你已经看到了漏洞，那么可以将其作为一个很好的练习，尝试自己来“欺骗”这个功能。下面看看我是如何免费得到 1000 台电视的，后文有对代码的解释。

```
>>> fake1 = LineItem(kind='payment', detail='FAKE', amount=1e30)
>>> fake2 = LineItem(kind='payment', detail='FAKE', amount=-1e30)
>>> tv = LineItem(kind='product', detail='BigTV', amount=10000.00, \
                 quantity = 1000)
>>> nonpayment = [fake1, tv, fake2]
>>> fraudPO = PurchaseOrder(id='999', date='6/16/2022', items=nonpayment)
>>> validorder(fraudPO)
[LineItem(kind='product', detail='BigTV', amount=10000.0, quantity=1000)]
```

这里的诀窍是假装支付 1e30（10^{30}）的巨额款项，然后立即取消付款。这些虚假的数字能够通过记账审查，因为它们的总和为 0（$10^{30}-10^{30}$）。注意在取消借记与贷记之间，有一个 LineItem 是订购 1000 台电视。由于第一个数字太大了，当减去电视的成本后，出现了下溢；然后，在加入了贷记（负数）后，结果为 0。如果贷记在借记支付之后，然后是 LineItem 的购买，那么结果会截然不同，错误会被成功标记出来。

为了让读者对下溢有更清晰的认识，更重要的是展示如何衡量安全值的范围，以确保代码的安全，我们接下来进行更深入的研究。这次攻击中使用的 10^{30} 是随意选择的，这个适用于最低 10^{24} 的数字，但不适用于 10^{23}。1000 台单价为 10000 美元的电视，总成本为 10000000 美元或 10^7 美元。因此在使用 10^{23} 这个假的支付时，值 10^7 就开始对计算结果产生一点影响，对应大约 16（23 – 7=16）位精度。前文提到的 15 位精度是根据安全的经验法则提出的近似值（二进制精度对应着 15.95 个十进制数字），这个值很有用，因为大多数人都会自然地认为以十进制为基础，但浮点值是以二进制表示的，因此会有几位的差异。

在知道这一点后，让我们来修复这个漏洞。如果我们想要使用浮点数值，就需要限制数字的范围。假设产品最低成本为 0.01（10^{-2}）美元并使用 15 位精度，我们可以将最高支付金额设置为 10^{13}（15 – 2=13）美元，或 10 万亿美元。这个上限可以避免下溢，但在实践中，最好将此上限与真实的最大订单量相对应。

使用任意精度的数字类型可以避免下溢：在 Python 中，可以使用原生的整数类型，也可以使用 fractions.Fraction。使用更高精度的浮点计算也是防止这种特殊攻击的有效方法，但它依然易受到更多极端值的下溢影响。由于 Python 是动态类型的，当攻击者使用这些类型的值来调用代码时，攻击就失败了。但是，即使我们在代码中使用了其中一种任意精度类型，并且认为它是安全的，当攻击者设法以某种方式潜入浮点数时，该漏洞就会再次出现。这就是为什么范围检查如此重要——如果不能信任调用者所呈现的预期类型的话，在计算之前将传入值转换为安全类型的值。

9.1.4　示例：整数溢出

在事后查看定宽整数溢出漏洞（这类漏洞已经为人所知多年），往往会发现它非常明显。然而，有经验的程序员却会屡次落入这个陷阱，无论是因为他们不相信会发生溢出，还是因为他们误判了这个漏洞是无害的，或者因为他们根本没有考虑到它。本示例显示了一个大型计算中的漏洞，让读者可以了解错误是如何轻松潜入的。在实践中，易受攻击的计算往往会更为复杂，且其中包含难以预测的变量值。出于解释的目的，本示例使用简单的代码来展示发生了什么。

请考虑这个简单的工资计算公式：工作时间×单位时间的工资=工资总额。我们使用小数的小时和美元来完成这个简单的计算，小数可以为我们提供全精度。另外，四舍五入会使计算细节变得有点复杂，并且正如我们将会看到的，整数溢出是很容易发生的。

使用 32 位整数来获得准确的精度，我们以美分，即 0.01 美元为单位来计算美元值；以千分之一小时，即 0.001 小时为单位来计算小时数，因此数字会变得很大。但可能出现的最大 32 位整数值 UINT32_MAX 会超过 40 亿（$2^{32} – 1$），因此我们假设使用以下逻辑来保障计算的安全：公司政策将带薪工作时间限制为每周 100 小时（千分之十万），因此按照上限 400 美元/时来计算的话，工资最高为 4000000000 美元（40000 美元真是一个不错的周薪）。

以下是在 C 语言中的计算，所有变量和常量都定义为 uint32_t 值。

```
if (millihours > max_millihours       // 100 hours max
   || hourlycents > max_hourlycents) // $400/hour rate max
  return 0;
return (millihours * hourlycents + 500) / 1000; // Round to $.01
```

if 语句会返回一个错误提示来指明参数超出范围，这是防止后续计算溢出的基本保护措施。

我们需要解释一下 return 语句中的计算。由于以千分之一为单位来表示小时，我们必须将结果除以 1000 才能得到实际工资，所以我们首先加上 500（除数的一半）以进行四舍五入。这个简单的例子确认了这种做法：10 小时（10000）乘 10.00 美元/时（1000）等于 10000000，加上 500 后得到 10000500，除以 1000 后得到正确的值——10000 或 100.00 美元。即使是现在，你也应该认为这段代码很脆弱，至少由于定宽整数的限制，结果值有可能会被截断。

到目前为止，这段代码对所有输入都适用，但现在我们假设公司管理层宣布了一项新的加班政策。我们需要修改代码，将所有加班时间的工资率增加 50%，加班时间指的是 40 小时之外的工作时间。此外，增加的百分比应该是一个参数，以使管理层在将来能够方便地更改它。

为了计算加班时间的额外工资，我们引入了 overtime_percentage。这里未显示相应的代码，但它的值是 150，表示加班工资是正常工资的 150%。由于工资会增加，因此 400 美元/时的限制不再有效，因为它不再能低到防止整数溢出的发生。不过，这个工资率也并不符合实际情况，所以为了安全，我们把它减半，将 200 美元/时设置为最高工资率。

易受攻击的代码

```
if (millihours > max_millihours       // 100 hours max
    || hourlycents > max_hourlycents) // $200/hour rate max
  return 0;
if (millihours > overtime_millihours) {
  overage_millihours = millihours - overtime_millihours;
  overtimepay = (overage_millihours * hourlycents * overtime_percentage
                 + 50000) / 100000;
  basepay = (overtime_millihours * hourlycents + 500) / 1000;
  return basepay + overtimepay;
}
else
  return (millihours * hourlycents + 500) / 1000;
```

现在，我们会检查工作时长是否会超过加班工资阈值（40 小时），如果没有的话，则应用与之前相同的算法。在加班的情况下，我们会首先计算超过 40.000 小时（以千分之一为单位）的 overage_millihours 加班时间，然后将这些时间乘 overtime_percentage（150）。由于在这个计算中包含一个百分比（2 位小数）和一个千分之几小时（3 位小数），我们必须在乘以 150%后除以 100000（5 个 0）来进行四舍五入。在计算出前 40 小时的工资后，如果没有加班时间，则将两者相加以得出工资总额。为了提高效率，我们可以将这些类似的计算进行组合，但这里为了清晰起见，让代码在其结构上与计算相匹配。

这段代码适用于大多数时间，但也有例外。举一个奇怪的例子，以 50.00 美元/时的工资率工作 60.000 小时会得到 2211.51 美元（应该是 3500.00 美元）。这里的问题在于乘 overtime_percentage（150）时很容易在高工资率的加班计算中发生溢出。在整数运算中，我们不能将 150/100 预先计算为小数——作为整数是 1——因此我们必须先进行乘法运算。

要想修复这段代码，我们可以将(X*150)/100 替换为(X*3)/2，但这样做就无法实现加班百分比的参数化，并且如果将其更改为不合适的值，计算将无法正常进行。保持参数化的一种解决方案是将计算分解，以便在乘法和除法中使用 64 位计算，并向下转换为 32 位结果。

修复后的代码

```
if (millihours > max_millihours       // 100 hours max
    || hourlycents > max_hourlycents) // $200/hour rate max
  return 0;
if (millihours > overtime_millihours) {
  overage_millihours = millihours - overtime_millihours;
  product64 = overage_millihours * hourlycents;
```

```
  adjusted64 = (product64 * overtime_percentage + 50000) / 100000;
  overtimepay = ((uint32_t)adjusted64 + 500) / 1000;
  return basepay + overtimepay;
}
else
  return (millihours * hourlycents + 500) / 1000;
```

出于展示的目的，我们在 64 位变量中包含相应的名称。程序员也可以使用大量显式转换来编写这些表达式，只不过代码会变得很长，并且可读性会降低。

在发生溢出之前，将 3 个值的乘法拆分开，将其中两个值乘一个 64 位变量；一旦向上转换，与百分比相乘的数值将是 64 位的，并且会得到正确的结果。这样做生成的代码会更混乱一些，因此最好使用注释进行解释。最干净的解决方案是将所有变量都升级为 64 位，代价是降低一点效率。这就是使用定宽整数进行计算所涉及的权衡。

9.1.5 安全算术

整数溢出比浮点下溢更容易出现问题，因为它会带来差别很大的结果，但我们也不能认为浮点下溢很安全而忽略它。根据编译器的设计，编译器进行算术运算可能会得出错误的计算结果，因此开发人员有责任处理其带来的后果。一旦意识到这些问题，你可以采取多种缓解策略来避免出现漏洞。

避免使用复杂的代码来控制潜在的溢出问题，因为如此一来，将很难通过测试发现错误及其所代表的可被利用的漏洞。除此之外，有些技巧可能适用于你的机器，但不能移植到其他 CPU 架构或其他编译器环境中。以下总结了如何安全地进行计算。

- 使用类型转换时要谨慎，因为它有可能像执行计算一样导致截断或改变结果。
- 在任何情况下，尽可能限制计算的输入，确保所有可能出现的值都是可以正确表示的。
- 使用较大的固定的整数来避免可能出现的溢出；在将结果转换为较小的整数之前，检查结果是否在范围内。
- 要记住，即使最终结果始终在范围内，计算的中间值也有可能会溢出，从而导致问题。
- 在检查安全敏感代码及其周围的算术正确性时要格外谨慎。

如果定宽整数与浮点数计算的细微差别仍让人感到难以理解，请仔细观察它们，你就会发现它像小学数学那样简单。一旦你知道了它们会变得棘手，最好在你使用的语言中选择一些临时代码来进行小测试，这样做有助于理解计算机数学基本构建块的限制。

一旦你识别出面临这类 bug 风险的代码，就可以制作测试用例，调用所有输入的极值进行计算，然后检查计算结果。好的测试用例可以检测到溢出问题，但数量有限的一组测试并不能证明代码不会溢出。

幸运的是，Python 这类更新的语言越来越多地使用任意精度整数，使用它们通常不会遇到这些问题。要想获得正确的计算结果，首先要准确了解你所使用的语言的完整工作细节。你可以通过 floating-point-gui.de 查询到包含诸多流行语言的详细信息，并且这个网站提供了深入理解和最佳实践编码示例。

9.2 内存访问漏洞

我们要讨论的另一个漏洞类别是不正确的内存访问。内存的直接管理功能非常强大，并且非常高效，但如果出现任何代码错误，也会带来无法预测的不良后果。

大多数编程语言都提供了完全托管的内存分配，并设置适当的边界来限制其访问。但出于效率或灵活性的原因，或者有时是因为传统的惯性，其他语言（主要是 C 和 C++）将内存管理工作交给了程序员。程序员承担这项工作是很容易出错的，即使是经验丰富的程序员，也是如此，尤其是当代码变得复杂时，可能会产生严重漏洞。与前文描述的算术缺陷一样，最大的危险是无人察觉违反内存管理协议的事件，并且让事件持续地默默发生。

本节的重点是当没有内置的保护措施时直接管理和访问内存的代码的安全性。我们使用原始的 C 语言标准库来展示代码示例，但这些经验通常适用于提供了类似功能的其他变体。

9.2.1 内存管理

指针允许通过地址直接访问内存，这可能是 C 语言中最强大的功能。但就像使用电动工具一样，重要的是我们要通过有效的安全防御措施来管理随该功能而来的风险。软件要在需要时分配内存，在其可用范围内工作，并且在不需要时释放内存。超出这个空间和时间协定的任何访问都将带来意想不到的后果，这就是漏洞出现的地方。

C 标准库会为大型数据结构提供动态内存分配，或者在编译无法确定数据结构的大小时提供动态内存分配。这些内存是从堆（heap，进程中用来提供工作内存的一大块地址空间）中分配的。C 程序会使用 malloc(3)来分配内存，当不再需要时，可以通过调用 free(3)来释放内存以供重复使用。这些内存分配和释放功能有很多种变体。为简单起见，我们只关注上述两个功能，但当代码直接管理内存时，这些理念都是适用的。

当大量代码共享一个数据结构时，很容易发生内存释放后再次被访问的情况，这是因为当内存被释放后，指针的副本仍然存在，并且被错误地使用了。当内存被回收后，对这些旧指针的任何应用都违反内存访问的完整性。另外，若在使用后忘记释放内存，则会随着时间的推移消耗堆内存，并最终耗尽内存。下列代码展示了如何正确地使用堆内存。

```
uint8_t *p;
// Don't use the pointer before allocating memory for it.
p = malloc(100); // Allocate 100 bytes before first use.
p[0] = 1;
p[99] = 123 + p[0];
free(p);         // Release the memory after last use.
// Don't use the pointer anymore.
```

该代码在分配的内存范围内，访问分配调用和释放调用之间的内存。

在实际使用中，分配、内存访问和解除分配的功能可能分散在代码各处，这给希望将代码编辑得恰到好处带来了难度。

9.2.2 缓冲区溢出

当代码访问的内存位置在预期的目标缓冲区之外时，就会发生缓冲区溢出（buffer overflow 或 buffer overrun）。重要的是理解其含义，不要因为术语而感到困惑。缓冲区（buffer）是表示内存中任意区域的通用术语：数据结构、字符串、数组、对象或任何类型的变量。访问（access）是读取内存或写入内存的统称。也就是说，缓冲区溢出指的是在预期内存区域之外，对内存进行读取或写入，尽管"溢出"这个词更自然地描述了写入行为。虽然读取和写入在功能上有所不同，但将它们结合在一起，有助于理解问题。

缓冲区溢出并不是堆内存独有的，而是任何类型的变量都有可能发生的，包括静态分配和栈上的局部变量。所有这些都有可能以任意方式修改内存中的其他数据。界限外的意外写入可能会改变内存中的任何内容，聪明的攻击者还会对攻击进行改进，试图造成最大的破坏。除此之外，缓冲区溢出 bug 会意外地读取内存，这可能会将信息泄露给攻击者，或者导致代码行为异常。

不要低估执行显式的内存分配、范围内访问，以及精准释放未使用的内存的难度和重要性。使用简单模式来分配、使用和释放是最好的，其中包括异常处理，以确保不会跳过释放操作。当一个组件给其他代码的引用分配内存时，一定要定义随后内存释放的责任，将其释放到接口的一侧或另一侧。

最后需要注意的是，即使是在包含完全范围检查、垃圾收集等功能的语言中，你仍会遇到麻烦。任何直接在内存中修改数据结构的代码都可能会导致与缓冲区溢出类似的问题。以 1 字节字符串的修改为例，比如 Python 字节数组中的 TCP/IP 数据包。读取内容和进行修改会涉及计算数据的偏移量，并且可能会出错，即使没有发生数组外部访问也是如此。

9.2.3 示例：内存分配漏洞

让我们通过一个示例来说明动态内存分配错误带来的危险。我会让这个示例尽量保持简单，但在实际应用程序中，关键代码块通常是分开的，这也让这些缺陷变得更难被发现。

1. 一个简单的数据结构

这个示例使用一个简单的 C 数据结构，展示了一个用户账户。这个账户中包括标志（指示这个用户是否为管理员）、用户 ID、用户名和一组设置。这些字段的语义对我们来说并不重要，除非 isAdmin 字段不为 0，因为这会赋予用户无限授权（该字段也因此成为颇具吸引力的攻击目标）。

```
#define MAX_USERNAME_LEN 39
#define SETTINGS_COUNT 10
typedef struct {
  bool isAdmin;
  long userid;
  char username[MAX_USERNAME_LEN + 1];
  long setting[SETTINGS_COUNT];
} user_account;
```

以下为创建这些用户账户记录的函数。

```
user_account* create_user_account(bool isAdmin, const char* username) {
  user_account* ua;
  if (strlen(username) > MAX_USERNAME_LEN)
    return NULL;
  ua = malloc(sizeof (user_account));
  if (NULL == ua) {
    fprintf(stderr, "malloc failed to allocate memory.");
    return NULL;
  }
  ua->isAdmin = isAdmin;
  ua->userid = userid_next++;
  strcpy(ua->username, username);
  memset(&ua->setting, 0, sizeof ua->setting);
  return ua;
}
```

第一个参数指定了用户是否为管理员。第二个参数提供了用户名，该用户名的长度不得超过指定的最大长度。全局计数器（userid_next，没有展示其声明）提供了连续且唯一的 ID。所有的初始值都设置为 0，并且代码会返回一个指针指向新记录，除非有错误导致代码返回 NULL。需要注意的是，在分配内存之前，代码会检查 username 字符串的长度，因此只有在内存会被使用时，代码才会对内存进行分配。

2. 编写索引字段

创建一个记录后，我们可以使用以下函数来设置所有值。

易受攻击的代码

```
bool update_setting(user_account* ua,
                    const char *index, const char *value) {
  char *endptr;
  long i, v;
  i = strtol(index, &endptr, 10);
  if (*endptr)
    return false; // Terminated other than at end of string.
  if (i >= SETTINGS_COUNT)
    return false;
  v = strtol(value, &endptr, 10);
  if (*endptr)
    return false; // Terminated other than at end of string.
  ua->setting[i] = v;
  return true;
}
```

这个函数将一个索引放入设置中，并将其值设置为十进制数字字符串。将这些值转换为整数后，函数将值作为索引设置存储在记录中。比如要为 setting[1]分配值 14，我们可以如此调用函数：update_setting(ua, "1", "14")。

函数 strtol 会将字符串转换为整数值。strtol 设置的指针（endptr）会告诉调用者它解析了多少；如果不是空终止符，那么字符串不是一个有效的整数，代码会返回错误。在确保索引（i）不会超出设置的数量后，它会以相同的方式解析值（v），并将设置的值存储在记录中。

3. 缓冲区溢出漏洞

所有这些设置本身都很简单，尽管C语言往往很冗长。现在让我们切入正题。有这样一个bug：不对负索引值进行检查。如果攻击者能够设法获得函数update_setting(ua,"-12", "1")，他们就可以成为管理员。这是因为设置中的赋值会向后访问记录中的48字节，因为每个项目的类型都是long，即占用4字节。因此，赋值会在isAdmin字段中写入“1”，从而授予了过高的权限。

在这种情况下，我们允许在数据结构中出现负索引这一事实导致了对内存未经授权的写入，这种做法违反了安全保护机制。你需要注意与之类似的多种变化，包括由缺少限制检查或算术错误（比如溢出）而导致的索引错误。有时，对一个数据结构的错误访问可能会修改恰好出现在错误位置的其他数据。

我们可以修复代码，来防止代码接受负索引，这种做法会将写访问限制在有效范围内。下面这个 if 语句拒绝了负值 i，从而关闭了漏洞。

```
if (i < 0 || i >= SETTINGS_COUNT)
```

现在添加的“i < 0”条件将拒绝任何负索引值，从而防止该函数带来的任何意外修改。

4. 内存泄露

即使我们修复了负索引覆写漏洞，代码中仍然存在漏洞。malloc(3)文档以下画线提出了警告——“内存未初始化”。这意味着内存中可能会包含一些内容，并且有少数实验也确实表明会有一些数据被剩在内存中，因此回收未初始化的内存存在泄露私有数据的风险。

我们的 create_user_account 函数确实会将数据写入结构中的所有字段，但它仍然会将数据结构中的字节当作回收内存泄露出去。编译器通常会对齐允许高效写入的字段偏移量：在我的 32 位计算机上，字段偏移量是 4 的倍数（4 字节是 32 位），其他架构会执行与之类似的对齐。之所以需要对齐，是因为要想写入一个跨越多个 4 倍数地址的字段（比如以 4 字节写入地址 0x1000002），需要访问内存两次。因此在这个例子中，单字节布尔 isAdmin 字段的偏移量为 0，在它之后，userid 字段的偏移量为 4，留下了中间的 3 字节（偏移量 1～3）未使用。图 9-3 展示了数据结构的内存布局。

除此之外，将 strcpy 函数用于用户名的话，会使另一个内存块处于未初始化状态。这个字符串复制函数会在遇到空终止符时停止复制，比如对于一个拥有 5 个字符的字符串只会修改前 6 字节，而留下的 34 字节碰巧被 malloc 抓取到。这里的重点在于新分配的数据结构中包含残留数据，除非每个字节都被覆盖，否则这些数据可能会泄露。

要想降低这种内存意外泄露的风险并不难，但我们必须覆盖有可能发生泄露的数据结构中的所有字节。不要试图准确预测编译器会如何分配字段偏移量，因为这可能会随着时间和平台的变化而变化。相反，避免这些问题最简单的方法是在分配后将缓冲区清零，除非我们可以确保它们被完全覆盖，或者知道它们不会被泄露到信任边界之外。需要记住的是，即使你的代码本身并不使用敏感数据，但通过这种内存泄露路径也可能在进程中的任何位置将其他数据泄露出去。

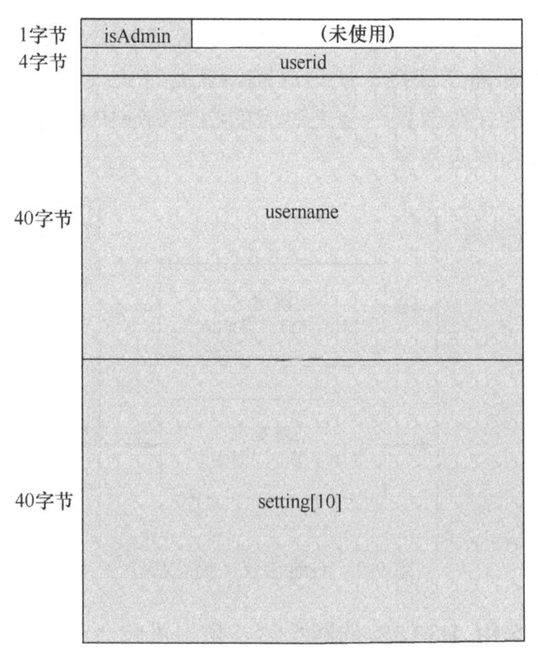

图 9-3 user_account 记录的内存布局

一般来说，我们应该避免使用 strcpy 函数来复制字符串，因为它可能会在多方面出错。strncpy 函数既会用 0 填充目标中的未使用字节，又可以防止超过缓冲区大小的字符串溢出。但是，strncpy 函数不能保证生成的字符串中包含空终止符。将缓冲区大小分配为 MAX_USERNAME_LEN + 1，就是为了确保始终为空终止符留出空间。另一个选择是使用 strlcpy 函数，它能够对空终止符提供保障；但是为了提高效率，它不会用 0 填充未使用字节。如本例所示，在我们直接处理内存时，必须小心处理诸多因素。

现在我们已经介绍了内存分配的机制，并通过一个构造示例展示了漏洞看起来的样子，接下来让我们考虑一个更现实的案例。

9.2.4 案例研究：Heartbleed 漏洞

2014 年 4 月的一条头条新闻警告说，一场全球范围内的灾难在所难免。随着新识别出的安全漏洞细节的公开，主要操作系统平台和网站都仓促且秘密地推出了适当的修复程序，以尽量减少它们的暴露。Heartbleed 漏洞不仅作为“第一个带有徽标的 bug”而成为新闻，还在部署了流行的 OpenSSL TLS 库的服务器中揭示了一个微小的漏洞。

接下来我们对这个 10 年来最可怕的安全漏洞之一进行深入研究，这样你就会了解错误可以严重到何种程度。讨论本案例的目的是说明管理动态分配内存的 bug 会如何成为破坏性漏洞。因此，我简化了复杂的 TLS 通信协议的代码和一些细节，以清晰展示漏洞的症结所在。从概念上看，它直接对应了真实发生的情况，只不过活动部件较少，代码更简单。

Heartbleed 是 TLS Heartbeat 扩展中 OpenSSL 实践的一个缺陷，于 2012 年在 RFC 6520 中

一起提出。这个扩展提供了一种低开销方法来保持 TLS 连接处于活动状态，从而使客户端不必在一段不活跃的时间后重新建立连接。所谓心跳，就是往返交互心跳请求，其有效载荷是 16 至 16384（2^{14}）字节之间的任意数据，与之对应的心跳响应中也携带了相同的载荷。图 9-4 中展示了该协议基本的请求和响应消息。

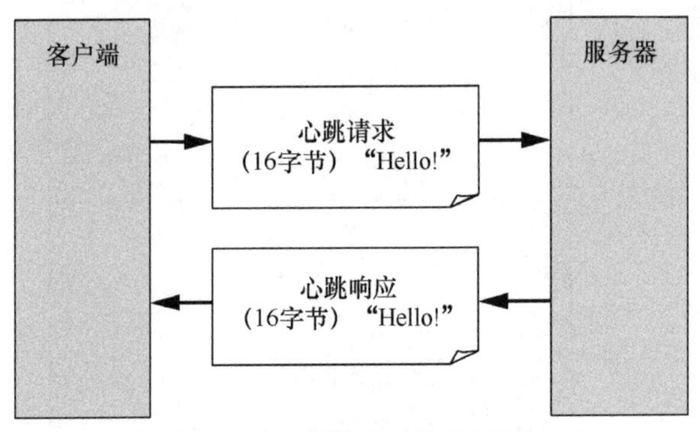

图 9-4　心跳协议（简化版）

客户端在下载了一个采用 HTTPS 的网页后，稍后可能会在连接中发送心跳请求，让服务器知道它想要保持连接。在正常使用的示例中，客户端可能会发送 16 字节的消息“Hello!”（以 0 进行填充构成请求消息），服务器将通过发送相同的 16 字节进行响应（至少它被设计为是这样工作的）。现在让我们来看看 Heartbleed bug。

格式错误的心跳请求中会发生严重缺陷，这些请求提供了一个小的有效载荷，却声称是一个较大的载荷。要想确切了解它是如何工作的，我们先来查看一下双方交换的这个简化心跳消息的内部结构。本案例的所有代码都用 C 语言编写。

```
typedef struct {
  HeartbeatMessageType type;
  uint16_t payload_length;
  char bytes[0];    // Variable-length payload & padding
} hbmessage;
```

数据结构声明 hbmessage 显示出其中一个心跳消息中的 3 个部分。第一个字段表示消息类型（type），指示出该消息是请求还是响应。第二个字段表示消息载荷的字节长度（payload_length）。第三个字段 bytes 在本例中被声明为 0，但它用于动态分配，可按需适当调整大小。

恶意客户端在攻击目标服务器时，会首先与目标服务器建立 TLS 连接，然后发送一个字节长度为 16000 的 16 字节心跳请求。这个 C 声明看起来是这个样子的：

```
typedef struct {
  HeartbeatMessageType type = heartbeat_request;
  uint16_t payload_length = 16000;
  char bytes[16] = {"Hello!"};
} hbmessage;
```

发送这个消息的客户端说了谎：消息中称其有效载荷的长度为 16000 字节，但实际的有效载荷仅为 16 字节。要想了解这个消息如何欺骗服务器，可以查看处理传入心跳请求消息的 C 代码：

```
hbmessage *hb(hbmessage *request, int *message_length) {
  int response_length = request->payload_length+sizeof(hbmessage);
  hbmessage* response = malloc(response_length);
  response->type = heartbeat_response;
  response->payload_length = request->payload_length;
  memcpy(&response->bytes, &request->bytes, response->payload_length);
  *message_length = response_length;
  return response;
}
```

hb 函数被两个参数调用——传入的心跳 request 消息和一个名为 message_length 的指针，这个指针存储了函数返回的响应消息的长度。前两行会将响应的字节长度计算为 response_length，然后分配该大小的内存块作为 response。接下来的两行填写响应消息的前两个值：消息 type 及 payload_length。

接下来就是“致命 bug”了。服务器需要返回请求中接收到的消息字节，因此它会将请求中的数据复制到响应中。因为它相信请求消息准确报告了自己的字节长度，因此 memcpy 函数会复制 16000 字节——但由于请求消息中只有 16 字节，因此响应中会包含数千字节的内部内存中的内容。最后两行存储了响应消息的长度，然后返回一个指针指向它。

图 9-5 展示了消息交换，详细说明了前面的代码是如何泄露进程内存中内容的。为了使漏洞利用的危害具体化，我描述了几个在请求缓冲区附近的额外缓冲区，其中包含秘密数据。从仅包含 16 字节有效载荷的缓冲区中复制 16000 字节（图中以虚线框出），最终会导致秘密数据进入响应消息，并由服务器发送给客户端。

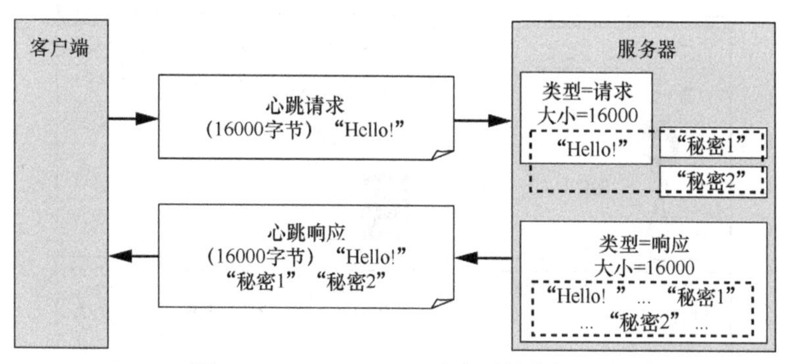

图 9-5 Heartbleed bug 攻击（简化版）

这个缺陷等同于配置你的服务器来提供一个匿名 API，使其将数千字节的工作内存进行快照，并发送给所有调用者——这完全违反了内存隔离规则，将内容暴露在了互联网上。使用由 HTTPS 提供安全性的 Web 服务器的工作内存中存在很多有趣的秘密，这一点也不奇怪。据 Heartbleed bug 的发现者称，他们能够轻松地从自己的服务器中窃取“用于 X.509 证书的密钥、用户名和密码、即时消息、电子邮件、业务关键文档和通信”。最终会被泄露的数据取决于内存分配的弱点，攻击者可以重复利用这个漏洞来访问服务器内存，并最终得到各种敏感数据。图 9-6 提供了一个简化的 Heartbleed 视图。

图 9-6　Heartbleed 解释（由 Randall Munroe 提供）

事后看来这个修复很简单：对“会说谎”的心跳请求做出预测。这些请求会要求比它们所提供的载荷多得多的载荷，正如 RFC 中指出的那样，要忽略这种情况。多亏了 Heartbleed，全世界才了解到有如此多的服务器都依赖于 OpenSSL，却很少有志愿者在为互联网基础设施所依赖的这个关键软件工作。这个 bug 展示出许多安全漏洞难以被检测出来的原因，因为在格式正常的请求中，一切都可以完美地运行，只有格式错误的请求才会让本无恶意的代码出现问题。而且，心跳响应中泄露的服务器内存并不会对服务器造成直接伤害：只有对被泄露的大量数据进行仔细分析后，人们才能看出损失程度。

Heartbleed 可以说是近年来发现的最严重的安全漏洞之一，我们应该将它作为一个有价值的例子来说明安全 bug 的本质，以及小漏洞如何能够对系统安全性造成巨大的破坏。从功能性的角度看来，人们很容易认为这是一个小 bug。它不太可能发生，并且返回比接收到的载荷多得多的载荷数据，乍看起来似乎是无害的。

Heartbleed 是研究低级语言脆弱性的一个很好的对象。小错误会引发巨大的影响。如果恰好发生在内存中错误的位置上，则缓冲区溢出可能会暴露具有高价值的秘密。其实，设计（协议规范）中已经预测到了这个错误，指出代码应该忽略字节长度不正确的心跳请求，但在没有明确测试的情况下，没有人注意到这个漏洞。

这只是一个库中的一个 bug，还存在多少个类似的 bug 呢？

第 10 章 不受信任的输入

我喜欢工程学，但我更喜欢创造性的输入。——约翰·戴克斯特拉

不受信任的输入可能是编写安全代码的开发人员最关心的问题。这个术语本身可能会令人感到困惑，最好将其理解为输入系统中的所有不受信任的输入，也就是说来自受信任的代码的输入可以提供格式正确的数据。不受信任的输入是指那些不受你控制，并且可能被篡改的数据，包括所有进入系统但你不完全信任的数据。也就是说，它们是你不应该信任的输入，而不是你错信了的输入。

任何来自外部并进入系统的数据都最好被认为是不受信任的。系统的用户可能是善良且值得信任的人，但在安全方面，最好将他们视为不受信任的，因为他们可以做出任何事情，包括被别人欺骗。不受信任的输入令人担忧，因为它们代表了一种攻击向量，一种能够进入系统并制造麻烦的途径。我们要格外关注那些跨越信任边界的恶意编造的输入，因为它们可以深入系统中，并导致特权代码被利用，因此拥有良好的第一道防线至关重要。全球最大的不可信输入来源无疑是互联网，由于软件很难完全断开与互联网的连接，互联网几乎对所有系统都构成严重的威胁。

输入验证（或输入消毒）是一种防御性代码，它会对输入的内容施加限制，强制其遵守相应的规则。通过对输入进行验证，判断其是否满足特定的约束条件，并确保代码适用于所有有效的输入，你就可以成功防御这类攻击。本章将重点介绍如何使用输入验证来管理不受信任的输入，以及这种做法对于安全的重要性。这个主题看起来可能很普通，并且在技术上也不难实现，但这个需求却很普遍，以至于开发人员若能够将输入验证这件事做好，就可以获得最有影响力且唾手可得的成果来减少漏洞。因此我们将深入讨论这个主题。字符串的输入带来了特定的挑战，而 Unicode 的安全隐患却鲜为人知，因此我们还会查看字符串存在的基本问题。在此之后，将展示使用不可信数据及各种技术进行注入攻击的示例：SQL 注入攻击、路径遍历、正则表达式和 XML 外部实体（XML eXternal Entity，XXE）注入攻击。最后，对这种广泛存在的漏洞提供可用的缓解技术。

10.1 输入验证

在别人身上寻求认可之前，先试着在自己身上获得认可。——格雷格·贝伦特在你了解什么是不受信任的输入后，请考虑它们对系统带来的潜在影响，以及如何防止它们对系统造成伤害。不受信任的输入通常会穿越系统，并向下延伸到多个受信任的组件中——因此，仅仅凭借你的代码会从受信任的代码中直接调用，并不能保证这些输入是可信的。因为组件可能会从任何地方传输数据。攻击者可以操纵数据的方式越多，输入就越不可信。后文的示例应该能更清楚地说明这一点。

输入验证是一种很好的防御措施，因为它会将不受信任的输入缩减到应用程序可以安全处理的取值范围内。输入验证的基本工作是确保不受信任的输入能够符合设计规范，以便下游代码能处理格式正确的数据。假设你正在编写一个用户登录的身份验证服务，该服务会接收到用户名和密码，并在凭据正确时颁发身份验证令牌。我们通过将用户名长度限制为 8～40 个字符，并要求用户名由特定的 Unicode 代码点子集组成，来简化对该输入的处理，因为输入的数量已知。后续代码可以使用固定大小的缓冲区来存储用户名副本，并且不必担心意外字符有可能带来的后果。我们也可以通过其他方法提供保障，以简化处理。

我们已经在第 9 章的示例中看到了使用输入验证来修复低级漏洞。工资的整数计算代码中有输入验证，它由一个 if 语句组成，防止输入过大的值：

```
if (millihours > max_millihours        // 100 hours max
   || hourlycents > max_hourlycents) // $200/hour rate
  return 0;
```

无须重复解释这段代码，我们可以将其作为一个基本输入验证的示例。我们编写的几乎所有代码都只能在一个特定的限制内正常工作，它不能被用于极端情况，比如内存的空间过大，或者输入不同语言的文本。无论这个限制是什么，我们都不希望将代码暴露给那些设计外的输入，否则可能会带来意外后果并因此产生漏洞。缓解这种危险的一种简单方法就是对输入施加人为的限制，排除所有有问题的输入。

但这里有些细微差别需要注意。首先，限制当然不应该拒绝那些应该获得正确处理的输入。比如在工资计算示例中，我们不能将每周工作 40 小时视为无效。如果代码不能处理所有有效输入，那么我们就需要修复代码，扩大其能够处理的输入范围。其次，输入验证策略可能需要考虑多个输入的交互。比如在工资计算示例中，工资率和工作时间的乘积可能会超过定宽整数的大小（正如第 9 章中展示的那样），因此在输入验证中可以对这两个输入的乘积进行限制，也可以分别对工资率和工作时间进行限制。前一种方法更为“宽松”，但对于调用者来说更难适应，因此对于不同的应用程序来说，正确的选择也是不同的。

通常来说，我们应该尽快对不受信任的输入进行验证，以便能够最大程度地降低不受约束的输入流向下游代码的风险。一旦输入经过了验证，后续代码会受益，因为它们只会获得合适的数据。这有助于开发人员编写安全的代码，因为他们能够准确知道输入的范围。关键是一致性，因此一个好的模式是在负责处理传入数据的第一层代码中执行输入验证，然后将有效的输入交给更深层的业务逻辑，这些业务逻辑可以自信地认为所有输入都是有效的。

我们主要将输入验证视为应对不受信任的输入（特别是攻击面上的输入）的防御机制，但这并不意味着忽视其他的所有输入。无论你多么信任某些数据的提供者，都有可能由错误引发意外的输入，或者攻击者通过某种方法攻陷了一部分系统，并且有效扩大了其攻击面。考虑到上述原因，防御性输入验证是我们的朋友。我们宁可在冗余的输入验证上犯错，也不要面临产生微小漏洞的风险——如果你不确定传入的数据是否经过了可靠验证，那么你需要自己执行输入验证来确保安全。

10.1.1　确定有效性

输入验证一开始要确定什么是有效的。这并不像听起来的那样简单，因为它相当于预测未来所有有效的输入值，并找出合适的理由来禁止其余的输入值。这个决定通常是由开发人员做出的，他们必须在用户可能想要的内容与允许更大范围的输入值所带来的额外编码之间权衡。在理想情况下，软件的需求指出了有效输入的构成，一个好的设计可以为此提供指导。

对于整数输入来说，32 位整数的完整范围似乎是一个显而易见的选择，因为它是一个标准的数据类型。但我们再向前想一步，如果代码需要将这些值加在一起，就会需要一个更大的整数，因此 32 位的限制就变得有些随意了。或者，如果你可以合理地设置一个较低的有效值上限，就可以确保这些值的总和不会超出 32 位。要想确定有效输入的构成，需要检查与应用程序相关的上下文。这是一个很好的用来说明作用域对于安全的重要性的示例。一旦指定了有效值的范围，就很容易确定适合代码的数据类型。

通常有效的做法是对输入建立一个明确的限制，然后在实现中留出足够的余量，来确保正确地处理所有有效输入。余量是指当你要将一个文本字符串复制到 4096 字节的缓冲区中时，要将最大的有效长度设置为 4000 字节，这样你就有了一些余量（在 C 语言中，额外的空终止符导致缓冲区溢出 1 个字符是一个很容易犯的典型错误）。有些程序员喜欢更大的挑战，但如果你过于慷慨（允许尽可能大的输入范围），就会在代码实现时被迫承担超过必要且更难的工作，从而导致更大的代码复杂性和测试负担。即使你的在线购物应用程序可以在购物车中放入 10 亿件商品，尝试处理这种不切实际的交易也会适得其反——最好拒绝这种输入（这很可能是猫坐在键盘上带来的错误输入）。

10.1.2　验证标准

大多数的输入验证检查都包含几个标准，其中包括确保输入不会超过最大限制、数据以正确的格式传入，并且数据值在一个可接受的范围内。

检查值的大小是一种快速测试，主要是为了避免你的代码遭受 DoS 威胁，DoS 威胁会导致你的应用程序在接受数兆字节的不受信任的输入后，变得运行缓慢甚至崩溃。数据格式可以是数字序列、特许字符组成的字符串，或者更复杂的格式，比如 XML 或 JSON。通常，最好按照这个顺序来进行检查：首先限制大小，这样你就不会浪费时间来尝试处理过大的输入，然后在解析之前确保输入的格式是正确的，最后检查结果值是否在可接受的范围内。

确定值的有效范围可能是最主观的选择，但重要的是要有具体的限制。范围的定义取决于数据类型。对于整数来说，这个范围就是不小于最小值，并且不大于最大值。对于浮点数来说，范围的定义中可能也会对精度（小数位）有所限制。对于字符串来说，定义范围时可以限制它的最大长度、编码和允许的格式或语法，具体由正则表达式或类似的规则来确定。

我建议以字符而不是字节为单位指定字符串的最大长度，这样普通人才可以理解这个约束条件的含义。

根据某个目的来考虑输入的有效性会很有帮助。以语言翻译系统为例，在验证它的有效输入时，首先可以确保输入符合系统支持的字符集，并符合系统支持的所有语言共有的最大长度。如果下一个处理阶段是对文本进行分析，以确定它是什么语言，那么在选定语言后，可以使用一个适用于该语言的字符集对文本做出进一步限制。

再以采购订单为例，考虑对整数进行验证，该整数表示采购发票上订购的商品数量。我们可能并不容易确定所有客户实际订购的最大数量，但这是一个需要预先考虑的问题。如果你可以访问历史数据，那么可以通过 SQL 查询来快速获得有价值的参考。尽管有人会争辩，最大 32 位的整数值带来的限制最小，因此它是最佳选择，但在真实环境中这种限制的意义不大。谁不会认为订购了 4294967295 件商品的订单出错了呢？由于普通人一般不会记得那些从二进制派生出来的奇怪数字，选择一个对用户更友好的限制会更有意义，比如 1000000。如果有人在正常使用时受到了限制的阻碍，那么他需要了解这个限制，并且可以轻松调整自己的输入。更重要的是，开发人员可以在这个过程中了解到之前无法想象的真实用例。

输入验证的主要目的是确保无效输入不会通过验证。最简单的做法是拒绝无效输入，正如我们在迄今为止的讨论中一直在做的那样。另一种更宽容的选择是检测无效输入并将其修改为有效的形式。接下来让我们看看这些不同的做法，以及什么时候该使用哪种做法。

10.1.3 拒绝无效输入

拒绝不符合特定规则的输入，是最简单并且可以说是最安全的做法。完全接受或拒绝是最干净妥当的做法，并且通常最容易做对。这就像当有人问在海里游泳是否安全时，常识性的建议是“当不确定时，不要去做”。这种做法非常简单，就像当 Web 表单中任何字段填写不正确时则拒绝处理；这种做法也很极端，相当于当某些记录中有一次违规就拒绝整批传入数据。

每当人们直接提供输入（比如填写 Web 表格）时，最好能够提供足够的关于错误的信息，使他们能够更轻松地纠正错误并重新提交。用户提交无效的输入可能是因为录入错误，也可能是因为不了解验证规则，这两者都不太好。暂停下来并要求数据源提供有效的输入，这是进行输入验证的保守做法，它也为普通用户提供了学习和适应的机会。

当输入验证拒绝人们的错误输入时，可以提供以下最佳实践。

- 解释有效输入的构成，至少让阅读的人不必猜测并重试。（我怎么知道区号后面应该是连字符，而不是用括号把它括起来？）
- 一次标记多个错误，以便用户能够一次性更正并重新提交。
- 当需要人们直接输入时，保持规则简单明了。
- 将复杂的表格分成几个部分，并且每个部分都有一个单独的表格，这样人们可以看到事情的进展。

当输入来自其他计算机，而不是由人们直接输入时，最好应用更为严格的输入验证。实现这些要求的最佳方法是编写文档，精确地描述预期的输入格式和其他约束。在专业运行系统的输入验证中，会完全拒绝整批输入，而不是尝试处理部分有效的数据子集，这种做法可能最合理，因为验证不通过就表示有些输入不符合规范。这样做允许纠正错误并再次提交完整的数据集，而无须梳理出哪些已处理，哪些未处理。

10.1.4　纠正无效输入

完全接受有效输入并拒绝其他输入，这种做法既安全又简单，但绝对不是最好的做法。对于那些不惜一切代价寻求客户的在线商家来说，结账时的拒绝输入可能会带来更多糟糕的“废弃购物车”和销售损失。对于交互式的用户输入来说，僵化的规则会让人不适，因此如果软件可以帮助用户提供有效输入的话，就应该这样做。

如果我们不希望因为微小的错误而阻止人们继续的话，可以通过输入验证代码来尝试更正那些无效的输入，将它们转换为有效值，而不是直接拒绝输入。比如将过长的字符串截断为最大长度，或者删除多余的前置或后置空格。还有更为复杂的无效输入更正示例。比如在输入邮寄地址时，人们需要严格遵守邮政服务所允许的格式。这种情形更正起来比较困难，因为输入中需要包含精准的空格、街道名称的正确拼写，以及预期的缩写格式。唯一能够实现这种情形的做法是根据用户的输入，以官方格式提供猜测出的相似地址，以供用户选择。

对于难度较高的验证需求来说，最好的办法是将输入设计得尽可能简单。比如在提供电话号码时，很多人会纠结到底应该用括号把区号括起来，还是在区号后面添加连字符。这时，我们可以将电话号码仅设置为数字字符串，避免那些复杂的语法规则。

虽然这种更正可以节省时间，但修正的结果可能不尽如人意（从用户的角度来看）。以表单中的电话号码为例，假设预期的输入长度为 10 位数字。如果我们去掉连字符并接受其他输入后，会得到 10 位有效数字，那么这种更正就是恰当的；但是，如果用户输入的数字位数过多（用户可能是想输入一个国际号码），或者他们可能输入了错误的号码，那么这种更正就是不恰当的。无论是哪种情况，将输入截断都不安全。

适当的输入验证需要谨慎的判断，但它也使软件系统更可靠、更安全。它减少了可能会出现的问题，消除了预期外的用例，提高了软件的可测试性，并使整个系统的定义变得完善和稳定。

10.2　字符串漏洞

如果你是一名工作在 2006 年的程序员，而且你不了解字符、字符集、编码和 Unicode 的基础知识，那么在我抓住你后，要惩罚你在潜艇上剥 6 个月洋葱。——乔尔 · 斯波尔斯基

几乎所有的软件组件都处理字符串，至少也要将其作为命令行参数来处理，或者以清晰易读的格式显示输出内容。一些应用程序会广泛处理字符串，具体如文字处理器、编译器、Web 服务器和浏览器等。对字符串的处理无处不在，因此我们要了解其涉及的常见安全陷阱。接下来展示一些示例，以避免在无意中造成漏洞。

10.2.1 长度问题

长度是第一个挑战，因为字符串可能是无限长的。在将字符串复制到固定长度的存储区时，极长的字符串会导致缓冲区溢出。即使处理得当，大量字符串也会导致性能问题，比如它会消耗大量 CPU 资源或内存资源，从而对可用性造成威胁。因此，第一道防线是将不受信任的输入字符串的长度限制在合理的范围内。其中的一个风险就是在分配缓冲区时，不要将字符数与字节长度混淆。

10.2.2 Unicode 问题

现代软件通常会依赖于 Unicode。Unicode 是一个丰富的字符集，但这种丰富性的代价是隐藏的复杂性，并且这些复杂性会成为漏洞利用的沃土。大量字符编码可以将全世界的文本表示为字节，但大多数软件会将 Unicode 作为一种通用语。Unicode 标准（版本 13.0）的长度刚超过 1000 页，指定了超过 14 万个字符、规范化算法、旧字符代码标准的兼容性，以及双向语言支持；它几乎涵盖了世界上所有的书面语言，其编码超过了 100 万个代码点。

需要注意的是，Unicode 文本有几种不同的编码。UTF-8 是最常见的编码，同时还有 UTF-7、UTF-16 和 UTF-32 编码。字节与字符之间的精确转换对于安全性来说非常重要，以免在转换过程中对文本内容带来无意间的变动。排序规则（collation）取决于编码和语言，如果不关注它的话，就会产生意想不到的结果。在不同区域设置的环境中，比如在配置了不同国家或语言的计算机上运行，有些操作可能会有所不同，因此在所有这些用例中进行测试至关重要。在不需要支持不同的语言环境时，请考虑明确指定其运行的语言环境，而不是继承系统配置中的设置。

由于我们无法完全掌握 Unicode 的丰富特性，安全性的底线是使用受信任的库来处理字符串，而不是直接对字节进行处理。可以这样说，Unicode 类似于密码学，因此这种繁重的工作最好留给专家处理。如果你不知道自己在做什么的话，会有一些你从未听说过的生僻字符或语言的某些行为特征导致漏洞的产生。本节会详细介绍值得关注的主要问题，但要想全面深入地了解 Unicode，可参考相关书籍。Unicode 联盟为需要了解细节的开发人员提供了有关安全注意事项的详细指南，*UTR#36: Unicode Security Considerations* 是一个很好的起点。

1. 编码和字形

Unicode 是对字符而不是字形（以何种视觉形式来呈现字符）进行编码。我们可以从不同方面对这句话进行解释，最简单的解释是虽然大写字母 I（U+0049）和罗马数字 Ⅰ（U+2160）是不同的字符，但它们有可能显示为相同的字形（称为同形字）。Web URL 支持国际语言，使用相似的字符是攻击者用来欺骗用户的公认把戏。典型的一个例子是有人使用西里尔字符 Р（U+0420）获得了合法的服务器证书，这个字符看起来与 PayPal 中的 P 一样，从而创建了完美的网络钓鱼环境。

Unicode 中也包含组合字符，也就是允许对同一个字符进行不同的表示。拉丁字母 Ç（U+00C7）也可以使用双字符进行表示，即由大写字母 C（U+0043）和“组合软音符”字符 ̧（U+0327）组成。这个单字符形式和双字符形式都显示为相同的字形，并且语义上也没有差别，因此代码应该将它们视为等效形式。典型的代码策略应该是首先将输入字符串规范化为规范形式，但不幸的是，Unicode 有多种规范化方法，因此想要正确处理细节还需要做更多的工作。

2. 大小写转换

规范化文本的一种常用方法是将字符串中的字母转换为大写或小写，因此代码会将 test、TEST、tEsT 视为相同的输入。然而事实证明，在英语字母表之外的很多字符会在大小写转换中表现出令人惊讶的特性。

举例来说，下面这两个字符串是不同的，但很难看出它们的区别：“This ıs a test.”和“This is a test.”（请注意，第 1 句中的第 2 个单词，小写字母 i 上面没有点）。在将它们转换为大写字母后，它们变成了相同的字符串“THIS IS A TEST.”。这是因为小写、无点的 ı（U+0131）和我们熟悉的小写字母 i（U+0069）都被转换为大写字母 I（U+0049）。要想了解它如何能够导致漏洞，可以考虑检查输入的字符串中是否包含<script>：代码可能会转换为小写字母并扫描这个子字符串，然后将其转换为大写字母进行输出。如果字符串<scrıpt>通过了检查并且在输出中显示为<SCRIPT>，说明代码会允许网页上的脚本注入攻击——这正是代码需要阻止发生的事情。

10.3　注入攻击漏洞

如果将真理注入政治，就没有政治。——威尔·罗杰斯

在邮政系统忙于处理的无数吨垃圾邮件中，不请自来的信用卡推销邮件占据了其中很大的一部分，但有一位聪明的收件人设法占到了银行的便宜。德米特里·阿加尔科夫（Dmitry Agarkov）并没有使用推销邮件来注册一张他不满意的信用卡，而是扫描了邮件中随附的合同并仔细修改了其中的文本，将条款变得对他非常有利，包括 0%利率、无限信用额度，以及在银行取消该卡时需要付给他费用。他签署了这份修改后的合同并将其退还给银行，很快他就收到了新信用卡。德米特里享受了一段时间他特有的优惠条款，但当银行发现后事情变得糟糕了。经过一场旷日持久的司法斗争（包括支持修改后合同有效性的有利判决）后，他最终选择庭外和解。

这是现实世界中的一次注入攻击：合同与代码不同，但它们可以迫使签署者以与程序行为大致相同的方式执行规定的操作。通过更改合同条款，德米特里迫使银行违背其意愿行事，几乎就像是他修改了管理信用卡账户的软件一样。软件也容易受到类似的攻击。不受信任的输入可以愚弄软件，并使其做出一些意想不到的事情，这实际上是一个相当普遍的漏洞。

一种常见的软件技术能够构造一个字符串或数据结构（其中编码了要执行的操作），然后执行该字符串或数据结构来完成指定的任务（类似于银行起草一份合同，在其中定义其信用卡服务的运作方式，并期望客户原封不动地接受条款）。当数据来源不受信任时，可能会影响后续的执行。如果攻击者可以改变操作的预期效果，那么这种影响可能会穿越信任边界，并由具有更高权限的软件执行。这就是对注入攻击的解释。

在对常见的注入攻击进行详细解释之前，我们通过一个简单的例子来说明不受信任的数据所具有的欺骗性。这是一个虚构的故事，一个校内垒球队巧妙地为自己取了“没有比赛安排”

这个名字，并且成功利用了这个名字带来的混乱。有几次对手球队在赛程表上看到了这个名字，误以为那天没有安排比赛，因此没有出现而被认为弃权。这就是一个注入攻击的例子，因为球队名称是赛制系统中的一个输入，但“没有比赛安排”被误认为是赛制系统提供的一个消息。

相同的注入攻击原理适用于很多不同技术（也就是说构造的字符串代表了一项操作），包括但不限于：

- SQL 语句；
- 文件路径名称；
- 正则表达式（作为一种 DoS 威胁）；
- XML 数据（尤其是 XXE 声明）；
- shell 命令；
- 将字符串解释为代码（比如 JavaScript 的 eval 函数）；
- HTML 和 HTTP 头部（在第 1 章中介绍）。

接下来将详细解释前 4 种注入攻击。shell 命令和代码注入的工作方式类似于 SQL 注入，其中模糊的字符串构造可能会被不受信任的输入利用。第 11 章中会介绍 Web 注入攻击。

10.3.1 SQL 注入攻击

经典的 xkcd 漫画（见图 10-1）中描绘了一次大胆的 SQL 注入攻击，其中父母给他们的孩子起了一个罕见且无法发音的名字，名字中包含特殊字符。在将其输入当地学区的数据库时，这个名字将会泄露学校的记录。

图 10-1 妈咪攻击（由 Randall Munroe 提供）

要想了解它的工作原理，假设学校的注册系统使用 SQL 数据库，并且使用以下 SQL 语句来添加学生记录。

```
INSERT INTO Students (name) VALUES ('Robert');
```

在这个简化了的示例中，这个语句会将名字“Robert”添加到数据库中（在实际使用中，这两个括号的列表中会包含更多列，而不只是 name；为简单起见，我们省略了其他列）。

现在想象一下有个学生叫“Robert'); DROP TABLE Students;--”。考虑一下输入这个名字所生成的SQL命令（用阴影突出了学生的名字）：

```
INSERT INTO Students (name) VALUES ('Robert'); DROP TABLE Students;--');
```

根据 SQL 命令的语法规则，这个字符串实际上包含两条语句：

```
INSERT INTO Students (name) VALUES ('Robert');
DROP TABLE Students; --');
```

第一个 SQL 命令会按预期插入“Robert”记录。但是，由于学生姓名中包含 SQL 语法，它还注入了第二个意外命令（DROP TABLE），这个命令会删除整个表。双连字符表示注释，因此 SQL 引擎会忽略此后的文本。这个把戏通过后缀语法（单引号和右括号）来实现漏洞利用，并以此避免了中断执行的语法错误。

现在我们更仔细地看一下代码，看看 SQL 注入漏洞是什么样的，以及我们该如何预防它。假设学校注册系统代码的工作方式是根据字符串形成 SQL 命令，正如上述基本示例展示的那样，然后执行该命令。输入数据会提供姓名和其他信息来填写学生记录。理论上，我们甚至可以假设工作人员已经根据官方记录核对了这些输入，以确保其准确性（为了展示示例，我们假设合法姓名中可以包含 ASCII 特殊字符）。

程序员的致命错误是在编写如下所示的字符串连接语句时，没有考虑到不寻常的姓名可能会“打破”单引号。

易受攻击的代码

```
sql_stmt = "INSERT INTO Students (name) VALUES ('" + student_name + "');";
```

缓解注入攻击并不难，但需要保持警惕，以免马虎地写出这样的代码。将不受信任的输入与命令字符串混合在一起是导致这个漏洞的根本原因，因为这些输入可能会打破引号，并带来意想不到的严重后果。

确定一个有效姓名能够由哪些字符串构成固然是一个重要的问题，但让我们只关注这个 SQL 语句中用于单引号的撇号字符。有些姓名（比如 O’Brien）中会包含撇号，这正是破坏 SQL 命令语法的关键，但应用程序不能在输入验证中禁止使用这个字符。这个姓名可以正确地写为一个带引号的字符串'O''Brien'，但可能还有许多其他特殊字符需要进行特殊处理，才能形成一个完整的解决方案来有效消除漏洞。

作为进一步的防御措施，你还应该对 SQL 数据库进行配置，使学生注册软件不具备删除任何表的管理权限（可参考 4.2.1 节中的示例）。

与其使用自定义的 SQL 消毒代码，还不如使用一个旨在构建 SQL 命令的库来处理这些问题。如果没有可以信赖的库，可以创建测试用例来确保软件能够拒绝或安全处理注入攻击，并且软件也能够处理像 O’Brien 这样的姓名。

下面是一些简单的 Python 代码片段，其中显示了错误的方法和正确的方法。首先是错误的方法，它使用了 Little Bobby Tables 攻击的一个模型：

易受攻击的代码

```
import sqlite3
con = sqlite3.connect('school.db')
student_name = "Robert'); DROP TABLE Students;--"
```

```
# The WRONG way to query the database follows:
sql_stmt = "INSERT INTO Students (name) VALUES ('" + student_name + "');"
con.executescript(sql_stmt)
```

在创建到 SQL 数据库的连接（con）后，代码会将学生姓名分配给变量 student_name。接着，代码会将 student_name 字符串插入 VALUES 列表，以此构建 SQL INSERT 语句，并将其分配给 sql_stmt。最后，这个字符串会被作为 SQL 脚本执行。

处理这个问题的正确方法是使用库来插入涉及不受信任数据的参数，比如下面这个代码片段所示。

修复的代码

```
import sqlite3
con = sqlite3.connect('school.db')
student_name = "Robert'); DROP TABLE Students;--"
# The RIGHT way to query the database follows:
con.execute("INSERT INTO Students (name) VALUES (?)", (student_name,))
```

在这个实现中，“?”占位符会由它后面的元组参数（student_name 字符串）进行填充。需要注意的是，在 INSERT 语句字符串中不需要使用引号——这就是修复的地方。这种语法能够避免注入攻击，并安全地将 Bobby 的奇怪名字输入数据库。

这个示例中有一个细节值得说明。要想使原本的漏洞利用得手，需要使用 executescript 库函数，因为 execute 只接受一条语句，这正是对这种特定攻击的一种防御措施。但是，如果认为所有注入攻击都会涉及额外的命令，并且上述限制提供了很多保护的话，就大错特错了。比如学校里另一个学生也有一个无法发音的名字：Robert', 'A+');--。他和 Robert 都没有通过考试，但在将他的成绩记录到另一个 SQL 表中时，他的分数被提高到了 A+。怎么会这样？

在使用这个易受攻击的代码来提交 Robert 的成绩时，命令会输入预期的 F，如下所示。

```
INSERT INTO Grades (name, grade) VALUES ('Robert', 'F');
```

但是当姓名变为 Robert', 'A+');--时，命令变成了：

```
INSERT INTO Grades (name, grade) VALUES ('Robert', 'A+');--', 'F');
```

最后需要提到的一点是关于 xkcd 的“Little Bobby Tables”示例，细心的读者可能已经注意到了。撇开荒谬的名字不谈，Bobby 的母亲还预见到数据库中表的名称是 Students。在这里我们只能说这是情节需要。

10.3.2 路径遍历

文件路径遍历是一个与注入攻击密切相关的常见漏洞。这种攻击不会破坏成对的引号（正如我们在 10.3.1 节看到的那样），而是会进入父目录，以获得对文件系统其他部分的意外访问。比如为了提供多张图片，一个实现可能会在名为/server/data/image_store 的目录中收集图片，并且根据路径中的图片名称 X 来处理请求，但这个名称 X 来自不受信任的输入：/server/data/image_store/X。

最明显的攻击是请求这个名称（../../secret/key），这将会返回文件/server/secret/key，而这个文件应该是私有的。回顾一下，“.”表示当前目录中的特殊名称，“..”表示父目录，它允许遍历文件系统根目录，下面这些路径名称是一样的。

- /server/data/image_store/../../secret/key；
- /server/data/../secret/key；
- /server/secret/key。

预防这类攻击最好的方法是对允许输入的字符集（本例中是 X）进行限制。通常来说，确保输入是仅由字母和数字构成的字符串就足以修复这个漏洞。这种做法可以实现目的，是因为它排除了从文件系统预期部分"逃逸"出去所需要的文件分隔符和父目录形式。

然而，有时这种方法带来的限制过多。在需要处理任意文件名称时，这种简单的方法就带来了太多限制，我们不得不做更多的工作（随着文件系统越来越复杂，我们的工作也会越来越繁重）。另外，如果你的代码需要运行在不同的平台上，还需要注意可能存在的文件系统差异（比如路径分隔符在*nix 中是斜杠，但在 Microsoft Windows 中是反斜杠）。

这里以 Python 代码中的一个简单函数作为示例，该函数会先对输入的字符串进行检查，然后将输入的字符串作为子路径，以便访问该 Python 代码所在的目录中的相关文件（以__file__表示）。它的理念就是只提供对于某个目录或其子目录中文件的访问，但绝对不提供对其他位置文件的访问。在本例的代码中，保护函数 safe_path 会检查输入中是否存在前缀的斜杠（可以用来跳转到文件系统根目录）或表示父目录的两点，并拒绝包含这些内容的输入。为了做到这一点，你应该使用标准库来处理路径，比如 Python 的 os.path 功能套件，而不是使用单独的字符串限制。但仅此一项还不足以保障预期目录的安全性。

易受攻击的代码

```
def safe_path(path):
    """Checks that argument path is a safe file path. If not, returns None.
    If safe, returns the normalized absolute file path.
    """
    if path.startswith('/') or path.startswith('..'):
        return None
    base_dir = os.path.dirname(os.path.abspath(__file__))
    filepath = os.path.normpath(os.path.join(base_dir, path))
    return filepath
```

这种保护机制中的漏洞在于攻击者可以给出一个有效目录，然后向上转到其父目录，以此类推。举例来说，由于本例中代码所运行的当前目录位于根目录下 5 级，路径./../../../../../etc/passwd 可以解析为/etc/passwd 文件。

我们可以拒绝任何包含".."的路径，以此来改进基于字符串的无效路径测试，但这种方法具有风险，因为我们很难预料到所有可能的把戏，并且完全阻止它们。相反，我们有一个简单的解决方案，即依赖于 os.path 库，而不是使用你自己的代码来构建路径字符串：

修复的代码

```
def safe_path(path):
    """Checks that argument path is a safe file path. If not, returns None.
    If safe, returns the normalized absolute file path.
    """
    base_dir = os.path.dirname(os.path.abspath(__file__))
    filepath = os.path.normpath(os.path.join(base_dir, path))
    if base_dir != os.path.commonpath([base_dir, filepath]):
```

```
        return None
    return filepath
```

你可以完全信任这种保护，我们来解释原因。base 目录是一个可靠的路径，因为它不会涉及任何不受信任的输入：它的输入完全来自程序员控制下的值。在加入这个输入的路径字符串后，这个路径会被规范化，这个操作会将“..”这个父目录引用解析为一个绝对的路径（filepath）。现在我们可以检查这里的最长公共子路径是否是我们想要限制访问的预期目录。

10.3.3 正则表达式

正则表达式（regex）具有高效、灵活和易于使用的特点，它提供了非常广泛的功能，并且可能是最常用来解析文本字符串的通用工具。在编码和执行上，正则表达式通常比临时代码更快且更可靠。正则表达式库会编译出状态表，状态表是一个解释器（有限状态机或类似的自动机制），能够执行字符串的匹配。

即使你的正则表达式在结构上是正确的，它也可能会导致安全问题，因为某些正则表达式容易占用过长的执行时间，如果攻击者触发了这些正则表达式，就会导致严重的 DoS 攻击。具体来说，如果正则表达式导致了回溯（backtracking），执行时间就会激增。也就是说，在向前扫描了很多内容后，需要返回并一遍又一遍重新扫描以找到匹配项。安全隐患通常来自允许不受信任的输入来指定正则表达式；或者，如果代码中已经包含一个回溯正则表达式，那么不受信任的输入若提供了一个长的最糟糕情况的字符串，就会极大限度地加重计算工作量。

回溯正则表达式看起来可能是无害的，后文中会有示例展示。在我的 Raspberry Pi Model 4B 上，运行下面这个 Python 代码需要 3s 以上的时间。你的处理器可能处理速度要快得多，但由于这个示例中 24 个 D 中的每个都会使运行时间加倍，因此很容易就可以使用稍长的字符串将任何处理器锁定：

```
import re
print(re.match(r'(D+)+$', 'DDDDDDDDDDDDDDDDDDDDDDDD!'))
```

在解析任何不受信任的输入时，比如在执行回溯或其他非线性计算时，都存在运行时间过长的危险。在 10.3.4 节中，我们将会展示 XML 实体示例和其他示例。

缓解这些问题的最佳方法取决于具体的计算，但有几种通用的方法可以用来应对这些攻击。要避免让不受信任的输入影响到有可能崩溃的计算。在使用正则表达式的情况下，不要让不受信任的输入来定义正则表达式，尽可能避免回溯，并且限制使用正则表达式匹配的字符串的长度。我们要考虑最糟糕的计算，然后对其进行测试，以确保不会执行得过慢。

10.3.4 XML 的危险

XML 是表示结构化数据的最流行的方法之一，因为它功能强大且易于阅读。但是，你应该意识到 XML 也可以被作为武器。通过使用 XML 实体，不受信任的 XML 可以以两种方式造成伤害。

XML 实体声明是一个相对模糊的特性，不幸的是，攻击者一直在设法寻找滥用它的方法。在下面的示例中，名为 big1 的实体被定义为 4 个字符的字符串。另一个名为 big2 的实体被定义为 big1 的 8 个实例（总共 32 个字符），big3 被定义为 big2 的 8 个实例，以此类推。当升级到 big7 时，我们正在处理 1MB 的数据，并且还可以继续加码处理。下面这个实例构建了一个 8MB 的 XML 块。如你所见，你只需要添加几行就可以达到 GB 级别：

```
<!DOCTYPE dtd[
  <!ENTITY big1 "big!">
  <!ENTITY big2 "&big1;&big1;&big1;&big1;&big1;&big1;&big1;&big1;">
  <!ENTITY big3 "&big2;&big2;&big2;&big2;&big2;&big2;&big2;&big2;">
  <!ENTITY big4 "&big3;&big3;&big3;&big3;&big3;&big3;&big3;&big3;">
  <!ENTITY big5 "&big4;&big4;&big4;&big4;&big4;&big4;&big4;&big4;">
  <!ENTITY big6 "&big5;&big5;&big5;&big5;&big5;&big5;&big5;&big5;">
  <!ENTITY big7 "&big6;&big6;&big6;&big6;&big6;&big6;&big6;&big6;">
]>
<mega>&big7;&big7;&big7;&big7;&big7;&big7;&big7;&big7;</mega>
```

使用外部实体声明可以带来更多用法。考虑以下示例。

```
<!ENTITY snoop SYSTEM "file:///etc/passwd>" >
```

它所做的工作正如你所想的：读取密码文件，并在 XML 后续任何出现“&snoop;”的地方都可以使用密码文件。如果攻击者可以将其呈现为 XML，然后查看实体扩展的结果，那么他们就可以公开任何他们能够叫出名字的文件内容。

针对这类问题的第一道防线是，将不受信任的输入排除在你的代码所处理的任何 XML 之外。有些现代库会检查这种攻击，但你需要检查并确定你是否需要依赖它。如果你不需要 XML 外部实体，就可以通过在输入中排除不受信任的输入，或者禁止处理这类声明来防止这类攻击。

10.4 缓解注入攻击

正如各种注入攻击都依赖于相同的把戏（使用不受信任的输入来影响应用程序环境中执行的语句或命令），缓解这些问题的措施也有相同的思想，尽管细节会有所不同。输入验证始终是很好的第一道防线，但考虑到允许的输入中会包含的内容，仅此一项缓解措施不一定足够。

要避免尝试将不受信任的数据插入结构化字符串中，并作为命令执行。用于 SQL 和其他功能的现代库，若易于受到注入攻击，都应该提供帮助函数，允许你将数据与命令分开传入。这些函数需要处理引用、转义，或者安全执行所有输入的预期操作所需的任何操作。我建议在库的文档中查找有关安全性的说明，因为确实存在一些不靠谱的代码实现会将字符串拼接在一起，并且会在 API 的外观（facade）下受到注入攻击。当有疑问时，安全测试用例（详见第 12 章）是检查的好方法。

如果你不能或不准备使用安全库（但我必须再次提醒你需要考虑“可能出什么问题”），首先需要找到一种替代方法来避免注入攻击。不要构造*nix ls 命令来枚举目录中的内容，而是要使用系统调用。它背后的原因显而易见：readdir(3)所能做的就只是返回目录条目信息；相比之下，调用 shell 目录几乎可以做任何事情。

在某些情况下，用文件系统充当自制的数据存储系统可能是最快的解决方案，但我不推荐这样做，因为这很难称得上是一种安全的做法。如果你坚持冒险的话，请不要低估你面对的工作量，你需要预测并阻止所有的潜在攻击，以保障安全性。输入验证是你的朋友；如果你可以将字符串限制在一个安全字符集的范围内（比如仅由 ASCII 字母和数字组成名称），那么你可能不会遇到问题。作为额外的防御层，要研究会形成的命令或语句的语法，并且要确保应用了所有必要的引用或转义，以确保不会出错。你要仔细阅读相关的规范，因为可能存在你没有意识到的罕见形式。

好消息是，我们通常可以在源代码中轻松扫描出使注入攻击成为风险的危险操作。检查是否使用参数安全地构造 SQL 命令，而不是使用临时字符串。对于 shell 命令的注入攻击，要注意 exec(3)及其变体的使用，并确保正确地引用命令参数（Python 提供 shlex.quote 正是为了这个目的）。在 JavaScript 中，要检查 eval 的使用并安全地限制它们，或者当不受信任的输入有可能影响构造的表达式时，考虑不使用它。

本章介绍了许多注入攻击及其相关的常见漏洞，但注入攻击是一种非常灵活的方法，可以以多种形式出现。在第 11 章中，我们会在 Web 漏洞的介绍中再次看到它。

第11章 Web安全

当蜘蛛网中出现文字时，所有人都说这是个奇迹。但是没有人指出蜘蛛网本身就是一个奇迹。——E.B.怀特

万维网的巨大成功在很大程度上归因于一个明显的事实（如今被认为是理所当然的）：无数人对它的原理一无所知，但经常使用它。如此复杂的技术融合在一起所取得的这个非凡成就既是福也是祸。毫无疑问，网络的易用性促使它的用户持续增长。另外，要想对这个被无数端点用户使用，并提供独立数字服务的全球网络提供安全保护，确实是一项极其艰巨的任务。安全性可能是这个大难题中最困难的部分。

让安全性独具挑战的其中一个复杂因素在于，早期的Web设计非常幼稚，没有过多考虑安全性。然而，现代Web是一个标准长期演变的产物，同时被竞争激烈的“浏览器大战”和向后兼容性所困扰。简而言之，Web是历史上最极端的亡羊补牢的例子。

然而，尽管现代Web可以变得安全，但它错综复杂的历史意味着它也非常脆弱，并且正像Web cookie规范RFC 6265的作者所说的那样，存在很多“安全和隐私方面的缺陷”。软件专业人员需要了解所有这些内容，以免在构建Web时遇到这些问题。微小的失误很容易造成漏洞。鉴于互联网“狂野西部”的性质，不怀好意的人可以自由轻松地探索网站的运作方式，也可以匿名地四处寻找攻击机会。

本章将重点介绍Web安全模型演变的基础知识，以及使用它的正确方式和错误方式。漏洞源于细节，一个安全的网站必须做对很多事情。我们将介绍Web安全的所有基础知识，首先是在安全框架上的构建要求，这个安全框架会为你处理错综复杂的事务。然后，我们将介绍安全通信（HTTPS）、正确地使用HTTP（包括cookie），以及结合同源策略来保护网站的安全。最后，我们将介绍Web独有的两个主要漏洞（XSS和CSRF），还会讨论其他缓解措施，组合使用这些缓解措施有助于保护现代Web服务器。尽管如此，本章绝对不是网络安全的完整纲要，其细节内容繁多且发展迅速。

本章的目标是传达对主要常见陷阱的粗略认识，以便你能够识别出它们，并且知道该如何处理。Web应用程序也会受到本书其他部分介绍的漏洞的影响：不要认为本章的内容是唯一的潜在安全问题。

提示：以下讨论建立在你对 Web 基础知识有一定了解的基础上，具体包括客户端/服务器模型；HTTP 和 HTML 的基础知识，包括 cookie、CSS 基础知识、JavaScript 基础知识、文档对象模型。对 Web 不太熟悉的读者在大部分情况下也能够顺利阅读，但也可以通过一些补充阅读来填补空白。

11.1 建立在框架之上

以框架为单位进行设计，从混乱中恢复秩序。——妮塔·利兰

借助现代的 Web 开发工具，构建网站几乎与使用网站一样简单。要想构建一个安全的网站，我的首要建议是依赖高质量的框架，永远不要忽视框架所提供的保护措施，让有能力的专家来处理所有混乱的细节。

一个可靠的框架应该可以使你免受下文介绍的各种漏洞的影响，但是准确理解框架会做什么以及不做什么也很重要，因为这样你就可以更有效地利用框架。另外，从一开始就选择一个安全的框架也很重要，因为你的代码将深深依赖于它，如果它未能达到你的预期，在将来更换框架会非常痛苦。那么，我们如何能够知道一个 Web 框架是否真的安全？我们可以将其归结为信任——要包含框架制造者的善意和专业知识。

Web 框架的流行和风向几乎与巴黎时尚一样快起快落。你的选择会取决于很多因素，因此我不会提出具体的推荐做法，但我会建议你在进行评估时使用以下一般准则。

- 选择使用由值得信赖的组织或团队开发的框架，这些组织或团队会积极地开发和维护这个框架，以跟上不断变化的网络技术和实践。
- 在文档中查找明确书写的安全声明。如果找不到的话，我建议不要使用该框架。
- 调查过去的表现：该框架不需要有完美的记录，但响应迟缓或持续存在的问题模式都是危险信号。
- 构建一个小型原型并检查生成的 HTML 是否拥有正确的转义和引用（使用与本章示例中类似的输入进行测试）。
- 构建一个简单的测试平台来试验基本的 XSS 和 CSRF 攻击，本章稍后会对此进行解释。

11.2 Web 安全模型

Web 是一种客户端/服务器技术，要想理解它的安全模型，就需要同时从这两个方面进行考虑。你会发现事情很快就开始变得有趣，因为它们双方的安全利益经常存在争议，尤其是考虑到潜在的攻击者会通过互联网入侵。

例如一个典型的在线购物网站，它们的安全原则或多或少适用于所有网络活动。为了开展业务，商家和消费者必须在一定程度上相互信任，并且在大多数情况下确实如此。尽管如此，仍然不可避免地存在一些坏人，因此网站无法完全信任每个客户端，反之亦然。下面我们来看看商家和消费者之间暂时互信的一些细微差别。

商家有以下基本要求。

- 其他网站应该无法干扰我与客户的互动。
- 我希望竞争对手能够尽可能少地获取我的产品和库存详情，但同时希望为真实客户提供足够多的有用信息。
- 客户不可以修改价格，也不能购买库存不足的产品。

客户有以下基本要求。

- 我要确保我访问的网站是真实的。
- 我要对在线支付的安全性有信心。
- 我希望商家能够对我的购物行为保密。

显然双方都必须保持警惕，以确保 Web 正常工作。也就是说，客户对于商家有很多期望。如果可能的话，我们可通过客户教育来帮助那些感到困惑的客户或容易上当的客户，但这些内容超出了本书范围。相反在 Web 安全方面，我们会站在商家的角度为网站提供保护。只有在服务器能够很好地提供安全性的情况下，Web 才能工作，这样诚信的终端用户才能有机会获得安全的 Web 体验。商家不仅要考虑他们对客户的信任程度，还要凭直觉了解客户对他们的信任程度。

Web 安全模型中的另一个奇怪考量是客户端浏览器的角色。Web 服务的设计颇具挑战，是因为它们需要与浏览器进行交互，而浏览器又完全不在它们的掌控之内。恶意客户可以轻松地使用修改后的浏览器做出任何事情。或者，粗心客户很可能正在使用一个充满漏洞的古老浏览器。即使 Web 服务器尝试对客户使用的浏览器类型进行限制，使其只能使用特定的版本，但浏览器可以轻易实现错误表明自己的身份并绕过这类限制。当然诚信的客户也会希望使用安全的浏览器并定期更新浏览器，因为这会保护他们自己的利益。最重要的是，只要服务器是安全的，恶意客户就无法对服务器提供给其他客户的服务造成影响。

Web 服务器过度信任那些不值得信任的客户端浏览器，可能是众多 Web 安全漏洞的根源。人们很容易并且经常遗忘这一点（正如我在本章中一直阐述的那样），因此尽管啰嗦我也要强调它。

11.2.1　HTTP

那些认为协议并不重要的人从未与猫打过交道。——罗伯特·A.海因莱因

HTTP 本身是 Web 的核心，因此在我们深入研究 Web 安全之前，有必要简单回顾一下 HTTP 的工作原理。我们会进行极简的介绍，将其作为后文安全讨论的概念框架，并且我们会将重点放在安全方面。对于很多人来说，Web 浏览已经成为日常生活的一部分，现在我们需要后退一步并仔细思考这个过程的所有步骤——其中很多步骤我们很难注意到，因为现代处理器和网络通常会提供极快的响应。

Web 浏览总是从一个 URL（Uniform Resource Locator，统一资源定位符）开始的。以下示例显示了 URL 的部分信息：

```
http://www.example.com/page.html?query=value#fragment
```

冒号的前面是方案（scheme），指定了浏览器在请求所需资源时必须使用的协议（本例为 http）。基于 IP 的协议以“//”开头，后面跟着主机名（hostname），对于网页来说，主机名就是 Web 服务器的域名（本例为 www.example.com）。其他部分都是可选的：斜线（/）后面是路径（path），问号（?）后面是查询（query），井号（#）后面是分段（fragment）。路径指定了浏览器所请求的网页。查询允许对网页的内容进行参数化。比如在网上搜索“something”时，产生的 URL 路径可能是/search?q=something。分段为页面中的辅助资源命名，通常作为链接目的地的锚点使用。总之，URL 指定了请求内容的方法和位置，指定了站点上的特定页面，通过查询参数来自定义页面，以及为页面中的特定部分命名。

为了根据你提供的 URL 显示网页，你的 Web 浏览器需要做很多工作。首先，它会向 DNS（Domain Name System，域名系统）查询主机名的 IP 地址，以便知道该向哪里发送请求。请求中包含要发送给 Web 服务器主机的内容，即 URL 路径和编码在请求头中的其他参数（包括 cookie、用户的首选语言等）。服务器发回的响应中会包含一个状态代码和响应头（这里可能会设置 cookie 和很多其他参数），后面跟着由 HTML 组成的网页内容主体。对所有嵌入式资源来说（比如脚本、图像等），这个相同的请求/响应过程会重复进行，直到完全加载并显示了所有内容。

现在让我们看看要想保持安全性，Web 服务器必须正确地执行哪些操作。有一个重要细节我们还没有提到，那就是 HTTP 动作所指定的请求。考虑到我们的目的，我们只会关注两个最常用的动作。GET 动作会从服务器请求内容。相比之下，客户端会使用 POST 动作来提交表单或上传文件。GET 请求不会改变服务器的状态，而 POST 请求旨在改变服务器的状态。这种语义区别是很重要的，在下文介绍 CSRF 攻击的部分可以了解到这一点。就目前而言，我们需要记住的是，即使客户端指定了它要使用的请求动作，也要由服务器来决定应该如何处理这个请求。另外，通过在其页面上提供超链接和表单，服务器实际上也在引导客户端进行后续的 GET 或 POST 请求。

可能有人会指出，我们其实也可以让服务器在响应 GET 请求时改变状态，在响应 POST 请求时拒绝改变状态。但是，如果你严格地遵守标准规则，可以很容易地让你的服务器变得安全。例如，你确实可以翻过标记有“请勿靠近”的栅栏走到悬崖边，并且沿着悬崖边缘行走而不会坠崖，但这种做法无疑会危及你的安全。

一条与安全相关的“铁则”是不要在URL中嵌入敏感数据，而是使用表单POST请求向服务器发送敏感数据，否则REFERER请求头在暴露请求所在的网页URL时会泄露敏感数据。举例来说，在一个URL为https://example.com?param=SECRET的网页上单击一个链接时，会使用一个包含REFERER请求头的GET请求导航到链接目的地，这个REFERER请求头的URL中包含SECRET，从而会泄露机密数据。除此之外，日志或诊断消息也可能会泄露URL中包含的数据。虽然服务器可以使用Referrer-Policy请求头来规避这个问题，但它必须依赖于客户端来实现——因此这并不是一个完美的解决方案（在规范中REFERER请求头拼写就是有误的，我们遵从这种拼写，但策略名称的拼写是正确的）。

一个容易犯的错误是在 URL 中包含用户名。即使使用了不透明类型的标识符（比如用户名的散列值），也会泄露信息，因为窃听者能够通过观察，发现两个单独的 URL 指向同一个用户。

11.2.2 数字证书和 HTTPS

如果通信的内容是假的，则很难称其为通信。——本杰明·梅斯

安全 Web 浏览的第一个挑战是与正确的服务器进行可靠的通信。为此，你必须知道正确的 URL，并且向能够提供正确 IP 地址的 DNS 服务器进行查询。如果网络正确地路由并传输了这个请求，则请求应该到达预期的服务器。这里有很多因素都要得到正确处理，并且攻击面很大：攻击者可能会干扰 DNS 查找、路由或者路由途中任何位置的数据。请求有可能会被转移到恶意服务器，而用户可能并不会意识到这一点，因为建立一个可以轻易骗过所有人的相似网站并不难。

HTTPS（也称为 HTTP over TLS/SSL）是专为缓解这些威胁而开发的协议。HTTPS 使用第 5 章中介绍的很多技术来保护 Web 的安全。它提供了一个安全的防篡改端到端加密隧道，并且向客户端保证隧道的另一端确实是预期的服务器。我们可以将这个安全隧道视为用于确认服务器身份的防数据篡改管道。攻击者可能会窃听到加密数据，但如果没有密钥的话，他只能看到一堆无意义的比特。攻击者可以篡改无保护网络上的数据，但如果使用了 HTTPS，任何篡改都会被发现。攻击者可以阻止通信的进行，比如在物理上割断电缆，但你可以确保数据总是真实的。

没有人对使用 HTTPS 来保护网络金融交易的必要性提出过异议，但主流网站完全采用 HTTPS 的时间线拉得太长了（比如脸书在 2013 年才完全采用 HTTPS）。在最早的实施中，HTTPS 存在一些小瑕疵，而且它所需的计算量对于当时的硬件来说过于繁重，这都无法说明广泛采用 HTTPS 的合理性。好消息是，随着时间的推移，开发人员修复了错误并优化了 HTTPS。得益于协议的优化、更高效的加密算法，以及更快的处理器，HTTPS 快速且健壮地发展起来，如今已经相当普及。它被广泛用于保护私人数据通信，即使对于那些只提供公共信息的网站来说，HTTPS 对于确保真实性和完整性也很重要。换句话说，HTTPS 确保客户端正在与请求 URL 中指定的真实服务器进行通信，并且它们之间传输的数据不会被窥探或篡改。如今，我们很难想出什么理由不将网站设置为仅使用 HTTPS。也就是说，网络中仍然有很多不安全的 HTTP 网站，如果你使用的是 HTTP，要记住它无法应用 HTTPS 带来的安全属性，并且要采取适当的预防措施。

准确了解 HTTPS 为保护客户端/服务器的交互所做的（和它不做的）至关重要，这样我们能够了解它的价值、它如何提供帮助、它能够以及无法带来的改变。除了确保服务器的真实性，以及 Web 请求和响应内容的机密性和完整性之外，安全隧道还对 URL 路径（请求头的第一行，比如 GET /path/page.html?query=secret#fragment）提供保护，防止任何窃听者看到客户端所请求的网站页面（HTTPS 也可以选择为服务器验证客户端的身份）。但是，HTTPS 流量本身还是可以在网络中被观察到的，并且由于端点的 IP 地址不受保护，窃听者通常可以推断出服务器的身份。

表 11-1 比较了 HTTP 和 HTTPS 的安全属性，其中考虑到了攻击者可能会在客户端/服务器的通信中发起的攻击。

表 11-1 HTTP 与 HTTPS 的安全属性

攻击者是否可以……	HTTP	HTTPS
看到客户端/服务器端点之间的 Web 流量	是	是
识别客户端和服务器的 IP 地址	是	是
推断 Web 服务器的身份	是	有时（见后文注释）
看到请求的是站点中的哪个页面	是	否（在加密头中）
看到网页内容和 POST 的主体	是	否（已加密）
看到头部（包括 cookie）和 URL（包括查询部分）	是	否
篡改 URL、头部或内容	是	否

提示：根据 Web 服务器的 IP 地址进行反向 DNS 查找可以找到服务器的域名。当多个 Web 服务器共享一个 IP 地址时，可以看到 SNI（Server Name Indication，服务器名称指示），但 ESNI（Encrypted SNI，受保护的 SNI）是受保护的。

随着 HTTPS 和技术环境的成熟，广泛采用 HTTPS 的最后一个障碍是获得服务器证书的开销。尽管大公司能够负担受信任的 CA 收取的费用，并且会有工作人员负责管理和更新证书，但较小网站的所有者却对这份额外的成本和管理工作犹豫不决。到 2015 年，HTTPS 已经成熟，大多数连到互联网的硬件的运行速度也足够快，能够处理 HTTPS，并且随着人们迅速增强的网络隐私意识，互联网社区正在达成共识，即需要对大多数 Web 流量提供保护。缺少免费且简单的服务器证书被认为是最大的障碍。

受益于电子前线基金会的大力推动和众多行业公司的赞助，非营利组织互联网安全研究小组的产品 Let's Encrypt 为全球用户提供了一个免费、自动化和开放的 CA。它可以免费向任何网站所有者提供 DV（Domain Validation，域验证）证书。下面简单介绍一下 Let's Encrypt 的工作原理。要记住，以下过程在实际使用中是自动化的。

（1）向 Let's Encrypt 表明自己的身份：生成密钥并向 Let's Encrypt 发送公钥。

（2）向 Let's Encrypt 询问：你需要做什么来证明你对域的控制。

（3）Let's Encrypt 发起挑战：比如要求你为域配置一个特定的 DNS 记录。

（4）你通过创建其请求的 DNS 记录来满足挑战，并要求 Let's Encrypt 验证你的配置结果。

（5）验证后，Let's Encrypt 会将生成的密钥对中的私钥授权给这个域。

（6）现在你可以向 Let's Encrypt 发送由这个授权的私钥所签名的请求，以请求新的证书。

Let's Encrypt 可以颁发 90 天的 DV 证书，并提供“certbot”来处理自动续订。有了这个能够自动更新证书的免费服务，安全 Web 服务如今已经成为一个一站式解决方案。2020 年，HTTPS 占据了所有 Web 流量的 85%以上，是 2016 年 Let's Encrypt 刚推出时 40%的两倍多。

DV 证书通常是你用来证明网站身份所需的全部内容。DV 证书只能证明这个 Web 服务器的域名已经经过了验证，仅此而已。也就是说，example.com 证书只会颁发给 example.com 这个 Web 服务器的所有者。相比之下，提供更高级别信任的证书不仅可以验证网站的身份，还可以在某种程度上验证所有者的身份和声誉，比如 OV（Organization Validation，组织验证）和 EV

（Extended Validation，扩展验证）。然而，随着免费DV证书的激增，其他类型证书的使用前景变得模糊。用户很少关心这种信任的区别，OV和EV证书在技术和法律上的细微差别也比较难以说清。除非你是一名律师，否则很难掌握它们的确切好处——恐怕即使是律师也不一定能说清。

在将Web服务器设置为使用带有证书的HTTPS后，你必须确保它始终使用HTTPS。为了确保这一点，你必须要防御降级攻击，这种攻击会试图在通信过程中强制使用弱加密或不加密。这种攻击有两种方式。在最简单的情况下，攻击者会尝试将HTTPS请求更改为HTTP请求（后者能够被窥探和篡改），此时配置不当的Web服务器可能会被诱骗并使用HTTP。另一种方式是利用HTTPS选项，让通信双方为加密隧道协商密码套件（cipher suite）。比如服务器可能会“说”一组被加密的“方言”，而客户端可能会“说”另一组“方言”，因此它们首先需要就双方都适用的“方言”达成一致。这个过程为攻击者打开了一扇门，攻击者可能会欺骗双方，让其做出危及其安全性的选择。

最好的防御措施是确保你的HTTPS配置仅运行安全的现代加密算法。准确判断哪些密码套件是安全的，这需要很强的技术能力，最好还是将其留给密码学家。你还必须维持平衡，以避免让年长或实力较弱的客户无法使用，或降低他们的体验感。如果你无法获得可靠的专家建议，你可以看看那些主流且值得信赖的网站是怎样做的，并且遵循它们的做法。如果我们简单地认为默认配置就是安全的，那么等待我们的就是失败。

为了缓解这类攻击，我们可以始终将HTTP重定向到HTTPS，并且仅为HTTPS使用Web cookie。在HTTP响应头中包含Strict-Transport-Security指令，以便浏览器知道该网站始终使用HTTPS。要想完全保障HTTPS网页的安全性，它必须仅使用HTTPS。这意味着服务器上的所有内容（所有脚本、图像、字体、CSS，以及其他引用资源）都应该使用HTTPS。如果未能采取所有必要的预防措施，就会削弱网页的安全保护。

11.2.3　同源策略

怀疑是智慧的源泉。——勒内·笛卡儿

浏览器会将来自不同网站的资源隔离开（通常通过窗口或标签页），因此这些资源不会相互影响。这个规则称为同源策略（Same Origin Policy，SOP），即仅当资源的主机域名和端口号相同时，资源之间才可以进行交互。同源策略可以追溯到Web早期，这一规则随着JavaScript的出现变得必要。Web脚本会通过DOM（Document Object Model，文档对象模型）与网页进行交互，DOM是一种结构化的对象树，与浏览器窗口及其内容相对应。安全专家以外的人也可以看出，如果任何网页都可以使用脚本对任意其他站点执行window.open，并以编程的方式对内容进行任何操作，就会出现无数问题。对此实施的最早一波限制，再结合多年来人们逐步对规避这些限制进行的修复，演变为了今天的同源策略。

同源策略适用于脚本和cookie（与一般的同源策略有些许不同），它们都有可能在独立网站之间泄露数据。但是，网页中可以包含来自其他网站的图像和其他内容，比如Web广告。这在安全上是允许的，因为这些内容无法访问它们所出现的窗口中的内容。

尽管同源策略阻止了来自其他网站页面中脚本的进入，但网页始终可以随意选择访问不同的网站，并将其内容拉到窗口中。一个网页中包含来自其他网站的内容是很常见的，比如用来显示图像、加载脚本或 CSS 等。包含其他网站中的内容是一项重要的信任决定，因为这会让网页很容易受到源自其他网站中恶意内容的攻击。

11.2.4 Web cookie

艰难之路，唯勇者行。——埃尔玛·邦贝克

cookie 是指服务器要求客户端为其存储在本地的小的数据字符串，客户端会根据后续请求将其提供给服务器。这个巧思使开发人员可以轻松地为特定客户定制网页。服务器可能会将命名的 cookie 设置为某个值。在 cookie 过期之前，客户端浏览器会在后续请求中发送适用于给定页面的 cookie。由于客户端保留了自己的 cookie，服务器不必识别客户端并将 cookie 值与其绑定，从而这种机制具有潜在的隐私保护作用。

我们进行一个简单的类比：假设我经营着一家商店，我想要计算每位顾客光顾的次数，一个简单的方法是给每位顾客一张写着“1”的纸条，并让他们在下次光顾时将纸条拿回来。然后，顾客再次光顾时，我在他们纸条的数字上加 1，再把纸条还给他们。只要顾客配合，我就不用做任何笔记，甚至不用记住他们的名字，也能保持记录的准确性。

我们会把 cookie 用于网上的各种事物，其中追踪用户这一点是最有争议的。cookie 通常会建立一个安全会话，从而服务器可以将所有客户端可靠地区分开来。服务器会为每个新客户端生成唯一的会话 cookie，从而通过请求中出现的 cookie 识别客户端。

虽然任何客户端都可以篡改自己的 cookie，并将自己的会话伪装成其他会话，但如果会话 cookie 设计得当的话，客户端应该无法伪造有效的会话 cookie。除此之外，客户端也可以将其 cookie 的副本发送给其他人，但这样做只会损害自己的隐私。这种行为不会伤害到其他无辜用户，这无异于将自己的密码分享出去。

让我们以一个虚构的在线购物网站为例，它会将客户购物车中的当前内容以商品列表和总价的形式存储在 cookie 中。没有什么能够阻止“狡猾”的购物者修改本地存储的 cookie，比如他们可以将大量商品的价格改为极低的金额，但这并不意味着 cookie 没有用，cookie 可以用来记住客户的偏好、最喜爱的商品或其他详细信息，篡改这些信息不会对商家造成伤害。这只是说明我们应该始终在“信任且验证”的基础上来使用客户端存储的 cookie。因此如果有帮助的话，我们仍然可以将商品价格和购物车总价存储为 cookie，但在接受交易之前，请务必在服务器端验证每件商品的价格，并拒绝被篡改的数据。这个例子对问题进行了简化。然而，其他形式的信任错误可能会更加微妙，攻击者经常利用这种漏洞。

现在让我们站在客户的角度来看相同的例子。当两个人使用同一个在线购物网站，并打开相同的/mycart URL 时，他们会看到不同的购物车，因为他们拥有不同的会话。通常来说，唯一的 cookie 会建立独立的匿名会话，或者为已登录的用户识别特定的账户。

服务器可以设置会话 cookie 的过期时间，但由于服务器不能总是依赖于客户来主动执行这个操作，服务器还必须对需要更新的会话 cookie 的有效性进行限制（从用户的角度来看，这个过期看起来就是一段时间不活动后被要求再次登录）。

cookie 会受到同源策略的约束，并对子域之间的共享做出明确规定。这意味着在 example.com 上设置的 cookie 对于其子域 cat.example.com 和 dog.example.com 来说是可见的，但在这些相应的子域上设置的 cookie 是相互隔离的。除此之外，虽然子域可以看到其父域设置的 cookie，但不能修改这些 cookie。打个比方，省政府能够认可国家级别的证件，但不能颁发这些证件。在一个域中，可以通过路径对 cookie 做出进一步的范围限制（但这并不是一种强大的安全机制）。表 11-2 中详细说明了这些规则。此外 cookie 还可以指定 Domain 属性来做出显式控制。

表 11-2　在同源策略下与子域共享 cookie

下面的主机提供这个网页服务吗	能看到为这些主机设置的 cookie?			
	example.com	dog.example.com	cat.example.com	example.org
example.com	是（同一个域）	否（子域）	否（子域）	否（SOP）
dog.example.com	是（父域）	是（同一个域）	否（兄弟域）	否（SOP）
cat.example.com	是（父域）	否（兄弟域）	是（同一个域）	否（SOP）
example.org	否（SOP）	否（SOP）	否（SOP）	是（同一个域）

脚本在名义上可以通过 DOM 访问 cookie，但这种便利性会为设法在网页中运行的恶意脚本提供机会以窃取 cookie，因此最好通过执行 httponly cookie 属性来阻止脚本的访问。HTTPS 网站还应该应用 secure 属性，指示客户端只通过安全隧道发送 cookie。不幸的是，由于这里还涉及很多历史问题带来的限制，因此即使你同时使用这两个属性，也不足以确保完整性和可用性（详见 RFC 6265）。我提到的这一点，不仅是一个警告，也是 Web 安全中一个重复模式的好例子。向后兼容性与现代安全性之间的紧张关系带来了妥协的解决方案，这也说明了如果一开始没有考虑安全性的话，未来安全性会变得模糊不清。

HTML5 为安全模型添加了很多扩展。一个典型的例子是 CORS（Cross-Origin Resource Sharing，跨源资源共享），它允许有选择地放宽同源策略的限制，以使其他受信任的网站能够访问数据。浏览器也提供了 Web 存储 API，这是用于 Web 应用程序的一种更现代的客户端侧存储功能，它也受限于同源策略。这些新功能在安全方面都设计得很好，但仍然不能完全替代 cookie。

11.3　常见的 Web 漏洞

网站应该从内到外都看起来不错才行。——保罗·库克森

我们已经研究了网站建设和使用中的主要安全重点，现在是时候讨论常见的具体漏洞了。Web 服务器容易受到各种安全漏洞的影响，包括本书其他部分介绍的许多安全漏洞，但在本章中，我们只会关注与 Web 相关的安全问题。前文解释了 Web 安全模型，其中包括很多避免削弱安全和有用特性的方法，以及有助于更好地保护 Web 内容的功能。即使你在这些方面都做对了，本节仍会为你介绍更多有关 Web 服务器有可能出错和易受攻击的问题。

第一类 Web 漏洞可能是最常见的，即 XSS（Cross-Site Scripting，跨站脚本）攻击。另外我还要在这里介绍另一个我最感兴趣的漏洞，即 CSRF（Corss-Site Request Forgery，跨站请求伪造），因为它很微妙。

11.3.1 跨站脚本攻击

我不会让自己在网上“冲浪”，因为我可能会被淹死。——奥布里·普拉扎

同源策略提供的隔离是构建安全网站的基础，但如果我们不采取必要的预防措施，这种保护很容易遭到破坏。XSS 攻击是针对 Web 的注入攻击，它的恶意输入会改变网站的行为，通常会允许运行未经授权的脚本。

让我们通过一个简单的例子来看看 XSS 攻击是如何进行的，以及为什么针对它的预防是必要的。攻击通常始于已经登录到受信任网站中的无辜用户。用户可能会打开另一个窗口或标签页进行其他浏览，也可能会傻傻地单击电子邮件中的链接，从而打开恶意网站。通常，攻击者的目标是征用用户在目标网站中的身份验证状态。只要存在 cookie，即使用户没有打开攻击目标网站，攻击者也可以获得他们想要的信息（这就是为什么在完成网银操作后要退出）。让我们看看攻击目标网站中的 XSS 漏洞是什么样的、攻击者如何利用它，以及我们该如何修复它。

假设出于某种原因，攻击目标网站（www.example.com）中的某个页面上需要以不同的颜色来呈现一行文字。开发人员选择在 URL 查询参数中指定所需颜色，而不是构建一个单独的页面，除了该行颜色之外，其他内容保持相同。比如，带有绿色行文字的 Web 页面 URL 可以是：

```
https://www.example.com/page?color=green
```

接着，服务器将这个突出显示的查询参数插入以下 HTML 片段：

```
<h1 style="color:green">This is colorful text.</h1>
```

如果使用得当，它是可以正常工作的，这也是这些缺陷易被忽视的原因。要想查看问题的根源，我们需要查看负责处理这个任务的服务器端的 Python 代码（并且需要从攻击者的角度进行思考）：

易受攻击的代码

```
query_params = urllib.parse.parse_qs(self.parts.query)
color = query_params.get('color', ['black'])[0]
h = '<h1 style="color:%s">This is colorful text.</h1>' % color
```

第一行用来解析 URL 查询字符串（问号后面的部分）。第二行会提取 color 参数，如果未指定的话，默认为黑色。第三行负责构建 HTML 分段，它会使用相应的字体颜色来显示文本，为标题级别 1 使用内联样式（<h1>）。这个变量 h 就构成了包含网页在内的 HTML 响应的一部分。

你可以在第三行中找到 XSS 漏洞。在那里，程序员从 URL 内容中创建了一个路径，这个路径提供了为客户端呈现的 HTML 内容，而互联网上的任何人都可以向服务器发送这个 URL 内容。这是第 10 章中熟悉的注入攻击模式，攻击跨越了未受保护的信任边界，因为参数的输入字符串现在位于网页的 HTML 内容中。单就这一个条件就足以亮起危险信号灯，但为了查看这个 XSS 漏洞的所有维度，让我们尝试着利用它。

攻击是需要一些想象力的。回想 HTML 标签<h1>，然后想想能够在此替换的其他颜色名称。要跳出常规思维，在本例中，要跳出双引号字符串 style="color:green"，或者完全跳出<h1>标签。下面这个 URL 展示了我所说的“跳出”是什么意思：

```
https://www.example.com/page?color=orange"><SCRIPT>alert("Gotcha!")</SCRIPT><span%20id="dummy
```

突出显示的内容会像往常一样，被原封不动地插入<h1>标签，从而产生截然不同的结果。

在实际的 HTML 中，这段代码会显示为一行，但为了便于阅读，我在此处设置了缩进，以清晰显示它是如何被解析的：

```
<h1 style="color:orange">
  <SCRIPT>alert("Gotcha!")</SCRIPT>
  <span id="dummy">This is colorful text.
</h1>
```

这个新的<h1>标签在语法上指定了橙色这种颜色。但需要注意的是，攻击者的 URL 参数值中提供了一个右角括号。这样做并不是出于礼貌：攻击者要让<h1>标签变得完整，以便制作一个格式正确的<SCRIPT>标签，并将这个<SCRIPT>标签注入 HTML 中，确保这个脚本能够运行。在本例中，这个脚本会打开一个警告对话框，该警告对话框无害，却是漏洞利用的有力证明。在</SCRIPT>结束标签后，注入的其余部分只用于填充，以掩盖发生的篡改。新的<span>标签仅具有 id 属性，因此后面出现的一个双引号和右角括号是<span>标签的一部分。浏览器通常会在缺少</span>标签时自动提供这个结束标签，因此被利用的页面是格式正确的 HTML，这也就让用户无法发现篡改行为（除非他们检查 HTML 源）。

要想真正地远程攻击受害者，攻击者需要做更多工作才能让人们浏览到恶意 URL。像这样的攻击，通常只有当用户已经通过目标网站的身份验证后才有效。也就是说，客户端存在有效的登录会话 cookie。否则，攻击者还不如在自己的浏览器的地址栏中输入 URL。他们想要的是你的网站会话，其中会显示出你的银行余额或私人文件。真正攻击者所定义的脚本可能会立即加载额外的脚本，然后继续窃取数据，或者在用户的上下文中进行未经授权的交易。

XSS 漏洞对于攻击者来说并不难发现，因为他们可以轻易地查看网页内容，来了解这个 HTML 内部的工作原理（准确地说，他们看不到服务器上的代码，但他们可以打开 URL 并观察其生成的网页，这样很容易对它的工作原理做出有用的推断）。一旦他们注意到可以从 URL 注入网页，他们就可以执行快速测试，如上述示例所展示的那样，检查服务器是否容易受到 XSS 攻击。除此之外，一旦他们确认 HTML 元字符（比如角括号和引号）能够从 URL 查询参数（或其他攻击面）进入生成的网页中，他们就可以查看页面的源代码并调整尝试，直到尝试成功。

XSS 攻击有多种类型。本章的示例是反射型 XSS 攻击，因为它是通过 HTTP 请求发起的，并在服务器的响应中表达出来。一种与之相关的类型是存储型 XSS 攻击，其中涉及两个请求。首先，攻击者会设法将恶意数据存储在服务器或客户端中。设置完成后，后续请求会诱使 Web 服务器将存储的数据注入，从而完成攻击。存储型 XSS 攻击可以跨越不同的客户端进行攻击。

比如在博客上，如果攻击者可以发表一个评论，并使 XSS 出现在评论中，那么后续查看该网页的用户就会获得恶意脚本。

第三种攻击类型称为基于 DOM 的 XSS 攻击，它将 HTML DOM 作为恶意注入的来源，但其他方面的工作方式大致相同。把类型放在一边，最重要的是所有这些漏洞都源于注入了不受信任的数据，即 Web 服务器允许这些数据进入 Web 页面，因而引入恶意脚本或其他有害内容。

一个安全的 Web 框架应该内建 XSS 保护，在这种情况下，只要在框架内你就是安全的。与任何注入漏洞一样，防御机制包含避免任何不受信任的输入进入 Web 页面，以及有可能发生的恶意行为，或者执行输入验证来确保安全地处理输入。在彩色文本示例中，前一种技术可以通过简单地提供命名 Web 页面（比如/green-page 和/blue-page），而不提供棘手的查询参数来实现。或者你也可以在 URL 中使用颜色参数，并使用一个白名单来限制查询参数值。

11.3.2 跨站请求伪造攻击

人们无法将蜘蛛网的形式与其开始编织的方式分开。——内里・奥克斯曼

跨站请求伪造（CSRF，有时缩写为 XSRF）是对同源策略基本限制的攻击。这些攻击所利用的漏洞在概念上很简单，但非常微妙，因此一上来可能很难知道问题所在以及解决方法。Web 框架应该提供 CSRF 保护，但深入了解底层问题也很有价值，这样你就可以确认保护机制确实有效，并且能够确保不会干扰该机制。

网站中确实可以并且通常包含一些通过 HTTP GET 获得的内容，比如来自其他网站的图像。同源策略在允许这些请求的同时会对内容进行隔离，因此不会在不同域的不同网站之间泄露图像数据。比如站点 X 可以在其网页上包含来自站点 Y 的图像，用户会将这个嵌入的图像看作网页的一部分，但站点 X 本身是无法“看到”这个图像的，因为浏览器会阻止脚本通过 DOM 来访问图像数据。

但是同源策略对于 POST 的处理与 GET 相同，并且 POST 请求可以修改站点的状态。因此会发生这种情况：浏览器允许站点 X 向站点 Y 提交表单，并且还可以包含站点 Y 的 cookie。浏览器会确保来自站点 Y 的响应与站点 X 完全隔离。其中的威胁在于 POST 可以修改站点 Y 服务器上的数据，而站点 X 不应该能够做到这一点，根据设计，任何网站都可以向其他网站发起 POST 请求。由于浏览器实现了这些未经授权的请求，Web 开发人员必须明确地阻止这类修改服务器数据的尝试。

我们用一个简单的攻击场景来说明 CSRF 漏洞是什么样的、如何利用它，以及如何进行防御。假设在一个社交网站 Y 上有很多用户，并且每个用户都有一个账户。站点 Y 正在开展一项调查，每个用户可以进行一次投票。该站点在投票页面上为每个经过了身份验证的用户提供一个唯一的 cookie，然后只接受每个用户投票一次。

在投票页面上有一个提示——在你投票前请阅读这些建议，并链接到另一个网站（X）上的页面，该页面提供了如何投票的一些建议。很多用户单击了这个超链接并阅读了建议。在同源策略的保护下，会出现什么问题呢？

如果你还没有看到问题的话，给你一个重要提示：考虑一下站点 X 的窗口中会发生什么。

假设运营站点 X 的是一些试图窃取选票的卑鄙且狡猾的骗子。当用户浏览网站 X 时，该页面上的脚本会按照站点 X 所有者的选择，将票投到用户浏览器环境（使用用户在站点 Y 上的 cookie）中的社交网站。

由于站点 X 被允许使用每个用户在站点 Y 上的 cookie 来提交表单，这就足够窃取选票了。攻击者只希望影响服务器上的状态变化，他们不需要看到对用户的投票行为进行响应的页面，这都是同源策略块所提供的。

为了防止 CSRF 攻击，请确保攻击者无法猜测有效的状态更改请求。换句话说，将每个有效的 POST 请求都视为一片特殊的雪花，它只能在其预期的使用环境中工作一次。一个简单的方法是在所有表单中包含一个秘密令牌并将其作为隐藏字段，然后检查每个请求中是否包含与给定 Web 会话相同的秘密令牌。能够提供 CSRF 保护的秘密令牌的创建和检查包含许多细节，这些细节都值得深入研究。一个良好的 Web 框架应该会为你处理这些问题，但我们可以看看部分细节。

下面这个示例的投票表格中包含反 CSRF 的秘密令牌（以灰底突出显示）：

```
<form action="/ballot" method="post">
  <label for="name">Voting for</label>
  <input type="text" id="name" name="name" value=""/>
  <input type="hidden" name="csrf_token"
         value="mGEyoi1wE6NBWCyhBN9IZdEmaJLQtrYxiOJ23XuXR4o="/>
  <input type="submit" value="Vote"/>
</form>
```

隐藏的 csrf_token 字段不会出现在屏幕上，但会包含在 POST 请求中。这个字段的值是对会话 cookie 内容的 SHA-256 散列值进行的 Base64 编码，但是对每个客户端的密钥都有效。为会话创建反 CSRF 秘密令牌的 Python 代码如下所示：

```
def csrf_token(self):
    digest = hashlib.sha256(self.session_id.encode('utf-8')).digest()
    return base64.b64encode(digest).decode('utf-8')
```

该代码从会话 cookie（字符串值 self.session_id）中派生出令牌，因此对于每个客户端来说都是唯一的。由于同源策略会阻止站点 X 获得受害站点 Y 的 cookie，X 的创建者不可能炮制出满足这些条件的真实表单来发送 POST 请求并窃取选票。

站点 Y 服务器上的验证代码只要简单地计算出预期的令牌值，然后检查传入表单中的相应字段是否匹配即可。下面这段代码阻止了 CSRF 尝试，如果令牌不匹配，它会在实际处理表单之前返回一个错误消息：

```
token = fields.get('csrf_token')
if token != self.csrf_token():
    return 'Invalid request: Cross-site request forgery detected.'
```

有很多方法可以缓解 CSRF 攻击，但是从会话 cookie 中派生出令牌是一个很好的解决方案，因为检查所必需的信息都可以在 POST 请求中获得。另一种缓解措施是使用随机数（不可猜测的一次性令牌），但为了抵御 CSRF 攻击，你仍须将其与预期的客户会话绑定在一起。这个解决方案会为表单的 CSRF 令牌生成一个随机数，将令牌存储在一个由会话进行索引的表中，然后通过查找会话的随机数并判断它与表单中的随机数是否匹配，对表单进行验证。

现代浏览器在 cookie 上支持使用 SameSite 属性来缓解 CSRF 攻击。SameSite=Strict 会阻止页面上的任何第三方请求向其他域发送 cookie，这就会阻止 CSRF 攻击，但在导航到另一个需要其 cookie 的站点时可能会破坏由 cookie 带来的有用行为。还有其他设置可以用来缓解 CSRF 攻击，但不同的浏览器和旧版本可能对这些设置的支持度不统一。由于这是一种客户端侧对于 CSRF 的防御措施，服务器完全依赖它可能会面临风险，因此应该将其作为额外的缓解措施，而不是唯一的缓解措施。

11.4 更多的漏洞和缓解措施

想知道线在哪里，唯一的方法就是跨过它。——戴夫·查佩尔

回顾一下：为了安全，你应该使用质量上乘的框架，并仅以 HTTPS 来构建网站。不要覆盖框架所提供的保护功能，除非你真的知道自己在做什么，也就是说了解漏洞是如何产生的，比如 XSS 漏洞和 CSRF 漏洞。现代网站中通常会包含外部脚本、图像和样式等内容，你应该只依赖那些你可以信任的来源的资料，因为你同意它们将内容注入你的网页。

当然，故事还没有结束，因为在将服务器暴露在网络上后，还会在很多方面遇到麻烦。网站为公共互联网提供了很大的攻击面，那些不受信任的输入很容易触发服务器代码中的各种漏洞，比如 SQL 注入（Web 服务器经常会使用数据库进行存储）等。

许多其他针对 Web 的陷阱也值得一提。以下是一些更常见的需要注意的问题（尽管并不详尽）。

- 不要让攻击者将不受信任的输入注入 HTTP 头（类似于 XSS）。
- 指定准确的 MIME 内容类型，以确保浏览器正确地处理响应。
- 开放式重定向可能会出现问题：不允许重定向到任意 URL。
- 仅使用<IFRAME>嵌入你可以信任的网站（很多浏览器支持 X-Frame-Options 头缓解措施）。
- 在处理不受信任的 XML 数据时，要注意 XXE 攻击。
- CSS 的:visited 选择器可能会披露浏览器历史中是否有给定的 URL。

除此之外，网站应该使用一个很棒的新功能，即 CSP（Content Security Policy，内容安全策略）响应头，以减少 XSS 暴露。它可以为脚本或图像指定拥有授权的来源（和其他类似功能），允许浏览器阻止从其他域注入内联脚本或其他恶意内容的尝试。很多浏览器支持这个功能，但所有浏览器对该功能的兼容性并不统一，因此使用它并不意味着漏洞已完全修复。我们可以将其视为额外的防线，但由于它是客户端侧的防御措施，不受你的控制，因此不要将其看作对 XSS 完全免疫的通行证。

指向不受信任的第三方网站的连接可能存在风险，因为浏览器可能会发送一个 REFERER 头（详见 11.2.1 节），并在 DOM 中向目标页面提供一个 window.opener 对象。你应该分别使用 rel="noreferrer"和 rel="noopener"属性来组织它们，除非它们是有用的并且目标是可以信任的。

对于正在运行的大型网站来说，事后添加新的安全功能可能令人生畏，但有一种相对简单的方法可以让事情朝着正确的方向前进。在测试环境中，在所有 Web 页面中添加特定的安全策略，然后对网站进行测试，并针对每个问题追踪被阻止的行为。如果从那些你知道是安全的并且打算使用的站点加载脚本的行为被阻止了，那么通过逐步放宽脚本策略，你很快就能找到正确的策略豁免条件。你可以通过自动化的浏览器内测试来确保整个站点都经过了测试，通过付出一定的努力，你应该能够在安全方面取得长足的进步。

很多HTTP响应头可以帮助你指定浏览器应该允许或不应该允许的内容，包括Content-Security-Policy响应头、Referrer-Policy响应头、Strict-Transport-Security响应头、X-Content-Type-Options响应头和X-Frame-Options响应头。规范仍在不断发展，不同浏览器的支持力度不同，因此它的前景也在不断变化。在理想情况下，要在服务器侧保护网站的安全，然后将这些安全功能作为第二道防线。要记住，只依赖客户端侧的机制是有风险的。

考虑到事情可能出错的所有方面、错误是从哪里演变来的，以及 Web 中承载的关键数据量，你就会惊讶于 Web 实际的安全性。也许在事后来看，随着 Web 在全球范围内的广泛采用，安全技术也会逐渐成熟。如果早期创新者在过去试图设计一个完全安全的系统，那么这项任务将会非常艰巨，如果他们失败了，所有努力可能永远不会得到任何成果。

第 12 章

安全测试

测试导致失败，而失败导致理解。——伯特·鲁坦

本章会对安全测试进行介绍，测试是开发可靠、安全代码中的关键一环。测试安全漏洞的目的是主动检测，这种测试并不难理解，也不难操作，但是在实践当中，测试并没有得到充分使用，因此我们还有很大的机会来提升软件的安全性保障。

本章首先对安全测试的使用进行快速概括，然后介绍安全测试为什么有机会让世界免遭一个重要安全漏洞的侵害。接下来，我们会解释撰写安全测试的基本内容，其目的是检测和捕捉安全漏洞或者安全漏洞的隐患。模糊测试是一种强大的补充技术，可以帮助我们找到更深层次的问题。我们还会介绍针对当前漏洞创建的安全回归测试，目的是确保我们不会再犯相同的错误。本章最后会探讨测试如何防御 DoS 以及相关的攻击，然后对安全测试的最佳实践进行总结（这里会包含大量安全测试的理念，但不可能涵盖所有内容）。

12.1 什么是安全测试

首先，我们有必要说清楚安全测试到底是什么。大多数测试都是由执行代码组成的，其目的是校验软件是否能够按照设计目的工作。安全测试则正好相反，其目的是保证不允许执行的操作无法执行（如果用代码进行解释，读者很快就可以明白这两者的区别了）。

安全测试必不可少，因为安全测试可以确保缓解措施发挥了应有的作用。编写代码的人只专注于让目标功能在常规使用场景中能够正常工作，而那些出乎意料的攻击则很难进行预测。前面几章所涵盖的内容提供了很多安全测试的做法，下面是与前面介绍的主要漏洞类型相对应的一些基本的安全测试的例子。

12.1.1 整数溢出

建立允许值的范围，同时确保检测并拒绝超出这个范围的值。

12.1.2 内存管理问题

测试代码是否正确处理了超大的数据值，并且在数据值太大时拒绝这个值。

12.1.3 不可靠输入

测试各类无效输入信息，以确保这些数值要么被拒绝，要么被转换为能够安全处理的有效输入形式。

12.1.4 Web 安全

确保 HTTP 降级攻击（downgrade attack）、无效认证与 CSRF 令牌，以及 XSS 攻击全部失败（详见前面的章节来了解这些攻击的详细内容）。

12.1.5 异常处理缺陷

强制代码通过各类异常处理路径来检查其是否能合理地恢复。

这些测试的共同之处在于，它们都偏离了代码正常使用的范围，因此这些用法都很容易被人们忽视。另外，因为所有这些攻击方法都已经非常成熟，所以进行彻底的测试一定会产生明显的效果。安全测试可以预期到这类情况并且确保代码拥有必要的保护机制，从而提升代码的安全性。此外，对于那些安全性至关重要的代码，我推荐对它们进行彻底的安全测试，以确保代码的质量尽可能高，因为如果在上面这些地方出现问题，后果可能是毁灭性的。

安全测试恐怕是我们能够迅速提升应用安全的最理想方式，而且执行安全测试一点也不困难。在软件行业，并没有任何公开数据可以反映安全测试的普及程度，但是从相同漏洞总是反复出现这一点来看，安全测试显然没有得到足够的重视。

12.2 对 GotoFail 漏洞执行安全测试

逆境测试是什么意思？——哈里·爱默生·福斯迪克

读者可以回忆一下本书第 8 章中介绍的 GotoFail 漏洞，这种漏洞可以绕过安全连接校验。下面我们对第 8 章中的简化示例进行扩展，看看安全测试为什么可以轻松检测到这类问题。

GotoFail 漏洞产生的原因是代码的其中一行被意外复制成双份，如下面代码片段的阴影部分所示。因为这一行是 goto 语句，所以这句话会导致一系列重要的校验被直接绕过，导致验证函数会无条件产生一个通过的返回码。在前面的章节中，我们（在简化版本中）只展示了其中最关键的代码行。在这里，为了对这段代码进行安全测试，我们需要展示整个函数：

易受攻击的代码

```
/*
 * Copyright (c) 1999-2001,2005-2012 Apple Inc. All Rights Reserved.
 *
 * @APPLE_LICENSE_HEADER_START@
 *
 * This file contains Original Code and/or Modifications of Original Code
 * as defined in and that are subject to the Apple Public Source License
 * Version 2.0 (the 'License'). You may not use this file except in
 * compliance with the License. Please obtain a copy of the License at
 * http://www.opensource.apple.com/apsl/ and read it before using this
```

```
 * file.
 *
 * The Original Code and all software distributed under the License are
 * distributed on an 'AS IS' basis, WITHOUT WARRANTY OF ANY KIND, EITHER
 * EXPRESS OR IMPLIED, AND APPLE HEREBY DISCLAIMS ALL SUCH WARRANTIES,
 * INCLUDING WITHOUT LIMITATION, ANY WARRANTIES OF MERCHANTABILITY,
 * FITNESS FOR A PARTICULAR PURPOSE, QUIET ENJOYMENT OR NON-INFRINGEMENT.
 * Please see the License for the specific language governing rights and
 * limitations under the License.
 *
 * @APPLE_LICENSE_HEADER_END@
 */
int VerifyServerKeyExchange(ExchangeParams params,
                             uint8_t *expected_hash, size_t expected_hash_len)
{
  int err;
  HashCtx ctx = 0;
  uint8_t *hash = 0;
  size_t hash_len;
  if ((err = ReadyHash(&ctx)) != 0)
    goto fail;
❶ if ((err = SSLHashSHA1.update(ctx, params.clientRandom, PARAM_LEN)) != 0)
    goto fail;
❷ if ((err = SSLHashSHA1.update(ctx, params.serverRandom, PARAM_LEN)) != 0)
    goto fail;
    goto fail;
❸ if ((err = SSLHashSHA1.update(ctx, params.signedParams, PARAM_LEN)) != 0)
    goto fail;
  if ((err = SSLHashSHA1.final(ctx, &hash, &hash_len)) != 0)
    goto fail;
  if (hash_len != expected_hash_len) {
    err = -106;
    goto fail;
  }
❹ if ((err = memcmp(hash, expected_hash, hash_len)) != 0) {
    err = -100; // Error code for mismatch
  }
  SSLFreeBuffer(hash);

fail:
  if (ctx)
    SSLFreeBuffer(ctx);
  }
  return err;
}
```

提示：这段代码参考了包含 bug 的原始 sslKeyExchange.c。与关键漏洞没有直接关系的代码都被进行了简化。为了简洁起见，我们修改了一些命名。

VerifyServerKeyExchange 函数使用了由 3 个字段组成的 params 参数，对其内容计算消息摘要值，并且把结果和用来验证数据的 expected_hash 值进行比较。返回码为 0 表示散列值是匹配的，这是有效请求应该得到的结果。非 0 的返回码则表示请求出现了问题，如散列值不匹配（-100）、散列长度不匹配（-106）等，对于未确定的错误，散列计算库也会返回非 0 的错误代码。这种校验对安全性提供的保护在于，对散列值或者数据所进行的任何篡改都会导致散列值不匹配，这就说明出了问题。

我们先看看这段代码的 goto 语句被错误复制之前的正确版本。在设置了 HashCtx ctx 上下文变量之后，代码依次对 params 的 3 个数据字段执行了散列计算（❶、❷和❸标识的代码行）。

如果发生了任何错误，它就会跳到 fail 标签，返回变量 err 中的错误代码，否则，代码会继续执行，把散列计算的结果复制到缓存中，并且把它（❹标识的代码行）与预期的散列值进行比较。如果相等，比较函数 memcmp 就会返回 0；如果不相等，代码就会把错误代码-100 分配给 err，并且返回这个结果。

12.2.1 功能测试

在考虑安全测试之前，我们首先对 VerifyServerKeyExchange 函数进行功能测试。功能测试的目的是验证代码是否按照人们预期的方式运行，不过我们这个简单的示例并不完整。我们这个示例使用了 C 的 MinUnit 测试框架。读者只需要知道 mu_assert(condition, message)的作用是检查表达式条件是否为真即可。如果不为真，则断言失败，输出提供的 message。

```
mu_assert(0 == VerifyServerKeyExchange(test0, expected_hash, SIG_LEN),
    "Expected correct hash check to succeed.");
```

这里我们使用的是已知正确的参数来调用函数，所以我们希望能看到返回码 0，从而通过测试。在函数中，代码会对 params 的 3 个数据字段执行散列运算（❶、❷和❸标识的代码行）。散列计算会在❹标识的代码行比较出相等的结果，而这 3 个数据字段值（在命名为 test0 的 ExchangeParams 中）的测试值，以及预计算的正确散列值（expected_hash）都没有显示。

12.2.2 包含漏洞的功能测试

现在，让我们引入 GotoFail 漏洞（阴影标识的那个代码行），看一看它会产生什么样的影响。如果我们带着这个额外的 goto 语句重新运行功能测试，测试依然可以通过。VerifyServerKeyExchange 函数还是会验证通过正确的输入值，但现在它也会验证通过一些错误的输入值，而这些输入值本来是应该被拒绝的，但人们并不知道这一点。这也就是安全测试如此重要的原因，以及安全测试如此容易被人们所忽略的原因。

更加彻底的功能测试还可能包含一些其他的测试用例，比如对失败的校验（即非 0 的返回码）进行检查。不过，功能测试往往无法彻底涵盖一切我们希望验证函数拒绝输入值的情况。这就是安全测试的用武之地了，我们在下文中还会对此进行说明。

12.2.3 安全测试用例

现在，我们编写一些安全测试的用例。因为有 3 组数据需要进行散列运算，所以我们建议分别编写 3 个对应的测试。每个测试都会在一定程度上修改数据值，导致最终的散列值无法与预计算出来的值相匹配。目标验证函数应该拒绝这些输入值，因为经过了修改的数值反映的是出现了数据篡改的情况，所以比较散列值之后代码会拒绝这些输入值。实际数值（test1、test2、test3）是正确的 test0 值的副本，但它们会对 3 个数据字段其中之一进行细微的修改。数值自身并不重要。下面是 3 个测试用例：

```
mu_assert(-100 == VerifyServerKeyExchange(test1, expected_hash, SIG_LEN),
    "Expected to fail hash check: wrong client random.");
mu_assert(-100 == VerifyServerKeyExchange(test2, expected_hash, SIG_LEN),
```

```
    "Expected to fail hash check: wrong server random.");
mu_assert(-100 == VerifyServerKeyExchange(test3, expected_hash, SIG_LEN),
    "Expected to fail hash check: wrong signed parameters.");
```

这 3 个用例都会因为 bug 而失败。在运行到那条多余的 goto 语句之前，验证函数的工作都是正常的，但接下来代码会无条件地跳转到 fail 标签，导致散列运算不完整，也永远不会比较散列值（❹标识的代码行）。因为这些测试是我编写的，目的就是看到验证失败，所以返回码 0 反而表示测试失败。现在，我们拥有了一个测试安全网，可以在软件发布之前找到这个漏洞，从而避免因此导致的惨败。

为了完整起见，我们编写了另一个安全测试。如果所有 3 个数值都是正确的（与 test0 一样），但拥有一个不同的符号散列值（wrong_hash）又会怎么样呢？下面是这样一个测试用例：

```
mu_assert(-100 == VerifyServerKeyExchange(test0, wrong_hash, SIG_LEN),
    "Expected check against the wrong hash value to fail.");
```

这次测试同样因为错误的 goto 语句而失败，这和我们的预期是一致的。虽然针对这个漏洞来说，这些测试的其中之一原本就可以把它检测出来，但安全测试的目的是尽可能广泛地覆盖大量漏洞。

12.2.4 安全测试的限制

安全测试的目标是在代码中检测出失败的潜在主要原因，但安全测试无法涵盖代码出错的所有情形。有可能出现一类漏洞正好是我们编写的测试无法检测出来的，不过这种情况在不经意间出现的概率不高。除非测试覆盖的范围非常完整，否则还是有可能存在通过编写 bug 来躲避测试的。不过，我们这里主要希望避免的威胁是那些人们不经意间犯下的错误，所以采用一些合理的安全测试仍然可以得到理想的效果。

要想判断安全测试用例需要覆盖多大的范围，我们必须进行仔细的审视，但下面这些原则是非常明确的。

- 安全测试对那些强调安全性的代码来说尤为重要。
- 最重要的安全测试往往会对某些行为进行校验，如拒绝访问、拒绝输入或者执行失败（而不是成功）。
- 安全测试用例应该确保每一个关键步骤（在前面的示例中，就是计算 3 个散列值和对散列值进行比较的步骤）都能正确执行。

在用一个简单的示例近距离审视一个实际的安全漏洞，以及安全测试在这里发挥的作用之后，下面我们思考普遍的用例，看一看我们如何才能对这类问题进行预判，并且提前规避这类问题的发生。

12.3 编写安全测试用例

一份好的测试用例是指应该有很高可能性检测出未发现的错误的测试用例。——格伦福德·迈尔斯

安全测试用例可以确保某一种特定的安全失败不会发生。这类测试可以用“4 个问题”中

的第2个问题驱动，即“哪里有可能出错”。这一点和渗透测试（penetration testing）非常不同。渗透测试是指好人在软件中寻找漏洞，其目的是在坏人发现漏洞之前对其进行修复，渗透测试不会尝试找出所有可能的漏洞。安全测试也和渗透测试有所不同，因为安全测试还会对被发现的漏洞提供保护。

安全测试用例会校验主动机制是否正常工作，因此往往会涉及对无效输入和不允许执行的操作的拒绝。虽然没有人会专门预计到GotoFail这个bug，但我们很容易发现VerifyServerKeyExchange函数中的所有if语句都对安全性发挥着重要作用。在一般情况下，这类代码要求对每项执行安全检查的条件都执行测试。有了这种测试，当冗余的goto语句制造了漏洞的时候，其中一个测试用例就会失败，从而引起我们的注意。

我们应该在编写其他单元测试的时候创建安全测试用例，而不是在发现漏洞的时候才撰写安全测试用例。安全系统会通过阻塞不合理的行为、拒绝恶意的输入、拒绝访问等方式来对宝贵的资源进行保护。只要存在这类安全机制，我们就应该创建安全测试用例来确保那些未经授权的操作一定会以失败告终。

常见的安全测试用例包括测试使用错误密码登录的尝试失败、从用户空间对内核资源发起未经授权的尝试失败，以及无效或伪造的数字证书永远都会被拒绝。阅读代码是编写优质安全测试用例的理想方法。

12.3.1 测试输入验证

现在我们考虑一下输入验证的安全测试用例。我们举一个简单的例子。在这个例子中，我们会测试输入验证码，这个验证码要求的是一个长度至少为10个字符且最多为20个字符的字符串，其中只包含字母、数字的ASCII字符。

我们可以创建一个帮助函数来执行这类标准化的输入验证，确保能够统一执行输入验证而且不会失败，然后把输入验证和匹配的测试用例组合在一起，确保验证校验工作正常，代码也执行正常，验证码正好能够满足字符的限制。实际上，因为编程中会存在大量错误，所以我们应该对正好满足限制和正好超出限制的输入都进行检查。下面的单元测试包含这个示例中的输入验证测试：

- 校验长度为10的有效输入能够满足条件，但长度为9的输入会失败；
- 校验长度为20的有效输入能够满足条件，但长度为21的输入会失败；
- 校验包含一个或多个无效字符的输入信息一定会失败。

当然，功能测试应该已经校验过符合所有限制条件的输入信息能够正常工作。

还有另外一个类似的示例，我们假设要进行测试的代码在一个N字节固定长度的缓冲区中保存了一个字节数组参数。安全测试用例应该保证当输入长度在N字节范围内时，代码都能正常工作，但是一旦输入长度达到了N+1字节，这个输入就会被安全地拒绝。

12.3.2 测试XSS漏洞

现在，我们看一个更具挑战性的安全测试用例，以及一些可以使用的测试战略。读者可以回顾一下本书第 11 章中介绍的 XSS 漏洞，即一个不受信任的输入将自己注入 Web 服务器生成的 HTML 中并且让用户加载这个页面，这可以通过运行脚本的方式发起攻击。这类漏洞产生的核心原因在于转义不当（improper escaping），这也是安全测试应该重点关注的地方。

假设要进行测试的代码是下面这段 Python 函数，它是由描述其内容的字符串所组成的一段 HTML 代码。

易受攻击的代码

```
def html_tag(name, attrs):
 """Build and return an HTML fragment with attribute values.
 >>> html_tag('meta', {'name': 'test', 'content': 'example'})
 '<meta name="test" content="example">'
 """
 result = '<%s' % name
 for attr in attrs:
     result += ' %s="%s"' % (attr, html.escape(attrs[attr]))
 return result + ">"
```

注释（代码中用"""分隔的部分）中的文档测试（即前面用>>>标识的语句）示例展示了如何使用这个函数来为一个<meta>标签生成 HTML 文本。代码的第一行构建了文本字符串结果的第一部分：首先是每个 HTML 标签开始时都有的角括号（<），然后是标签的名称。接下来，循环遍历属性（attrs 数组），为每个属性增加一个空格和声明（形式为 X="Y"）。

这段代码会为每个属性字符串值正确地应用 html.escape 函数，但我们仍然应该对它进行测试（出于我们的目的，我们会假设属性值是唯一有可能出现不可靠输入因而需要进行转义的地方。在实践当中，这种做法一般来说也就足够了，但任何事情都有可能发生，所以在一些应用当中，加入更多转义或者输入验证可能是有必要的）。

下面我们用 Python 的 unittest 库来编写测试用例：

```
class ExampleTestCases(unittest.TestCase):
    def test_basic(self):
        self.assertEqual(html_tag('meta', {'name': 'test', 'content': '123'}),
                         '<meta name="test" content="123">')

 def test_special_char(self):
     self.assertEqual(html_tag('meta', {'name': 'test', 'content': 'x"'}),
                      '<meta name="test" content="x&quot;">')
if __name__ == '__main__':
     unittest.main()
```

第一个测试用例是一个基本的功能测试，它展示了这些单元测试的工作方式。在从命令行运行测试的时候，这个模块会在最后一行调用单元测试框架 main。这会自动调用 unittest.TestCase 所有子类的每个方法，这些子类包含单元测试。其中，assertEqual 方法会比较它的参数，比较的结果应该是相等，否则测试失败。

现在来看看安全测试用例——我们把它命名为 test_special_char。因为我们已经知道 XSS 可以通过在双引号中插入不可靠的输入信息发起攻击，以此来利用代码，所以我们会用包含双引号的字符串来测试转义(escaping)。正确的 HTML 转义应该把它转换为 HTML 实体“"”，就像 assertEqual 语句的字符串中所显示的那样。如果我们在目标方法中移除 html.escape 函数，这个测试就会彻底失败，这和我们的预期也完全一致。

到目前为止，一切正常。但是请注意，为了编写测试，我们需要提前弄清楚哪类输入值（双引号字符）更有可能给我们制造麻烦。鉴于HTML规范相当复杂，我们又怎么才能知道这里不需要更重要的测试用例呢？我们也可以尝试大量其他的特殊字符，而escape函数会把它们中的不少字符转换成各类HTML实体值（例如，把大于号转换为“>”）。不过，调整我们的测试用例来覆盖所有这类可能性需要我们投入大量的工作。

因为处理的是HTML，所以我们可以使用了解所有相关规范的库来替代我们完成繁重的工作。下面的测试用例校验了生成的HTML标签，与我们前面对两个相同的测试值进行校验一样，其中一个是常规用例，另一个用例则使用了包含双引号字符的字符串。最后，我们把值依次分配给了content这个变量：

```
def test_parsed_html(self):
    for content in ['x', 'x"']:
        result = html_tag('meta', {'name': 'test', 'content': content})
        soup = BeautifulSoup(result, 'html.parser')
        node = soup.find('meta')
        self.assertEqual(node.get('name'), 'test')
        self.assertEqual(node.get('content'), content)
```

循环的内部是测试两个用例的公共代码，首先调用目标函数来构建一个字符串HTML <meta>标签。

我们在这里调用了BeautifulSoup解析器，而没有对显式的预期值进行校验。解析器会生成一个对象树，从而在逻辑上把解析过的HTML结构展示出来（有颜色的部分称为“a soup of objects”）。变量soup是HTML节点结构的根，我们可以用它在对象模型中查找和检查内容。

方法find可以找到soup中的第一个<meta>标签，我们把它分配给了变量node。对象node有一个get方法，该方法会按照名称来查找属性值。这段代码会测试<meta>标签的name和content属性是否拥有预期的值。使用BeautifulSoup解析器的最大优势在于它会负责处理HTML中的空格或者换行符，处理转义和取消转义，转换实体表达式，并且执行HTML解析所需的所有其他操作。

因为我们使用了解析器库，所以这个安全测试用例适用于被解析的对象，不受HTML特性的影响。如果XSS向双引号之间注入了一段恶意的输入信息，解析的HTML在<meta>标签的节点对象中不会有相同的值。所以，即使我们完全不知道双引号字符是导致一些XSS攻击的根源，也可以轻松地尝试一系列特殊字符，然后依靠解析器来判断哪里一切正常（哪里存在问题）。在下面的主题中，我们会首先尝试一些测试用例变量，然后对其进行大规模自动化。

12.4 模糊测试

模糊测试是一种自动创建测试用例的方式，其目的是通过测试输入来“轰炸”目标代码。模糊测试可以帮助我们判断某个输入是否有可能导致代码出现问题，或者导致流程崩溃。下面这个类比可以帮助读者理解模糊测试的意义：洗碗机的工作方式是通过旋转臂向不同角度喷水，来达到清洁的目的。因为洗碗机根本不知道餐具是怎么摆放的，也不知道把水从什么角度喷射出去最有效率，所以洗碗机会随机喷水，但还是可以把里面的东西都洗干净。模糊测试这种分散的方法也可以相当有效地发现更大范围的错误，其中一些错误就是软件的漏洞，在这一点上，模糊测试完全不同于为特定目的而编写的安全测试。

对于安全测试用例，典型的方法是“模糊”那些不可靠的输入（即尝试各种不同的值），然后查找异常的结果或者崩溃的情形。为了能够真正发现安全漏洞，我们还需要对模糊测试的结果进行调查，寻找发现漏洞的线索。

我们可以通过校验更多的字符，把 12.3 节中的 test_parsed_html 转换为模糊测试。

```
def test_fuzzy_html(self):
    for fuzz in string.punctuation:
        content = 'q' + fuzz
        result = html_tag('meta', {'name': 'test', 'content': content})
        soup = BeautifulSoup(result, 'html.parser')
        node = soup.find('meta')
        self.assertEqual(node.get('name'), 'test')
        self.assertEqual(node.get('content'), content)
```

这段代码会遍历所有 ASCII 标点字符，而不是仅仅尝试我们选择的测试用例列表。这些标点字符是由标准字符库中的常量所定义的。在每次迭代的时候，变量 fuzz 都会获取标点字符的值，然后在它的前面加上字母 q 来构造出一个两字符的内容值。代码的其他部分与前面的原始案例相同，只是在这里运行的测试用例更多。

我们对上面这个例子进行了简化，简化到需要对模糊测试的定义进行扩展，但是这个例子展示了通过编程来暴力破解测试 32 个用例的强大功能，而不是小心翼翼地遴选，然后手动编写一系列测试用例。这个代码更详细的版本可能需要使用更长的字符串（由非常麻烦的 HTML 引用关系和转义字符组成）来构建更多的用例。

很多库都提供了各式各样的模糊功能，从随机模糊到基于特定格式（如 HTML、XML 和 JSON）的知识所生成的变体。如果你拥有一项既定的测试策略，你当然可以编写自己的测试用例并且对其加以尝试。这里的关键是测试用例价格低，并且生成大量测试用例是让测试获得理想覆盖的不二选择。

12.5 安全回归测试

凡倒退[①]的，永远不会进步。——欧麦尔·本·赫塔布

安全漏洞一经发现和修复，就没人希望再被相同的漏洞袭扰。但这种事时有发生，而且发生的频率比合理的范围更高。这种事的发生表示安全测试不足。在对新发现的安全漏洞进行响应时，有一项重要的最佳实践，那就是创建一个安全回归测试来检测潜在的错误。安全回归测试的作用是对漏洞进行简单重现（重现错误），以确认我们的修复工作在事实上消除了漏洞。

这就是我们的目的，但是好像完全没有人采用这种做法——就连最大和最高端的软件开发商也不会采用。比如，苹果在 2019 年发布 iOS 12.4 的时候，这个版本重新引入了在 iOS 12.3 中已经发现并且修复的错误，这无异于推开了一扇本应该已经牢牢关闭的大门。如果之前的修

① 倒退（regress）和回归（regression）词根相同，这是作者引用这句话的理由。——译者注

复采用了安全回归测试用例，这种事情就永远都不会发生。

这里应该注意的是，一些安全漏洞回归的情况比新的漏洞还要糟糕得多。这个 iOS 漏洞回归的案例代价格外惨重，就是因为这个错误早已是那些安全研究社区耳熟能详的错误，所以他们迅速把针对 iOS 12.3 构建的现成越狱（越狱是指绕过制造商施加的限制，提升用户可以在自己设备上执行的权限）工具进行了调整，让它可以运行在 iOS 12.4 上。

我推荐首先编写测试用例，然后进行真正的漏洞修复。在紧急情况下，如果漏洞已经非常明确，我们可能会把修复漏洞排在首位，但除非我们没有帮手，否则也应该让其他人来并行开发回归测试。在开发有效回归测试的过程中，读者可能会了解关于回归测试的更多信息，甚至可以获得相关漏洞的线索。

一个理想的安全回归测试应该尝试多种测试用例，而不是针对某一种已知攻击建立测试用例。以本书第 10 章介绍的 SQL 注入攻击为例，仅仅通过测试确认已知的 Little Bobby Tables 攻击（妈咪攻击）会失败是不够的。过长的名称也应该加以测试，表示输入验证需要对输入字符的长度进行验证。攻击的变量也需要进行尝试，包括使用双引号而不是单引号的情况，或者名称末尾是斜杠（SQL 字符串转义字符）的情况。同一张表中的其他列或其他表中的类似攻击也应该进行尝试。恰恰就像我们不会通过仅仅拒绝以“Robert');”开头的名字来修复 SQL 注入错误一样，即使这种做法能够防止这种专门的攻击，我们也不应该这样来编写回归测试。

除了解决新发现的漏洞之外，通过调查也可能会在系统的其他地方发现类似漏洞，这些漏洞同样可以被攻击者利用。我们可以利用自己对系统内部的了解和对源代码的熟悉，在同对手的竞争中占据先机。如果有可能，我们应该立刻检测是否存在类似错误，这样我们就可以在修复原始漏洞的过程中一并修复这些问题。这一点非常重要，因为攻击者很可能也是按照相同的思路来思考，而发布修复程序无异于是在给攻击者提供如何攻击自己的系统的线索。如果我们没有时间研究所有线索，起码也应该在时间允许的情况下对详细信息进行归档，以备日后进行调查。

例如，我们可以思考一下如何给本书第 9 章中提到的 Heartbleed 漏洞撰写一份安全回归测试。我们曾经提到，利用这种漏洞的方式是发送一个包含任意字节负载但字节数大得多的数据包。服务器的响应消息会尊重字节数的限制，并发回额外内存的内容，这往往会导致验证的内部数据泄露。

正确的行为是忽略这类无效的请求。一些好的安全回归测试用例如下：

- 通过测试来确认已知利用漏洞的请求不会接收到响应消息；
- 使用大于 16384 字节（最大值）的请求消息进行测试；
- 用 0 字节和最大字节数的负载来封装请求消息；
- 调查 TLS 协议中是否有其他类型的数据包可以产生类似问题，如果存在类似问题则也需要对其进行测试。

12.6 可用性测试

担心无法使用，担心缺席或者诈骗。——安妮·拉莫特

DoS 攻击表示一种特殊类型的威胁，因为系统能够承受的负载上限是很难加以归类的。具体来说，负载（load）这个词包含多重含义，包括处理能力、内存占用、操作系统资源、网络带宽、磁盘容量以及其他可能存在的瓶颈（读者可以回忆一下第 5 章提到的 CSPRNG 熵池）。操作人员一般会在生产过程中对相关参数进行监测，在少数情况下，安全测试还可以避免故意利用性能漏洞的攻击方式。

安全测试应该有能力判断出性能有可能呈非线性下降的代码。读者在第 10 章中曾经看到了一些与这类漏洞有关的示例，我们考虑了回溯正则表达式和 XML 实体扩展。因为这可能会对性能造成加倍的负面影响，所以这些都是特别严重的漏洞。当然，这些只是更广泛现象的两个实例，同样的问题也可能出现在各类代码当中。

在下文，我们会解释测试这类问题的两项基本战略：对特定功能的性能进行测试，同时监测各类负载的性能。

12.6.1 资源消耗

对于那些我们深知有可能受到可用性攻击威胁的功能，我们应该增加安全测试用例（对资源），并且确定输入的合理限制以防止负载过高。然后进一步进行测试，以确保输入验证机制可以防止比较大的输入值，避免系统过载。

比如，在一个回溯正则表达式的例子中，我们可以用长度为 N 和 N+1 的字符串来评估计算时间的几何增长率。我们可以使用这个参数来推断最大有效输入所需的时间，然后判断这个时间是否低于能够通过测试的最大阈值。

为了简化下面的探讨过程，我们假设 N=20 时计算时间为 1s，N=21 时计算时间为 2s，每增加一个字符长度会导致运行时间成倍增加。如果最大的输入长度为 30 个字符，我们就可以由此评估需要 1024s，并且判断出这个输入是否可行。这样一来，我们就可以通过数学的方式推断处理时间而不是实际执行 N=30 的输入，从而避免了这个极度缓慢的测试用例。不过读者应该切记，实际的处理时间还取决于其他一些因素，所以验证一个合理的模型需要至少两个测量值。

除了这种目标明确的测试之外，我们应该对整个系统测量性能参数并且设定合理的数值上限。这样一来，如果一次迭代导致性能明显下降，测试就会把它标记出来以备相关人员进行监控。通常来说，这些测量行为都可以轻而易举地添加到现成的大型测试中，包括冒烟测试、负载测试和兼容性测试。

一种简单的方法可以防止代码变更导致内存消耗急剧增加，那就是人为制造资源受限的条件并允许测试。这里所说的内存是指堆栈和堆空间（heap space）、交换空间、磁盘文件和数据库等。单元测试应该在内存非常受限的条件下运行。但是如果测试套件到达了极限，就值得进行研究了。更大规模的集成测试则要求测试时使用的资源与生产中的可用资源相仿，如果使用与生产中几乎完全相同的资源来运行测试，测试就可以起到警示作用。例如，如果我们使用生产环境中 80%的内存资源来测试系统，就可以确保测试结果提供了（超出上限之外）20%的空间。

12.6.2 阈值测试

一种保护系统可用性的重要方式很容易被人们忽视，那就是在达到基本限制之前建立一个警告标志。不久之前，某家著名软件公司就出现了超出这种限制的经典案例，当时负责把唯一ID分配给（系统管理的）对象的32位计数器的值从2147483647回到了0，导致编号数值比较低的那些对象被覆盖。这个问题花了好几个小时才得以解决，但如果对计数器值进行监测并且在数值接近上限（如0.99*INT_MAX）时发出警告，这个灾难原本可以避免。显然，在产品发布的早期，人们很难想象计数器会达到上限，但是随着企业的发展，企业会面临各种情景，那时也就不会有人再考虑这种可能性了。

对阈值进行告警的工作往往被看作运维人员的职责，而不是安全测试团队的工作。然而，这些工作往往会被人们忽视，但这些问题非常容易修复，因此把相关职责同时划分给两类团队是物有所值的。同时，我们也要留意系统有可能触及的其他限制值，而不仅仅是计数器值。

存储容量是另一个我们希望获得预先告警的重要数据，这项告警可以让我们从容地加以解决。针对存储容量，我们可以把告警值设置为限制值的99%，而不是某个任意的阈值。一种更加有用的计算方法是计算一个时间序列（也就是存储容量随时间变化的一组测量值），并且推断到达限制值所需的时间。

时间限制也绝对不能忽视。数字证书的过期时间很容易被人们忽视，直到某天突然无法通过认证才被人回想起来。对于那些依赖提供数据馈送（data feed）的合作伙伴证书的系统，我们应该加以监测并且提供提示，以避免出现中断并因此受到客户的指责。

如今，“千年虫”已经成为非常遥远的令人不愉快的回忆（人们为了避免当年份从1999更改为2000时，将年份存储为两位数值的计算机系统可能出现混乱，付出了巨大的努力）。不过，我们现在又可以期待2038年1月19日会出现的“2038年问题”了。届时，自1970年1月1日0点0分0秒（UNIX时代的时间原点，见图12-1）以来，我们已经经历了2147483647s。在20年之内，我们自UNIX时间原点所经历的秒数就会超出32位计数器的上限，这几乎肯定会导致各类非常讨厌的错误出现。如果现在你还觉得检测一下自己的代码库为时尚早，请问你打算什么时候动手呢？

图12-1　错误（由Randall Munroe提供）

12.6.3　分布式拒绝服务攻击

拒绝服务（Denial of Service，DoS）攻击是一种单独的行为，旨在给可用性造成负面影响；分布式拒绝服务（Distributed Denial of Service，DDoS）攻击则通过多项协同行为的累积效应来完成攻击。对于连接互联网的系统来说，互联网的开放架构增加了DDoS攻击的风险，例如通过协调的僵尸网络发起统一攻击。分布式的匿名源协同起来制造暴力过载，这种做法最终会成为双方计算资源规模之间的一场比拼。缓解这类攻击往往需要依靠针对 DDoS 攻击提供保护的厂商，它们都拥有背靠海量数据中心资源的网络专业技能。

我把这一点作为可用性威胁中的一个分类专门罗列出来，是因为一旦我们的服务器不幸成为 DDoS 攻击的受害者，读者应该知道这是我们很难靠自己去缓解的攻击方式。

12.7 安全测试的最佳实践

编写可靠的安全测试用例是提升任何代码库安全性的重要方式。虽然安全测试用例无法100%确保系统的安全，但是可以确保我们的保护和缓解机制工作正常，因此这是迈向正确方向的重要一步。如果我们可以把一套强健的安全测试用例和安全回归测试结合起来，就可以大幅度降低出现重大安全漏洞的可能性。

12.7.1 测试驱动的开发

如果你正在编写重要的代码，并且正在思考安全性对这段代码的意义，那么安全测试用例对你来说就非常重要。我强烈赞同“测试驱动的开发”（Test Driven Development，TDD）概念，即我们在编写新代码的同时编写测试用例。严格实践这种方法的人其实会首先进行测试，并编写新的代码来修复之前失败的测试。如果从一开始就把安全测试用例包含在编写代码的流程中，我们就可以确保安全性是集成在代码之中的，而不是软件发布之后才对其安全性进行修补。不过，无论我们使用什么方法进行测试，安全测试用例都应该是我们测试流程中的一个环节。

如果由其他人编写测试，开发人员应该提供一份指南来描述所需的安全测试用例，因为别人很难在缺乏详细背景的情况下，仅凭直觉就判断出代码的安全需求。

12.7.2 利用集成测试

集成测试（integration testing）可以把系统置于它们的目标环境中，确保通过单元测试的所有组件能够按照预期工作。这些都是为了确保质量的重要测试，一旦我们在这方面付出了努力，就很容易扩展到一些安全测试中。

2018 年，一个主流社交媒体平台因为它们自己造成的漏洞而建议自己的客户修改密码：这个错误导致账户密码以明文的形式被发送到内部的日志当中。通过集成测试，这个平台原本可以在引入了漏洞的代码被发布到生产环境之前检测并且修复这些代码。这项服务的集成测试应该包含使用虚假的用户账户（比如 USER1）和某个密码（比如/123!abc$XYZ）进行登录（哪怕虚假的账户也应该拥有安全的密码）。在完成集成测试之后，安全测试应该扫描这个独特的密码字符串，并且在没有找到匹配项时提示错误。这种测试方法不仅应该应用于日志文件，也应该应用于任何有可能出现信息泄露的地方，包括其他残存的文件、可以公开访问的网页、客户端的缓存等。这类测试很可能就像执行 grep(1)命令那样简单。

这只是我们为了方便解释所举的一个简单的示例，其实这种方法也适用于任何隐私数据。

测试系统需要用一系列合成数据来替代生产中的实际用户数据，因为所有隐私数据也有可能以同样的方式遭到泄露。更加全面的泄露测试会扫描所有没有像追踪隐私测试输入数据那样隐秘且明确受到加密保护的系统输出信息。

12.7.3 追赶安全测试的进度

如果你正在开发一个没有安全测试用例的代码库，同时安全性对这个代码库而言又非常重要，那么这里就有一些重要的工作要做了。如果有一个设计方案考虑到了安全性问题，而且这个方案已经进行了威胁建模和审查，就可以把这个设计方案作为向导，判断需要重点关注哪些代码。最明智的做法是把工作进行细分，每部分工作都有一个里程碑，各部分都可以把工作继续向前推进一步。我们在进行一两次迭代之后，可以审视整个任务，从而对剩余的需求进行评估。

我们可以按照重要性来判断保护机制和功能区，让代码指导我们判断哪些内容需要进行测试。审查现成的测试用例，因为很多人可能已经进行了一些安全测试，或者距离实现安全性其实已经非常接近了。如果团队中来了一些新人需要学习代码，可以让他们编写安全测试用例。这不仅是帮助他们学习代码的最好方法，而且可以为代码产生持久的价值。

第13章

安全开发最佳实践

他们先说没有人是完美的，然后又说勤学苦练铸就完美。我希望他们自己先想想清楚。——温斯顿·丘吉尔

本书第三部分写到这里，我们已经提到了大量开发阶段涉及的安全漏洞。在本章中，我们会着重介绍开发过程本身的各个方面与安全性之间的关系，以及它们如何出错。我们会首先探讨代码质量，介绍代码清洁（code hygiene）、彻底的异常和错误处理、记录安全性的价值，以及代码审查在提升安全性方面的重要作用。其次，我们会介绍如何处理依赖关系，具体来说就是它们是如何在系统中引入漏洞的。本章的第三个话题是漏洞分类，这是平衡安全性和其他紧急情况时需要具备的一项重要技能。最后，要想实现安全开发，我们需要维护一个安全的开发环境，所以我在本章会介绍一些技巧，告诉读者要想避免遭到入侵，我们应该做点什么。

基于实用性考虑，这里的指导意见都是一般性意见，读者应该能把它们应用到自己的开发环境中。还有一些重要的方法是针对某些特定编程语言、系统和系统的某些特定方面的，鉴于此，读者不仅应该了解本章介绍的这些一般性意见，而且应该对自己网络中存在的其他安全问题和风险时刻保持警惕。

13.1 代码质量

质量永不过时。——罗伯特·盖恩

在第三部分的前几章中，我解释了漏洞潜入代码中的几种方式，在这里我关注的重点是错误和安全之间的关系。如果我们可以提升代码的质量，就可以在很长时间内让代码更加安全，而无论我们能不能意识到这种安全性的提升。所有漏洞都是错误（bug），所以错误越少意味着漏洞和漏洞链越少。但显然，收益递减的规律在我们消除所有错误之前很早就开始生效了，所以我们最好采用平衡的方法。

下面会介绍在安全性方面我们应该关注的一些重要内容。

13.1.1 代码清洁

程序员一般都对自己代码的质量洞若观火，但是出于各种各样的原因，他们往往宁可接受一些已知的缺陷，也不会进行必要的改善。

代码异味（code smell）、面条式代码（spaghetti code）和标记代码需要进一步完善的 TODO 注释往往都是产生漏洞的沃土。至少，在那些我们特别关注安全性的地方，直接找到这些问题并且对代码加以打磨就是避免漏洞，同时不需要进行任何安全性分析来了解攻击者如何利用错误的最佳方法。

除了我们对代码质量的主观感受之外，我们也要使用工具来标记问题。编译带有完整警告的代码，然后对代码进行修复来解决重要的问题。有些自动警告（比如错误缩进或没有执行路径的非法代码）可能标识出了本书在第 8 章中介绍过的 GotoFail 漏洞以及本书在第 12 章中进行的安全测试。Lint 和其他静态代码分析工具可以提供更丰富的代码审查，有时可以为我们解释代码的错误和漏洞。

代码分析未必每次都可以像这样标识出安全错误，所以我们必须广撒网，在开发过程中，频繁使用相关工具来减少可能的错误数量。通过这种方式，如果一个工具的输出发生了巨大的变化，我们也就很容易注意到这一点。这样新的内容就不会被淹没在古老信息的滚滚洪流之中。

如果难度不大或者我们发现某个问题非常严重，就应该修复所有的警告。比如，不可达代码标识了虽然有人出于某种目的编写了这段代码，但是这段代码如今已经是多余的了，所以这里绝对是有问题的。然而，关于变量命名约定（variable naming convention）的警告可能和任何安全漏洞都没有关系，虽然也是一个不错的建议。

找个时间进行一些清理工作并不是一件简单的事情。我们可以用增量的方式，哪怕每周花上一两个小时，随着时间的推进，我们都可以给项目带来巨大的改善，这个过程也可以让我们更好地熟悉巨大的代码库。如果警告数量太多，多到完全处理不过来，就从影响最大的开始处理（比如 GCC 的-Wmisleading-indentation），然后把所有标记的警告都处理掉。

13.1.2　异常和错误处理

1996 年阿丽亚娜 5 号运载火箭 501 航班发射失败的报告痛苦地向我们揭示了异常处理不佳的惨烈后果。虽然这个灾难性的错误纯粹是自导自演的，不涉及恶意破坏，但它仍然不失为一个攻击者利用我们自身错误来入侵系统的范例。

在阿丽亚娜 5 号航天器发射升空的时候，一个浮点数到整数的转换计算产生了一个异常事件。于是，一个异常处理机制被触发了，但是因为没有人预期到这个转换错误，所以异常处理器代码未为发生这种情况做好准备。于是，代码关闭了引擎，导致发射后的 36.7s 发生了灾难。

防止这类情况发生的第一步就是认识到异常处理不佳的巨大风险，然后思考所有正确的响应方式，找到即使最不可能发生的意外情况。一般来说，我们最好在尽可能接近源头的地方处理异常，因为越接近源头，与环境的关系就越密切，进一步产生复杂性的概率就越小。

换句话说，大型系统可能需要一个顶层处理器来处理所有突发的未处理异常事件。一种理想的方法是确定一个操作单元，然后让它完全失效。比如，一台 Web 服务器可能在 HTTP 请求过程中捕捉到了一个意外事件，于是返回了一个通用的 500（服务器错误）响应。一般来说，Web 应用会把状态变更请求按照事务的方式处理，这样任何错误都不会导致状态变更，这就可以避免部分变更导致系统处于某种危险的状态。

一般来说，在错误处理中，异常处理不佳往往都会与潜在的漏洞关联。错误也和异常一样，它们都不会经常发生，所以开发人员很容易把它们抛诸脑后，不会对它们进行完整处理或者测试。攻击者发现漏洞的一种常见技巧就是试着去激发某种错误，然后观察代码如何运作，希望从中发现某些漏洞。因此，最好的方法就是从一开始就实施可靠的错误处理。这就是安全漏洞不同于其他软件错误的经典示例：在一般的使用环境中，有些问题可能相当罕见，但是在协同攻击中，引发错误可能正是攻击者的主观目的。

为了能够正确地执行错误和异常处理，进行可靠的测试至关重要。我们一定要确保所有代码路径都测试到位，尤其是那些不常用的代码路径。我们应该监控系统产生的异常日志，并且追踪它们产生的原因，确保异常恢复机制能够正常运作。我们应该积极调查并且修复那些间歇发生的异常情况，因为如果聪明的攻击者知道如何触发异常情况，他们恐怕就可以对其进行微调，从而恶意利用其中的漏洞。

13.1.3 记录安全性

如果我们正在编写一段与系统安全性至关重要的代码，我们需要在注释中对自己的决定进行解释，这样其他人（或者我们自己在几个月后）才不会在无意中破坏这段代码。

对于关键代码，或者那些我们需要对安全性加以解释的代码，注释格外重要，因为注释可以让那些考虑修改代码的人了解其中的利害关系。在写安全方面的注释时，我们需要对安全隐患加以解释，越具体越好。只写“//Beware: security consequences”之类的内容，根本不算是解释。一定要清晰、直指问题的核心，如果废话太多，人们就会置之不理或者直接放弃。读者可以回忆一下本书第 9 章探讨的 Heartbleed 和第 12 章探讨的安全性测试，好的注释可以解释清楚问题所在：拒绝字节数超过实际数据的无效请求非常重要，因为这种请求可能导致超出缓冲区的私有数据被泄露。如果安全分析过于复杂，无法在注释中加以解释，可以用单独的文档记录下来，然后在注释中引述这个文档。

这不是说我们应该对所有安全性依赖的代码都加以标记。恰恰相反，我们的目的是对那些不够明显、在未来很容易被忽略的问题进行注释，以警告读者。最后，注释永远无法替代那些知识渊博的程序人员，这类人员会对安全隐患时刻保持警惕，因为他们深知这些任务有多么艰巨。

撰写一份好的安全测试用例（见本书第 12 章）是一种理想的文档备份方法，可以防止有人将来不知不觉地破坏代码的安全性。这种测试作为一种模拟攻击的方法，不仅可以防止有人不小心对代码进行了不利的变更，还可以准确地显示出代码中可能出现的错误。

13.1.4 安全代码审查

在标准的操作中，专业的软件开发流程包含同级代码审查，我希望这种审查中能够明确地包含安全性审查。一般来说，这个过程最好包含在代码审查工作流程当中，其中涵盖了审查人员应该留意的潜在问题清单，包括代码是否正确、是否可读、代码的风格等。

我推荐统一为代码审查人员额外增加一个工作步骤，那就是考虑代码的安全性，也就是从安全性的角度重新审视这些代码，这一步可以在第一次阅读代码之后执行。如果审查人员自认为没有能力审查代码的安全性，他们应该把这部分工作交给有能力完成的人去做。当然，在代码变更的过程中我们可以忽略这个步骤（只要代码变更完全不涉及任何安全隐患）。

从安全性的角度审查代码变更与 SDR（见第 7 章）不同，因为我们查看的是系统中很小的一部分，而不像审查整个设计方案那样从宏观的角度审视系统。我们要保证把代码处理大量不可靠输入信息的情况考虑在内，也要确保所有输入校验都是足够强大的，避免所有存在代理混淆的问题。一般来说，重视安全性的代码都值得我们万分留意，我们对代码质量的要求也格外高。只要我们能够对代码的安全性打起十二分精神，就有机会给整个系统的性能带来大幅的提升。

代码审查也给我们提供了一个理想的机会，让我们确保已经创建的安全测试（见第 12 章）可以满足需求。作为审查人员，如果我们认为某些输入可能存在问题，就应该撰写一份安全测试用例，看看会发生什么，而不是纯粹靠猜测。如果我们的测试用例揭示了代码的漏洞，就应该把问题提出来，并且改善测试用例以确保问题能够得到修复。

13.2　依赖关系

依赖导致屈从。——托马斯·杰斐逊

当今系统往往都建立在大量外部组件上，这种依赖关系在很多方面都是麻烦重重。很多平台（比如 npm）会自动引入很多难以追踪的依赖关系。使用包含已知漏洞的旧版外部代码，是整个产业至今无法系统性解决的最大现实威胁之一。此外，在软件供应链中选择了恶意组件也是一大风险。这种情况可以通过多种方式发生，比如有人误选了一个与知名软件包命名非常类似的软件包，或者因为与其他组件之间的依赖关系而间接使用了恶意软件。

给一个系统增加组件也有可能危害安全，即使使用这些组件的目标恰恰是提升系统的安全性。我们不能仅仅信任组件的源，我们也要信任源信任的所有实体。除了额外的代码有可能引入错误，以及系统的复杂性这种无法避免的风险之外，组件也可以用人们始料未及的方式增加系统的攻击面。二进制发行版其实是不透明的，即使获得了源代码和相关的文档，我们常常也无法仔细审查和理解软件包中的所有内容，所以最终还是无法避免盲目信任的结局。杀毒软件可以检测并且阻塞恶意软件，但是这类软件往往会用大量深入系统的钩子（hook），需要超级用户权限，而且难免会增加系统的攻击面，比如杀毒软件在连接厂商网络以获取最新恶意软件数据库和汇报自己的检测结果时（就会让攻击者有机可乘）。如果我们误选了包含漏洞的组件，系统的安全性就会受到威胁，哪怕我们选择这个组件的目的恰恰是给系统提供额外的一层保护。

13.2.1　选择安全的组件

要让系统整体更加安全，这个系统的所有组件就都必须是安全的。此外，这些组件之间的接口也必须是安全的。下面是在选择安全组件时，我们应该认真考虑的一些基本因素。

- 相关组件及其厂商的安全追踪记录如何？
- 这个组件的接口是私有的吗？有没有其他能够兼容的产品？（选择越多就越有可能有安全的产品可供选择。）
- 什么时候发现了组件中的安全漏洞？我们对（产品的）厂商能够及时响应并提供修复方案有把握吗？
- 让这个组件时刻保持更新状态的操作成本（包括我们需要付出的努力、组件的宕机时间和我们需要支付的费用）有多高？

在选择组件的时候，我们一定要时刻考虑这个组件的安全性问题。用来处理隐私数据的组件必须保证不会泄露信息。如果这类软件处理数据时有一个副作用，即软件会记录数据的内容，或者把它保存在不安全的介质中，这就会增加数据泄露的风险。软件的设计初衷是不会改变的，所以我们不应该把用来处理海洋温度这类非隐私数据的软件拿去处理敏感的医疗数据。不要使用组件正式发布之前的原型（prototype）组件，其他不满足高质量产品要求的组件也要避免运用在系统当中。

13.2.2 保护接口

一个拥有良好记录的接口应该明确指出自己的安全和隐私属性，但是在实际工作中，没有人这样做。一方面，为了提升效率，编程人员很容易就会忽略输入验证，尤其是在编程人员认为这种验证已经进行了处理的情况下。另一方面，让每个接口都重复执行输入验证也确实有点烦琐。在无法确定的情况下，我们应该尽量进行测试，以便弄清楚接口的工作方式。如果还是无法确定，那么在接口前面增加一层输入验证就不失为一种理想的措施。

不要使用已经被弃用的 API，因为这些 API 往往会掩盖潜在的安全问题。API 的开发人员一般都会弃用那些包含不安全特性的 API，而不会彻底移除这些 API。这样做相当于既不鼓励别人使用这些包含漏洞的代码，同时又为当前的 API 调用者维持了对向后兼容的支持。当然，弃用 API 的原因并不仅仅是安全性一项，但是作为 API 的调用者，我们一定要弄清楚 API 弃用的原因是不是存在安全隐患。切记，攻击者也可以追踪 API 弃用的原因，这时他们可能已经为发起攻击在做准备了。

除了这些基本的例子之外，如果一个接口会暴露自己的内部信息，就需要我们格外关注了，因为人们常常会不经意使用这些接口，从而制造漏洞。读者可以参考一下"世界上最危险的代码"（Georgiev 等，2012 年），这是针对一个被广泛应用的 SSL 库所发起的一项重要的研究案例，研究人员从中不断发现不安全的使用方法，进而彻底破坏了这个库旨在为人们提供的安全属性。作者发现，"其中绝大多数漏洞产生的根本原因是针对底层 SSL 库的 API 设计存在严重问题"。

那些包含复杂配置选项的 API 也需要我们格外警惕——尤其是在我们依赖它们提供的安全性的情况下。在设计我们自己的 API 时，一定要遵守默认防御模式，把如何安全地配置系统记录下来，同时尽量提供辅助方法来确保配置的方法正确无误。如果我们必须暴露一些不安全的功能，就要尽可能确保没有人可以在不知道这些功能的作用时就无意中使用到这些功能。

13.2.3　不要做重复的工作

只要条件允许，就应该使用标准的、高质量的库来提供基本的安全功能。每当有人想要依靠自己的力量从零开始缓解查询参数中的 XSS 攻击时，即使他们完全了解 HTML 语法，他们也可能会忽视一种晦涩的攻击方式。

如果没有现成的理想解决方案，我们可以创建一个库，并且在整个代码库中使用，通过这种方式弥补某种特殊的缺陷，同时一定要保证我们对这个库进行了彻底的测试。在有些情况下，自动化工具也可以帮助我们找到代码中的某些缺陷，而这些缺陷常常会成为代码中的漏洞。比如，我们应该扫描 C 语言代码来查找其中那些“不安全”的旧版字符串函数（如 strcpy），然后用提供相同功能的新版“安全”函数（如 strlcpy）取而代之。

如果我们正在编写一个库或者框架，就一定要认真寻找安全方面的弱点，这样才能一劳永逸地妥善处理这些问题。然后，我们需要跟进并且明确记录其提供的保护机制和不提供的保护机制。如果我们只说“用这个库吧，这样你就不需要再担心安全问题了”，这样做毫无裨益。如果我需要依赖你的代码来解决安全问题，我怎么知道哪些问题可以解决、哪些问题无法解决呢？比如，一个 Web 框架应该描述它如何使用 cookie 来管理会话、防止 XSS、为 CSRF 提供随机数、使用 HTTPS 等。

虽然乍听之下有点孤注一掷的意思，但是用一个库或者框架来解决一个潜在的安全问题往往就是最好的方法。普遍引入这样一层就会形成一个自然的瓶颈，从而在这里解决这个潜在问题的所有实例。如果我们在此之后又发现了一个新的漏洞，可以对通用代码进行一点改动，这个代码很容易修复和测试，所以应用非常广泛。

有时，可感知安全性的库必须为那些无法被彻底保护的底层特性提供原始访问。比如，HTML 框架模板可能会让应用注入任意 HTML。如果这是必要的需求，我们应该把所有常规保护方式无法应用的地方彻底记录下来，并且解释清楚 API 用户的责任。在理想情况下，我们应该在命名 API 的时候，提供明确的风险提示，譬如 unsafe_raw_html。

最重要的是，安全漏洞可能非常微妙，攻击方式有很多种，攻击者只要成功一次就足够了。所以，我们最好能够避免让自己去面对这类问题。同样的理由，一旦有人成功解决了某个问题，我们最好就把这个人的解决方法作为一种一般性的解决方案加以复用。对攻击者来说，人工引入的错误永远都会带来发起攻击的良机，所以通过解决方案让人们把事做对，这才是最保险的方法。

13.2.4　对抗传统安全

数字技术的发展日新月异，但出于各种各样的原因，安全技术的发展总是相对滞后一些。这就给我们带来了一项重要的挑战。这就像温水煮青蛙的故事一样，人们总是会超期使用那些安全代码，直到有人开始严肃地审视这些技术，明确指出它们带来的风险，然后提供一种更加安全的解决方案和过渡计划。

有一点必须说清楚，我不是在说当前的安全技术都很落后，我的意思是凡事皆有“保质期”。所以，我们需要周期性地在全新的威胁环境中对当前系统进行评估。如果使用密码进行认证的方式很容易受到网络钓鱼攻击，那就采用双因素认证的方式。加密的实现是以当代硬件的成本和性能作为前提条件的——按照摩尔定律，这个前提条件是在不断变化的。随着量子计算的不断成熟，高安全性的系统开始具备抵抗后量子时代算法攻击的能力。

因为各种各样的原因，那些安全性不佳的代码往往会在它们应该淡出历史舞台的时候继续被人们使用很长一段时间。首先，惯性本身就是一种强大的力量。因为系统往往都是用增量的方式渐渐演化的，所以没有人会质疑如今认证和授权的执行方式。其次，企业安全架构往往都要求所有子系统能够相互兼容，所以所有变更都意味着每个组件要用全新的方式进行互操作。光是想一想，这都不是一项轻松的任务，所以人们抗拒改变也就在情理之中了。

此外，那些过时的组件也会带来各式各样的问题，因为传统软硬件可能无法支持当今的安全技术。不仅如此，人们还经常用这样一个论点进行反驳：我们采用的安全措施到现在为止都是行之有效的，东西没有坏，为什么要修呢？最重要的是，不管设计这些安全代码的人是谁，这个人现在肯定不在身边，别人可能也无法完全理解这些代码。即使最初的设计师真的就在身边，他们可能也会为自己的工作成果进行辩护。

没有什么简单的方法可以解决传统安全方法带来的隐患，但是威胁建模可以帮我们找出传统安全方法可能带来的问题，让这些技术引发的风险更加清晰可见。

一旦我们已经确定需要逐步淘汰那些过时的代码，我们就需要对变更做好计划。把包含兼容接口的新组件集成到代码库中可以让我们的工作更轻松一些，但是在有些情况下，这是不可能的。在有些情况下，好的方法是用增量的方式实施更强大的安全技术：逐渐把系统的一部分转换为新的实现方法，当我们已经不需要过时的代码时，就可以把它删除了。

13.3 漏洞分类

“分类”这个词一般都是指谁先得到关注。——比尔·戴德曼

大多数安全问题一旦被发现就不难修复，我们的团队都能迅速对修复的方法达成一致。不过在有些情况下，人们确实对安全问题存在不同的观点，特别是在如何利用这个漏洞并不十分明确或者修复这个漏洞比较困难的情况下。除非有重要限制条件规定人们必须采取权宜之计，否则只要有任何可以被加以利用的漏洞，我们都应该对这个漏洞进行修复。切记，几个小的代码错误结合在一起就会形成一个重大的漏洞，漏洞链由此产生，这一点我们在第 8 章中已经进行了介绍。读者一定要记住，我们不能因为自己不知道攻击者会如何利用代码的错误，就认为攻击者不会利用这些错误。

13.3.1 DREAD 评估

在一些并不常见的情况下，我们的团队无法对如何修复错误达成一致意见，这时我们应该对代码错误所蕴含的风险进行结构化评估。DREAD 模型最早由杰森·泰勒（Jason Taylor）构思，并由我们两人在微软进行推广。这个模型是针对特定威胁进行风险评估的一项简易工具。DREAD 列举了因漏洞而暴露的风险的 5 个维度。

潜在破坏（Damage potential）：如果攻击者利用这个风险，它可以给我们造成多大的破坏？

成功率（Reproducibility）：攻击是每次都会成功，有时会成功，还是很少成功？

利用难度（Exploitability）：从技术难度上看，利用这个漏洞需要攻击者付出多少努力和资金？攻击路径有多长？

影响的用户（Affected user）：攻击会影响所有用户、部分用户，还是一小部分用户？攻击是针对特定目标，还是随机选择受害者？

发现难度（Discoverability）：攻击者发现这个漏洞的可能性有多大？

根据我的经验，从上面这 5 个独立的维度分别思考的 DREAD 评级是最理想的做法。不过，我并不推荐用数字给每个维度打分，因为严重程度往往并不完全是线性的。我推荐的方法是用衬衫尺码（如 S、M、L、XL）进行评级，分别标识我们主观判断的严重程度，后面我会举例进行说明。如果读者非要使用数字进行评分，那我也不建议最后把 5 个分数进行求和，然后比较不同威胁的总分，因为不同的威胁完全没有可比性。除非很多维度的 DREAD 评分都比较低，否则我们应该认定这个威胁比较严重，需要我们采取缓解措施。

如果这个威胁需要通过会议解决，那么我们应该使用 DREAD 来展示这个威胁。与会人员应该根据需要分别探讨上面的各个维度，以便清晰地了解这个漏洞带来的后果。一般来说，如果 5 个维度中的某一项打分比较低，与会人员就会着重探讨这对整体的影响意味着什么。

现在我们来介绍一下 DREAD 在实际工作中如何发挥作用。假设我们刚刚发现了 Heartbleed 错误，希望用 DREAD 对它进行评级。我们在前文中曾经提到，这个漏洞可以让匿名攻击者发送恶意的 Heartbeat 请求，并且占用 Web 服务器的大量内存。

下面是信息泄露威胁的 DREAD 评级。

潜在破坏（XL）：服务器内存有可能会泄露密钥。

成功率（M）：内存中泄露的内容会因为很多因素而发生巨大的变化。在很多情况下，这些内容都是人畜无害的，但是到底会泄露什么内容完全无法预测。

利用难度（L）：匿名攻击者只需要发送一个简单的请求数据包。如果希望提取重要的隐私信息，就需要攻击者具备一定的专业能力，运气的加成也必不可少。

影响的用户（XL）：服务器和所有用户都会受到影响。

发现难度（L）：这取决于攻击者是不是想要发现这个漏洞（一旦公开，这个漏洞就很明显了）。攻击者只需要尝试一下就可以确认这一点。

DREAD 评级是相当主观的，因为在我们的场景中，除了快速确认错误之外，我们并没有时间进行详细的调查。假如我们看到了一个泄露的服务器密钥（正是因为这种可能性的存在，潜在破坏的评级才是 XL），但是在我们多次重复进行的测试中，内存的内容大不相同，这就解释了为什么成功率的评级分是 M。发现难度是一个比较棘手的问题：我们要如何判断攻击者想到甚至是尝试这个漏洞的可能性呢？我觉得如果你已经想到了这一点，就最好认为其他人早就已经想到了。

DREAD 评级是梳理这些判断的细微差异的一种绝佳方法。在我们进行讨论的时候，应该仔细聆听和考虑别人的意见。Heartbleed 是史上最糟糕的漏洞之一，即便如此我们也没有把它的所有 DREAD 评级维度都定为最高级别，这很好地证明了为什么评级时必须认真地进行解释。因为这个漏洞发生在成百上千万台服务器都在运行的代码当中，破坏的是 HTTPS

的安全性，所以我们也可以说这个漏洞的潜在破坏和影响的用户评级是“爆表”的（比如XXXXXXXL），而不是上文给出的这种比较温和的评级。DREAD 的价值在于从不同的角度揭示出一个漏洞的相对重要程度，从而给我们提供一个清晰的角度，了解这个漏洞带来的风险。

13.3.2 编写利用漏洞的有效代码

用概念验证的方式构建一个有效的攻击，是解决漏洞问题的最强方法。对有些错误来说，攻击的手段显而易见。如果我们可以轻而易举地编写出利用这个漏洞的代码，问题实际上也就解决了。不过依我之见，大多数情况下没有必要这样做，理由有很多。对初学者来说，构建一个能够利用漏洞的示范代码需要完成大量的工作。实际利用漏洞的代码需要我们在发现底层漏洞之后进行大量的细化工作。更重要的是，即使是一位身经百战的渗透测试专家，也不能因为自己无法创建出利用漏洞的代码，就认定这个漏洞不可能被人利用。

这个话题其实是很有争议的。我的看法是，基于上面这些原因，认为人们需要为解决安全漏洞而创建利用漏洞的代码，这种逻辑说服力并不强。换句话说，我们无论如何都应该编写一个回归测试（见本书第 12 章），让它直接触发错误，即使它并不是一次成熟有效的攻击。

13.3.3 做出分类决策

在使用 DREAD 或者进行任何漏洞测试的时候，读者切记，我们总是很容易低估却很少高估自己所面临的实际威胁。发现一个潜在的漏洞却置之不理，这样的错误只能用“可悲”来形容，这也正是我们应该着意避免的情况。我自己曾经在这方面吃过不少亏。我可以向你保证，在事后听到别人跟你说“我早就提醒过你”，这种滋味一点都不好受。对重要的缺陷置之不理，这是在进行一场完全没有意义的赌博：趁早修复这样的缺陷才是长治久安之道。

下面是一些重要的一般性规则，可以帮助我们更好地做出分类决策。

- 对于所有特权代码或者访问有价值资产的代码，其中的错误都应该修复，然后需要认真地进行测试，防止引入新的错误；
- 那些被隔离在所有攻击面之外而且看起来无害的错误可以推迟修复；
- 如果听到某个错误是无害的，一定要仔细加以确认：有时候，修复这个错误比评估它有可能给我们带来的影响更容易；
- 尽快主动修复那些有可能属于某个漏洞链上的错误（见第 8 章）；
- 最后，如果是麻烦，我就建议你尽早解决。安全第一，没有后悔药可吃。

如果需要进行进一步的研究，就应该指派一个人对问题进行调查，然后把提议汇报上来。不要浪费时间讨论假设的条件。在讨论的过程中，我们应该把注意力集中在理解问题的各个方面。要相信自己的直觉。通过练习，只要你掌握了应该关注的重点内容，其他问题就会变得非常简单。

13.4 维护一个安全的开发环境

美景的秘密不在于创造，而在于维护。——迈克尔·多兰

我们在这里可以用好的卫生条件进行类比：要想生产出安全的食品，我们就需要从可靠的供货商那里采购新鲜的食材，需要有卫生的工作环境、经过了消毒的工具，等等。同样的道理，好的安全环境也必须体现在最终产品的整个开发流程中，这个流程必须是安全的。

即便是开发过程中一次小小的失误，恶意代码也有可能趁机潜入产品，因此这时我们应该停下手里的工作。毕竟，没有开发人员希望他们的产品成为恶意软件的温床。

13.4.1 开发和生产环境相分离

读者要把开发环境和生产环境严格分离开来。如果还没有做，那现在就应该立刻动手。这里的核心理念就是在这两个环境中间修筑一道"墙"，包括两个独立的子网，或者起码两边应该有阻止双向访问的许可机制。也就是说，在开发软件的时候，开发人员不可以访问到生产环境中的数据。生产环境中的设备和人员也不可以访问开发环境和源代码（不能有写入的权限）。在比较小的环境中，如果生产和开发都是同一个人负责，他/她也需要切换不同的用户账户。切换固然会带来一些不便，但是总比因为自己的小小失误而抢救辛苦开发的产品要好。这样也可以让我们工作得更加安心。

13.4.2 保护开发环境

在安装和使用开发工具与库之前，应该对它们仔细地加以审查。从"某个网站"下载的小工具哪怕只用一次，也有可能给我们带来很大的麻烦，所以完全不值得。我们应该考虑建立一个安全隔离的沙盒来完成实验工作，或者那些核心开发流程之外的工作。这些工作用虚拟机很容易完成。

如果我们希望开发的成果安全无虞，那么参与开发的所有计算机都必须是安全的，同样所有源代码库和其他服务也必须是安全的，因为漏洞也有可能从这些地方潜入最终的产品。这是一项艰巨的任务，几乎不可能完成。好在，我们也不应该追求尽善尽美。我们必须首先意识到这些风险的存在，然后找机会渐进式地寻求改善。

缓解这些风险的最理想方法就是对开发环境和流程进行威胁建模。分析大量威胁的攻击面，把源代码视为我们的核心资产。对于典型的开发环境，基本的缓解工作包括：

- 安全地进行配置、定期更新开发设备；
- 限制开发设备的使用人员；
- 系统地审查新的组件和依赖关系；
- 安全地管理那些用来开发和发布产品的计算机；
- 安全地管理密钥（包括代码签名密钥）；
- 使用强大的认证机制，同时对登录证书进行妥善管理；
- 定期审核异常活动的源变更方案；

- 给源代码和源代码的开发环境保存一份安全的备份数据。

13.4.3 发布产品

使用正式的发布流程把开发和生产联系起来。我们可以为此建立一个共享的存储库，这个库只有开发人员可以修改，操作人员只有只读权限。权限分离不仅可以明确各方的责任，而且可以落实各方的责任，尤其可以避免团队中有人对代码进行个人英雄主义式的快速变更，然后不经过任何许可渠道就自行把新版本直接发布出来，这样很容易引入安全缺陷。

提示：本书附录 D 包含使用 DREAD 模型进行风险评估的汇总表格，读者进行错误分类时可用。

后记

人们说我们是未来的工程师，不是未来的受害者。——R.巴克敏斯特·富勒

亲历了过去 50 年计算领域的发展，我现在已经明白了一个道理，想要预测未来简直是一种愚不可及的行为。不过，为了给本书作结，我还是愿意和读者分享我对安全行业未来的一点思考。我相信这些思考都是无比宝贵的，但其中也难免有一些预测不会实现。这些内容绝对不是预言，而是未来取得重要进展的可能性。

1988 年，襁褓中的互联网就已经给人们敲响了警钟，彼时的莫里斯蠕虫第一次展示在线恶意软件的威力以及它如何利用现有的漏洞进行传播。30 多年之后，尽管我们已经在很多方面取得了重大进展，我依然无法确定我们是否完全弄清楚了这些风险，以及我们是否把缓解风险的工作排在了整个工作的优先事项当中。关于网络攻击和私人数据泄露的报道仍然不绝于耳，完全看不到有消弭的迹象。有时候，攻击者好像一直在不断取得进展，而防守的一方则在原地踏步。读者应该谨记，很多事件都是秘而不宣的，有些事件甚至每时每刻都在发生，所以现实情况肯定比我们了解的更糟。于是在很大程度上，我们已经学会了和存在漏洞的软件共存。

这里需要注意的是，虽然我们还是要使用不完善的系统，但一切都在发展变化。或许，安全问题至今仍然存在，恰恰就是因为安全的现状相当不错。即使我理解了投资回报率背后冷冰冰的现实，我的内心深处仍然无法对此感到释然。我相信，如果对一个行业来说，大家都认为现状已经是人们全力以赴能够达到的最高水准，我们也就等于把一切进步拒之门外。我们很难判断为了提升安全性而继续追加投资是否明智，因为我们一般对那些失败的、没有得逞的攻击知之甚少，也很难弄清楚哪一行防御代码发挥了实际的作用。

在后记部分，我们会为读者勾勒出最有希望迎来发展的方向，因为那些领域可以提高我们整体软件安全行业的水准。后记第一节会对本书的核心主题加以概括，总结如何应用本书中介绍的方法取得理想的结果。之后的内容会对未来的新兴技术和最佳实践进行展望，这部分内容当然不一定准确。探讨移动设备的数据保护可以告诉我们，为了在“最后一公里”提供有效的安全机制，我们需要多付出多少努力。我希望本书中介绍的理论和实践内容可以让读者对这个至关重要而又日新月异的行业产生兴趣，成为读者通过自己的努力来保证软件安全的垫脚石。

及时采取行动

教育的最大目的不是教授知识，而是指导行动。——赫伯特·斯宾塞

本书的宗旨是两个基本的观点，我深信这两个观点可以提升软件安全水准，具体为在提升软件安全性的时候，要让所有软件开发人员都参与进来；在需求和设计阶段就把安全方面的问题考虑在内。我恳请本书的读者能够在主持这方面工作时发挥自己的作用。

此外，如果我们能够持续跟进自己开发的软件的质量，就一定会对保障这个软件的安全性有所助益，因为错误越少就代表能够利用的漏洞越少。高质量的软件需要如下工作：称职的设计方案、尽职的代码编写、完整的软件测试和文档记录。软件更新的时候，所有这些工作也要相应进行更新。开发人员和终端用户必须通过不断努力保持软件的高质量水准。

安全是每个人的职责

安全分析最好由最理解这个软件的人来完成。本书阐述了理想安全实践的基础概念，让任何软件从业人员都能够了解软件设计安全的相关内容，学习到安全编码等方面的知识。人们总是忽略安全方面的问题，除了请专家找到并且修复漏洞之外，我们自己也要全力以赴，保证我们开发的所有软件至少都能满足一条适度的基线。只要做到了这一点，我们接下来就可以依靠专家来完成那些更高深、技术性更强的安全工作，让他们可以更好地发挥自己的技能。理由如下。

- 无论专家（或称顾问）对安全的了解有多么高深，他们毕竟都是局外人，所以他们无法理解我们的软件及其在软件运行环境中的需求，包括软件需要如何在企业及其终端用户的文化环境中运行。
- 只有在安全成为整个软件生命周期中一个不可或缺的环节时，安全性才能得到最好的保障，但是长期花钱聘请安全顾问毕竟是不切实际的。
- 高级软件安全专家总是供不应求，这种人很少，他们的工作需要提前安排。聘请这类人员也很昂贵。

安全思维并不复杂，但是安全思维非常抽象，读者一上来可能会感到不太适应。一般事后来看，大多数漏洞都是比较明显的。然而，人们总是一遍又一遍犯相同的错误。当然，这里的关键是在问题发生之前发现问题。本书介绍了很多方法来帮助读者了解如何发现问题。好消息是，人人都会在这方面犯一些错误，所以有所进展总比原地踏步要强。随着时间的推移，我们都会越来越熟练。

所谓“广泛的安全参与”应该理解成整个团队一起努力，每个人都做自己最擅长的工作。这里的关键不是每个人都可以独立完成整个工作，而是擅长不同技能的团队成员的每个人负责一部分工作，把各自的成果组合起来，从而产生最理想的工作成果。无论在生产、维护或者支持软件产品过程中的哪个环节承担工作职责，我们都应该把注意力放在自己的工作上。不过，考虑相关组件的安全性同样非常重要，我们也要和其他团队成员反复校对自己的工作，确保没有什么问题被大家忽视。哪怕我们的工作任务只占整个工作的很小比例，我们都有可能发现某些重要的缺陷，就像守门员有时候也可以进球得分一样。

读者一定要明白一点，外部专家非常适合执行差距分析或者渗透测试这类任务，这样可以弥补组织机构自己的能力，用丰富的经验从全新的视角审视我们的产品。不过，专业顾问应该用他们扎实的安全知识和丰富的行业经验为我们锦上添花，而不是单独承担安全职责。即使专家能够为整体安全实例做出重要贡献，一天时间到了之后他们也会立刻告辞。所以，我们一定要让团队中尽可能多的人同时负责软件安全的日常维护。

避免亡羊补牢

桥梁、道路、建筑、工厂、商店、水坝、港口、火箭等，都要在纸上进行精心设计和仔细审查确保安全之后，才能开工建造。在其他任何工程领域，我们都可以确定在纸上改良设计方案总比在出事之后修改安全措施要好。然而，大多数软件都是先开发出来，然后才考虑保护措施的。

本书的核心前提是，早期进行安全调查不仅可以帮我们节约时间，而且可以让我们获得可观的回报，提升产品的质量（作者已经在业内一次又一次地证明了这一点）。如果设计方案完整地考虑了安全性，那么实现人员想提供一份安全的解决方案就简单多了。通过构建组件的方式提升安全性，可以帮我们更加轻松地预测软件潜在的问题。

在最坏的情况下，把安全性问题放到设计阶段进行考虑的最具说服力的理由是避免因设计产生的安全漏洞。设计导致的安全缺陷（无论是组件化、API 结构、协议设计还是架构的其他方面的缺陷）极具破坏性，因为这类缺陷一旦被发现，除非打破兼容性，否则几乎无法修复。所以，只有尽早发现并且解决这类问题，我们才能避免未来对软件进行痛苦又耗时的重新设计。

好的安全设计决策可以让我们获益更多，但我们却常常忽略这些好处。良好的设计方案的本质就是极简主义，同时对必要的功能毫不马虎。把这种逻辑应用到安全领域，就表示设计方案可以在最大限度上减小攻击面和关键组件进行交互的区域，而这可以大大降低开发人员犯错的概率。

专注于软件安全性的设计方案审查是非常重要的一步，因为软件的功能审查采取的是完全不同的视角，提出的问题也从来不以安全为重。这类问题诸如“它（软件）是否满足所有必要的需求？”“操作和维护起来是否简单？”“有没有更好的实现方式？”但是实际上，不安全的设计方案也可以轻松通过这些测试，同时由此实现的软件也很容易遭到攻击的破坏。安全评估可以对设计方案（功能）进行补充审查，这样我们就可以通过明确设计方案面临的威胁、思考设计方案存在哪些问题和如何被恶意人员滥用，来审查设计方案的安全性。

软件的安全实施工作要求从业者了解并小心避免无意中产生漏洞的大量实现方式，或者至少可以缓解这些常见的问题。安全设计可以在最大限度上减少在实施中引入漏洞的可能性，但是它并没有魔力，所以不可能让软件刀枪不入。开发人员必须努力避免踏入任何陷阱之中，导致软件的安全性遭到破坏。

安全是一个过程，它会贯穿系统的整个生命周期——从最初构思这个软件到软件走到生命的尽头。数字系统复杂而又脆弱，随着软件时代朝我们“扑面而来”，我们对软件的依赖也在不断加深。我们是一群不甚完美的个体，却要用那些不甚完美的组件努力为其他和我们一样不甚完美的个体构建一个尽可能理想的系统。不过，我们不能因为完美遥不可及，就拒绝进步。反之，我们恰恰是在自己修复的每个错误、改进的每个设计、运行的每个测试中获得前进的经验，让我们的系统更值得信赖。

未来安全

未来取决于你今天的所作所为。——圣雄甘地

本书是围绕提升安全性的方法进行写作的，这些方法也是我多年来一直在不断操作和得到验证的，除此之外我们还有很多其他事情要做。在下面的内容中，我会介绍一些我认为很有价值的观点。虽然这些概念还有待进一步发展，但是我相信它们在未来会带来一些重大的变革。

人工智能或其他高新技术前景广阔，但我的直觉是，这些领域还有很多“砍柴挑水”的工作要做。第一，我们每个人都可以做出贡献的方式是确保我们开发的软件质量可靠，因为这类软件都是在漏洞中汲取经验的产物。第二，随着我们的系统在功能和规模两个维度不断扩展，系统的复杂性也难免会随之增加，但是我们必须管理系统的复杂性，避免复杂性过度增加。第三，在为写作本书进行研究的过程中，我失望（但毫不意外）地发现，全球软件行业的现状和安全性缺乏可靠的数据。显然，这类数据越透明，我们前进的方向就越明确。第四，真实性、信任和责任是软件社区之间安全合作的基石，但实现它们的现代化机制在很大程度上都是一些“草台班子”——这些领域的进步可能会改变整个行业的游戏规则。

提升软件质量

“编程人员把错误写到软件中可以赚钱，从软件中排除错误也能赚钱。”这是 25 年前在微软担任程序主管时所听到的最让我印象深刻的一种说法，而这种关于软件无法避免存在错误的观察目前来看也确实是对的，未来这方面也很难产生什么变化。但错误本身积累多了就会出现漏洞，所以对那些包含大量错误的软件，我们一定要意识到使用它们的代价。

提升安全性的一种方法是对传统的错误进行更好的分类，也就是考虑每项错误可以如何成为攻击链中的一个环节，然后对优先修复哪些错误进行排序。即使我们只能修复其中一部分错误，我们也能防止一些实实在在的漏洞，我觉得这方面的努力永远都不会白费。

管理复杂性

不断提升的系统，其复杂性也会不断增加，除非我们努力减少系统的复杂性。——迈尔·雷曼

随着软件系统不断扩大，管理复杂性的难度也变得越来越高，这些系统也因此变得越来越脆弱。最可靠的系统需要在那些提供简单接口的组件之间进行复杂性划分，这些接口通过容错配置进行了松散耦合。大型 Web 服务可以实现高弹性，因为这类服务把请求分散到了大量设备上，这些设备分别执行特定的功能，共同合成完整的响应。在出现故障或者超时的情况下，只要有必要，系统就可以通过内置的冗余用不同设备发起重试。

对一个大型信息系统，划分大量组件的对应安全模块是成功的必备要求。组合在一起的组件之间进行任何交互都有可能会影响系统的安全性。随着组件依赖关系的加深，保护系统的任务也会更加困难。在处理复杂系统时，除了进行合理的测试之外，对安全需求和组件之间的依赖关系进行很好的记录，也是防御的重要前提。

从最低程度的透明性到最高程度的透明性

或许，针对软件安全状态最悲观的评估源于这样一句谚语："如果你无法测量，你就无法改进。"可悲的是，我们恰恰就缺少测量世界软件质量的手段，尤其是在安全这一方面。安全漏洞的公共知识仅限于一些为数不多的案例：开源软件、私有软件的公开版本（往往需要对二进制文件进行逆向工程），或者研究人员发现缺陷并且在详细分析后发布的实例。很少企业会考虑公开自己软件安全追踪记录的全部详细信息。同处一个行业，我们从安全事件中学到的东西少得可怜，因为安全事件的细节很少被完整披露出来，而信息不能完整披露则很大程度是因为对安全事件的恐惧。恐惧安全事件固然并非毫无根据，但人们需要权衡在更大范围内披露更多信息所带来的价值。

即使我们接受了向公众披露所有安全漏洞存在着巨大的障碍，软件安全可以改进的空间仍然很大。主要操作系统的安全更新披露往往缺少有用的细节，这样做会牺牲自己用户的利益，而用户往往很有可能发现一些对响应和评估风险来说颇有裨益的信息。在我看来，主要的软件公司往往会对它们提供的信息进行模糊处理，让人感觉故弄玄虚。下面是我从近期操作系统安全更新中找到的几个例子。

- 通过对限制加以改进解决了一个逻辑问题。（这适用于几乎所有的安全问题。）
- 通过改进内存处理方式解决了缓冲区溢出问题。（还有其他方法可以修复缓冲区溢出问题吗？）
- 通过改进输入清理方式解决了验证问题。（再次强调，这可以是指任何输入验证漏洞。）

缺乏细节已经是太多产品的共性，这损害了客户的利益。软件安全技术社区也可以从更多披露的信息中获益。软件发行商基本都能在不影响未来安全的情况下提供更多的信息。实际上，攻击者完全可以自己分析更新中的变化、收集基本的细节，所以百无一用的发布说明只能剥夺那些真实客户了解更多信息的渠道。未来，负责任的软件发行商应该自行披露完整的信息，然后根据需要对披露的信息进行编辑，以免降低软件的安全性。如果利用这些信息的风险成为过去式（即软件生命周期已经结束），披露其他当时被搁置的详细信息也应该是安全的，这对我们理解主流商业软件产品的安全性很有价值，即使我们只能像这样在"后视镜"中研究这些问题，这依然是有价值的。

提供详细的漏洞报告可能会让人有些尴尬，因为在事后看来，很多问题都是明摆着的。但我仍然坚持相信，诚实地直面自己的失误一定能让我们有所斩获。从披露的完整信息中进行学习的过程非常重要。如果从长远来看，我们真的希望严肃对待软件的安全性问题，我们必须让信息变得更加透明。作为客户，如果我看到某个软件发行商在发布的信息中包含下列内容，我会非常惊喜。

- 报告、分类、修复、测试和发布各个软件错误的日期，同时对所有时间上的延迟都进行解释。
- 漏洞何时、如何被添加到软件中的描述信息（比如，编辑失误、忽略安全隐患、沟通不佳、恶意攻击等）。
- 关于发行商是否审查了（包含缺陷的）代码的信息。
- 关于发行商是否努力寻找过同类缺陷的说明。如果努力寻找过，那么发行商有何发现？
- 为了避免未来出现类似缺陷或者避免当前缺陷被复原而采取的任何预防措施的详情。

如果我们推动整个行业发生变化，形成一种让人们愿意披露漏洞、漏洞成因和缓解方案的文化，我们就可以从这些事件中汲取教训。如果没有详细内容或者背景信息，那么披露内容就只是走走过场，对任何人都没有好处。

这方面的正面例子是美国国家运输安全委员会，它会公布让飞行员和整个航空业都可以从中汲取教训的详细报告。出于各种各样的原因，软件行业无法简单地复制这样的做法，但这不失为一个努力的方向。在理想情况下，高级软件开发人员应该把公开披露的信息视为一次又一次了解事件背后详细情况的机会，他们也会借机展现自己的实力和专业水准。这不仅有助于我们广泛学习和预防其他产品中出现类似的问题，而且有助于重建客户对我们产品的信任。

提升软件真实性、信任和责任

当代大型软件系统都是由大量组件构成的，这些组件都必须是由可靠实体从安全的子组件中使用安全工具集创建出来的，同时它们的来源也必须是真实的。这个安全链可以继续推演下去，一直推演到现代数字计算行业的黎明。系统的安全性取决于所有这些构成当今软件栈的迭代要素是否安全。然而，安全迭代链已经日渐消失在了计算历史的“雾沼”之中，一直回退到几个早期自编译的编译器时代。肯 • 汤姆森（Ken Thompson）在他的经典论文“Reflections on Trusting Trust”（对托付信任的反思）中优雅地论述了安全性是如何依赖这些历史的，同时解释了找出深度嵌入的恶意软件到底有多困难。我们到底怎样才能发现软件中插入了恶意组件呢？

我们都会使用一些必备工具来确保软件构建的完整性，而这些工具如今可以免费获得，我们也可以默认这些软件能够正常工作。不过，使用这些工具一般都是临时的，而且需要我们手动进行操作。所以，这个过程往往会引入人工错误，甚至是主观的破坏行为。有时候，人们跳过检查是为了节省一点时间，这当然也可以理解。比如，我们可以想象验证某个 Linux 版本的合法性。我们从一个可靠的网站下载镜像之后，也可以下载到独立的授权密钥及校验和文件，然后使用从可靠源那里获取的几条命令来验证所有这些文件。只有在所有校验全部通过之后，我们才应该进行安装。但是在实际工作中，管理员到底会不会全面执行上面这些操作呢？尤其是当我们从来没有听到某个主流版本出现校验失败的实例时。即使经常听到某个版本出现校验失败的实例，我们也无法保证上述操作能够落实。

如今，软件发行商都会签署一个发布代码，但这个签名只能保证文件的完整性，防止文件遭到篡改。这里还有一个隐含的前提，那就是签名的代码一定是值得信赖的，此后发现的漏洞也绝对不会让签名失效，所以这也完全不是一种安全的方法。

未来，更好的工具（包括真实链可审计的记录）可以提供更理想的完整性保障，向我们通告系统安全所依赖的信任决策和依赖关系。比如，新的计算机应该包含一份软件清单文档，确保操作系统、驱动程序、应用等都是真实的。要对组件的软件清单和搭建环境进行记录和认证需要我们付出巨大的努力，但是不应该让困难妨碍了我们从完整解决方案中的一部分入手，然后随着时间不断改善系统的完整性。如果我们能够认真对待软件的来源和真实性，就可以更好地确保重要的软件版本都是从安全的组件搭建起来的，未来的我们会感谢自己今天付出的努力。

提供最后一公里

最长的一公里，就是回家的最后一公里。——佚名

即使你采用了本书中介绍的方法认真地执行了所有的最佳实践，仔细进行编码以避免发生footgun，对产品进行了审查和彻底的测试，并且对整个系统进行了完整的记录，我也无法保证你的产品就是绝对安全的。显然，事情比这要复杂得多。不仅安全方面的工作永远没有尽头，那些设计良好的系统也仍然可能无法在现实世界中提供人们所预期的安全水准。

“最后一公里”这个词来自通信和传输行业，指的是把个人客户连接到网络所面临的困难，因为这往往是提供服务最昂贵、最困难的一部分。比如，互联网服务提供商可能已经在我们的周遭部署了高速光纤基础设施，但获取新客户还需要运营商接听客户电话、连接线缆和安装调试解调器。这些工作都很难扩展，由此带来的时间和费用都会大幅提高前期投资。同样的道理，部署一个精心设计的安全系统也仅仅是向提供实实在在的安全性迈出了第一步。

为了帮助读者理解安全行业“最后一公里”的困难之处，我们深入说明一下移动设备数据安全的现状。在这个过程中，我们会参照这样一个简单的问题：“如果我把自己的手机弄丢了，别人可以读取手机里面的内容吗？”多年以来，大量工程项目催生了一套精心打造的强大现代加密技术。即使是对于如今那些高端手机，这个问题的答案恐怕都是：“是的，他们恐怕可以读取你的大部分数据。”鉴于这可能是近期软件安全领域最大的一项任务，弄清楚这项任务的缺陷是如何形成的，就显得非常重要了。

下面的讨论参考了2021年的论文“Data Security on Mobile Devices: Current State of the Art,Open problems, and Proposed Solutions”（移动设备上的数据安全：当前的技术、未解决的问题和建议的解决方案），这篇论文是美国约翰·霍普金斯大学的3位安全研究人员撰写的。这篇文章提出，提供强大软件安全的重要方法目前仍付之阙如。我会在下文中大幅简化这篇文章的内容，并着重关注其能够在安全方面给我们带来哪些启示。

首先，我们探讨一下数据保护的层级。移动App负责执行所有重要的任务（用一层加密对一切实施计算难免捉襟见肘），所以移动操作系统提供了很多选择。iOS平台提供了三层数据保护，系统会把加密密钥保存在内存中，在用户需要访问受保护数据时使用，不同层级使用密钥的时间窗口缩小的程度不同。读者可以把这个理解成银行打开金库门的频率。如果银行每天早上就把那个又大又重的金库门打开，直到下班才把金库门关上，这当然可以给员工提供全天候的便利通道，但是这也意味着这个金库在没人使用的时候很容易被人入侵。反之，如果金库门在绝大多数时间里都牢牢锁好，员工每次进入金库都要去找经理来开门，他们就是牺牲了便利性来换取安全性。对于移动设备来说，让用户（使用密码、指纹或者面部识别）解锁加密密钥才能访问受保护的数据，相当于每次打开金库都要去找银行经理。

在保护的最高级别，加密密钥只有在手机已经解锁而且正在使用的时候才能获得。虽然这种做法相当安全，但是这对于大多数手机 App 来说都会带来巨大的障碍，因为设备只要上锁就无法访问数据。比如，我们可以想象用户用一个日历 App 来提醒自己开会的时间。但是锁定的手机会让 App 无法访问日历的数据。在锁定期间，后台操作（包括数据同步）也会被阻止。这表示，如果我们向日历中添加了一个事件，那么除非在事件发生之前碰巧对手机进行了解锁并让数据进行同步，否则我们不会得到通知。即使限制最低的保护级别——称为首次解锁后（After First Unlock，AFU），也存在严重的限制，这种保护级别会在启动之后要求用户提供证书来重构加密密钥。顾名思义，刚刚重启的设备完全没有加密密钥可用，这时日历通告也同样会被阻止。

我们也可以想象如何设计 App 来规避这些限制，我们可以把数据划分到不同保护等级下的单独存储介质中。对于日历来说，我们没有必要对时间进行保护，以确保时间数据随时可以使用，这样通告信息就可以含糊地通知我们“您下午 4 点有一场会议”，要求用户解锁设备来了解详细信息。通告信息没有标题确实有点烦人，但用户还是希望他们的日历数据能够进行加密从而保障数据的隐私，所以“这笔交易”还是很划算的。在不同用户眼里，日历数据的敏感性大不相同，不同会议的敏感性自然也有所区别，但我们也不可能每次都让用户对数据的敏感性进行判断，因为人们都希望 App 能够自动完成自己的工作。最终，大多数 App 都选择扩大对所管理数据的访问权限，这也就降低了数据的保护级别——有时候，甚至完全不对数据加以保护。

因为大多数 App 出于方便，采取了不对数据进行保护的做法，所以只要攻击者可以查看移动设备，所有数据也就成了刀俎上的鱼肉。这对攻击者来说当然也不是轻而易举的事情，但是根据约翰·霍普金斯大学的报告，先进的技术总能找到方法进入内存。如果使用 AFU 保护机制，攻击者只需要找到加密密钥就可以达到目的。而鉴于设备大部分时间都处于这种状态中，所以加密密钥往往就保存在内存中。

机密消息 App 是这类规则的一大例外，它们采用的是“完全保护”类。虽然不同 App 的目的不同，但是在设备锁定的情况下，用户往往可以接受无法使用它们提供的功能，也愿意为了安全性牺牲一点使用上的便利。这类 App 为数不多，它们会保存一部分存储在本地的用户数据，但大多数手机用户（这里指那些从来就没有考虑安全性的用户）可能觉得他们所有的数据都是安全的。

还有更糟糕的情况上面没有说到，我们不妨想象一下云集成对很多 App 的重要性，然后思考一下这种架构和强大的数据保护机制之间是如此南辕北辙。云计算模型已经彻底改变了当今的计算行业，我们也已经习惯于随手连接到无处不在的数据中心当中，享受它们提供的各类服务，包括网页搜索、实时翻译、图像和音频存储等。通过面部识别的方法搜索我们的照片集，这已经远远超出了当代设备的计算能力，所以这类功能在很大程度上都要依靠云来实现。云数据模型也让访问多台设备变得非常简单（也不需要设备之间进行同步），如果我们无法连接某一台设备，数据也可以安全地存储到云端，只需要购买一台新的硬件设备就行了。不过，为了利用云的强大能力，我们必须首先信任云，允许它处理我们的数据，而不能把加密后的数据锁在我们自己的本地设备上。

当然，所有这些无缝的数据访问都和强大的数据保护机制背道而驰，如果我们弄丢了连接云端的那台手机，安全性就更无从谈起了。大多数移动设备都可以长期访问云，所以只要有人恢复了设备，这个人基本上就有能力访问我们的数据了。这些数据往往都没有加密。我们可以设想这样一个场景，比如一个图片 App 在云上端到端地存储了一份加密的数据，那就等于这个 App 存储的都是一些没有意义的位块，这样一来我们也就没有利用云来搜索或者分享照片的机会了。因为解密密钥本来应该严格保存在本地设备上，所以多设备访问的场景就很难实现了。同样，如果设备上存储的密钥出了问题，那么我们在云上保存的数据也可能就变得一文不值了。鉴于上述所有原因，依靠云的那些 App 基本上不会选择通过加密来保护数据。

上面介绍的内容最多只能算是触及了移动设备上数据保护效果全部技术内容的皮毛，但相信读者可以借此隐约窥到一些更加普遍的问题。移动设备处于一个庞杂的生态系统当中，除非数据保护机制可以作用于所有组件和场景，否则这些机制很难发挥它们的作用。我在这里的建议还是：对于那些你很介意泄露出去的数据，不要把它们保存在你的手机里。

我在上面强调的这件事带给我们的教训已经不仅限于移动设备加密的设计方案了，而是大体上适用于任何旨在提供安全性的大型系统。我们讨论的关键在于，无论一个系统的设计有多么精致、数据保护功能有多么丰富，它都同样有可能无法在最后一公里为我们提供安全性。只有在开发人员使用它、用户也能意识到它的价值时，强大的安全模型才能发挥出它的效果。要想实现有效的安全性，需要系统和 App 一起提供有用的功能——App 不是系统安全性的敌人。所有需要保护的数据都必须能够得到保护，数据与基础设施（如本例中的云）之间的互动和依赖关系不应该破坏数据的有效性。最后，所有这些都必须集成到典型的工作流当中，让终端用户也能发挥他们各自的作用，而不是想方设法绕过我们的安全机制。

很多年前，我见过一个与.NET Framework 有关的最后一公里失败的案例。安全技术团队非常努力地希望把 CAS 纳入新的编程平台，但是他们没有充分宣传它的作用（关于 CAS 的介绍详见本书第 3 章）。前文介绍过，CAS 要求被管理代码通过获得权限来执行特权操作，然后在需要的时候声明这些特权，这是最小权限模式的一种绝佳的实现方法。可惜的是，在这个团队之外，开发人员觉得 CAS 纯粹是一种工作负担，他们没有看到这个特性在安全方面带来的优势。于是，App 没有采用需要时才由系统提供权限的精准权限管理方式，而是在程序启动的那一刻就声明所有的权限，然后一直没有任何限制地运行下去。它们在功能上毫无问题，但一直在用不必要的高权限运行，这就像银行金库的大门随时为你敞开——这样相比按照设计预期那样使用 CAS，更会让系统的漏洞暴露在风险中。

这些考虑因素代表了所有系统都会面临的挑战，也解释了为什么安全工作从来没有尽头。在我们设计了一个堪称伟大的解决方案之后，我们还需要确保开发人员、用户都能理解这个解决方案，让这个解决方案能够真正得到落实，而且是得到正确的落实。软件总能以开发人员意料之外的某种方式运行，一旦我们了解了这一点，我们就有必要考虑软件的安全后果并且适时地做出调整。所有这些因素对于搭建有效的安全系统都是至关重要的。

结语

软件有一种独特的属性，它们完全是由比特（也就是一串 0 和 1）组成的，所以我们完全可以凭空想象出一个软件。构成软件的材料不仅完全免费，而且取之不尽，用之不竭，唯一的限制就是我们自己的想象力和创造力。上面这些陈述对于正邪双方同样成立，因此我们做出的承诺和面临的挑战也都是无穷无尽的。

这里不仅建议读者及时采取行动，同时提供了一些具有前瞻性的观点。在开发软件的时候，我们要在这个过程的早期随时考虑到安全隐患，让更多人思考系统的安全性，并且针对安全性提供更加多样的看法。安全意识的提升可以让我们在软件的整个生命周期都对软件的健康性保持怀疑，时刻对安全性有所警觉。我们应该减少对手动检查的依赖，同时提供更加自动化的验证方式。在实现一个系统的过程中，我们应该保留所有关键决策和操作的记录以供审计之用，这样系统的安全属性才能落到实处。我们应该广泛地选择组件，同时对系统的重要属性和对系统的设想进行测试。我们应该降低系统的脆弱程度，管理系统的复杂性并且做出变更。在出现漏洞的时候，我们要对其根本原因进行调查，并且从中汲取经验和教训，同时主动减少未来再次出现漏洞的风险。我们要用批判的眼光审视实际的场景，并且着力把安全性延伸到最后一公里。我们要把自己责任范畴内的详细信息全部公开，让其他人有机会从我们遇到的问题和我们解决问题的方法中学习。我们要坚持不懈地进行迭代，提升系统的安全性，并且尊重隐私。

感谢读者陪我一路翻越软件安全的崇山峻岭。我固然无法在本书中涵盖整个领域的所有细节，但读者想必已经领略了沿途风景的概貌。希望本书能够让读者有所斩获，并且随着自己对这个主题理解的深入，开始把本书中的内容付诸实践。本书并不是最终答案，但是本书至少在软件安全领域给出了一些问题的答案。更重要的是，我希望本书能够唤起读者的安全意识，从今天开始，把这些概念和方法应用到自己的工作当中。

附录 A 设计文档示例

下面这个文档是一个虚拟的设计方案，旨在展示针对一份实际设计方案执行安全设计审查（SDR）的流程。这份文档的目的是充当一个学习工具，文档中忽略了一些实际设计文档中会包含的详细信息，把重点放在了安全方面。因此，这并不是一份软件设计文档的完整版。

提示：*粗体部分是为了突出安全相关的内容，包括设计方案中好的安全措施、理想设计人员会增加哪些功能，或者安全审查人员应该注意的内容。斜体部分则是这份设计文档的元描述信息。我用斜体部分标记出了这份文档的教学目的，同时解释了我采取的简化措施。*

标题——私有数据日志记录组件设计方案

目录

第 1 节——产品描述

本文档描述了一个日志记录组件（下文称日志记录器），其目的是提供标准的软件事件日志记录功能，为审计、系统检测与调试提供支持。组件的设计目标是降低信息因意外而泄露的风险。**日志记录器会明确处理日志中的隐私数据，从而让非隐私数据能够在市场使用中被人们任意访问。在少数情况下，如果访问权限无法满足需求，软件可以针对受保护的隐私日志数据提供有限的访问，这个过程需要相关人员明确许可，同时需要一些限制条件来降低信息泄露的风险。**

在一个日志系统的环境中，独立地显式处理隐私数据这个概念就采用了以安全为中心的设计思想。同从一开始就把这一点设计在内相比，之后再把这项功能添加到当前的系统中会影响这个功能的效果，而且需要我们变更大量的代码。

第 2 节——概述

关于基线项目设计的假设条件，请参阅第 10 节中罗列的文献。

2.1 目标

数据中心中的所有应用都需要把重要的软件事件作为日志记录下来，因为这些日志中有可能包含一些隐私数据，所以需要谨慎实施访问控制。日志记录器可以提供标准的组件来生成和存储日志，并为授权人员提供合理的访问限制，同时针对访问情况维护一份可靠的、不可否认的记录。因为不同系统的日志记录、访问和保留需求各不相同，所以日志记录器会根据一个简单的策略配置进行运作，而这份配置中会指明系统的访问策略。

2.2 范围

本文档会解释日志记录器软件组件的设计方案，但不会对实现的语言、部署或运维时需要考虑的因素进行规定。

2.3 概念

对日志进行过滤的概念是设计的核心。这里的观念是允许对日志进行相对自由的监控，但在此之前要把所有隐私的详细信息排除在外，这样的访问级别应该足以满足大多数用途。此外，如果有需要，那些记录下来的敏感数据同样应该可以进行监控，但是这需要进行专门的授权。访问事件也会被记录下来，让监控行为本身也可以进行审计。分级访问可以让应用记录重要的隐私数据，同时把内部员工合法访问这些数据的限制也提升到最高。那些敏感到根本不应该出现在日志中的数据则一开始就不应该被记录下来。

比如，Web 应用通常把 HTTPS 请求作为系统使用记录或者出于其他原因保留下来。一般来说，日志都会包含一些隐私信息（包括 IP 地址、cookie 等），这些数据必然会被保存下来，但是很少会被用到。比如，IP 地址在调查恶意攻击的时候是一项相当重要的信息（可以用来判断攻击的源头），但是在其他时候则很少需要使用这项信息。对日志进行过滤可以隐藏（或者说折叠起来）隐私数据，同时展示出那些并不敏感的数据。过滤日志中可以用代号来表示一些信息，比如所有标识为“IP7”的 IP 地址都是相同的，这样并不会泄露实际的地址。这种过滤的日志往往可以为监控、收集统计数据或者调试提供足够的信息。在这种情况下，我们就可以利用过滤日志来避免暴露任何隐私数据。日志中仍然会包含完整的数据，但是在少数情况下，人们确实需要受保护的数据，这时我们可以通过合理的授权对过滤信息进行控制。

假如一个 Web 应用接收到了一个用户登录请求，这个请求触发了一个错误，导致整个进程崩溃。下面是日志中可能包含的信息的简化版本：

```
2022/10/19 08:09:10 66.77.88.99 POST login.htm {user: "SAM", password: ">1<}2{]3[\4/"}
```

日志中的项目包括时间戳（非敏感）、IP 地址（敏感）、HTTP 操作和 URL（非敏感）、用户名（敏感）和密码（非常敏感）。调查中有可能需要考虑所有这些信息才能重现错误，但我们不喜欢将这些数据都以明文的形式显示出来，除非这样做绝对必要，即便如此也只能对授权人员显示全部的明文信息。

为了满足各类系统的安全需求，各类日志的敏感性必须是可以进行配置的，同时日志系统只应该根据我们的选择来解释机密数据。比如，根据最佳实践，URL 中不应包含敏感信息，但有些传统系统可能会违背这项重要的规则，因此有时候需要采取保护措施——虽然不是常常需要进行保护。针对这类系统，过滤日志在一些调试工作中并不十分重要。对于 URL，正则表达式可以把一些 URL 配置得比其他 URL 更加敏感。

前面那个忽略或者折叠了敏感数据的日志过滤视图形如：

```
2022/10/19 08:09:10 US1(v4) POST login.htm {user: USER1(3), password: PW1(12)}
```

IP 地址、用户名和密码都折叠成了标识符，从而隐藏了实际的数据，但替换的标识符可以在上下文中查询包含匹配值的其他请求。在这个示例中，US1 表示一个位于美国的 IP 地址；USER1 表示这个事件关联的用户名，而不会泄露用户的真实信息；PW1 表示提交的密码。圆括号中的内容表示的是实际数据的格式或者长度，它可以在不泄露具体信息的情况下添加提示信息：在本例中，我们可以看出这是一个 IPv4 地址，用户名包含 3 个字符，密码则有 12 个字符。**如果密码过长导致出现了某些问题，那么我们仅凭这个很长的密码就可以意识到问题出现在哪里。密码长度泄露的信息很少，但是在实际工作中，这一点信息泄露也不应该放过。**

如果经过过滤的代码无法满足工作要求，人们就需要通过额外的请求来展示出 US1 所代表的信息。这就让查看敏感数据成为一个需要主动请求的选择，让数据可以按照需要渐渐显示出来。比如，若只需要 IP 地址，用户名和密码仍然不会显示出来。

2.4 需求

日志是用可靠的方式存储的，经过授权就可以立刻进行访问，在所需的保留期到期后就会被清除。为了支持大量使用，日志捕获接口的速度必须很快，一旦报告成功，创建的应用就可以确保日志得到了存储。

即使我们不知道隐私信息的详情，也可以对日志进行监控，所以大多数使用都可以生成过滤日志，同时查看完整的数据（包括隐私数据）需要经过特殊的授权，只有在绝对需要的情况下这样的访问才能获得授权。

这种设计的一大重要目标就是记录那些非常敏感的隐私数据，同时在调查可能的安全事件时或者（在少数情况下）在生产环境中进行调试时把这些信息展示出来。对内部攻击进行彻底缓解是不切实际的目标，但有必要采取所有合理的预防措施，并且保留一份可靠的审计线索作为对攻击者的震慑。

日志存储空间会进行加密，以防止物理媒介遭窃时泄露数据。

生成日志的软件是完全受信任的软件，它必须正确地标识出隐私数据，以便日志记录器能够正确地处理相关数据。

2.5 非目标部分

日志记录器是给管理员使用的，所以不需要友好的用户界面。

内部攻击（如代码篡改或者滥用管理员根权限）不在探讨范围之内。

日志记录器须经仔细配置和检查才能生效。它的实现方法需要由系统管理团队进行定义，但是需要包含一个审查流程，并且包含带有制衡的审计。

2.6 重要问题

日志访问配置、用户认证、未过滤日志访问授权的详细内容仍然需要指明。

查询加密隐私数据的过程势必很慢。这种设计认定日志的数据量足够小，所以按需对记录信息进行暴力破解（即不依赖索引）的效率也会很高。未来一种更具野心的版本可能会解决针对加密数据的目录索引和快速查询。

错误需要被识别和指定处理。

针对日志记录器未来版本的增强功能包括：

- 定义过滤内容的级别，提供更多或者更少的详细信息；

- 为捕获一部分日志进行长期保存（这些数据最终还是会按照计划删除）提供工具。

2.7 替代设计

我们选择的最终设计方案是建立在对日志记录器完全信任的基础上的，从而让它保存日志中所有的敏感信息，这就等于“把所有鸡蛋放在了一个篮子里”。可以考虑一种替代的设计方案，把允许的敏感信息按照来源进行划分。这种设计方案没有得到采纳有几点原因（下面简要说明），它可能无法和一些重要的使用场合相兼容，但是值得注意的是，这确实有可能是一种更加安全的日志解决方案。

1. 替代设计

日志源可以创建非对称加密密钥对，并且使用这个密钥对来加密日志记录中的敏感数据，然后把日志发送给日志记录器。如果上述流程一切正常，日志记录器其实（有可能）可以为过滤的日志生成代号（例如用 US1 代表美国的某个 IP 地址）。向日志中掩藏的内容发起授权访问需要使用私钥来解密数据。这种设计的最大优势在于，即使保存的日志被暴露，加密的敏感数据也不会泄露，日志记录器本身甚至根本就没有必要的密钥。

2. 没有选择这个方案的理由

这种设计方案把加密和密钥管理的工作留给了日志源和授权的访问人员。哪些数据属于敏感数据、如何对数据进行划分是由日志源决定的，而且这些设置会在日志源确定时就固定下来。把信任（trust）集中赋予日志记录器，人们就可以根据需求对这些内容进行重新配置，也可以通过认证日志查看器进行精确的访问控制。

第 3 节——使用案例

数据中心的应用可以使用日志记录器来创建重要软件事件的日志。路由监测软件和对应的操作人员可以在执行日常任务时发起经过过滤的访问，从而既能查看数据又不会泄露任何隐私数据。操作统计数据包括流量级别、活跃用户、错误率等，这些数据都是从过滤的日志中生成的。

在少数情况下，支持人员或者调试人员需要对没有经过过滤的日志发起访问，但由于安全策略，授权人员可能只能获得有限的访问权限。额外的访问请求中要指定（访问者）需要哪部分日志、他们的时间窗口，以及发起这次访问的理由。一旦访问得到批准，访问人员就会获得一个令牌，令牌的作用就是许可这次访问，访问会被记录下来以便进行审计。在访问完成之后，请求方会添加一段注释信息来描述调查的结果，这部分信息会由批准访问的人进行审查，确保这次访问是正当的。

针对请求信息、批准信息、审计审查信息、日志数据量的增长趋势、对删除过期日志进行确认的信息等事件，会生成报告来通告管理人员。

第 4 节——系统架构

在数据中心，日志记录器服务实例通过一个标准的发布/订阅协议运行在不同的物理设备上，这些设备的运作独立于它们服务的应用。日志记录器包含的组件及其提供的功能如下。

1. 日志记录器的记录器

一种日志存储服务。应用通过一条加密信道把日志事件数据以数据流的形式发送给日志记录器的记录器，这些数据流会在记录器上被写入永久内存。人们可以配置一个实例，让它为多个应用处理日志。

2. 日志记录器的查看器

一种 Web 应用。技术人员可以用这个应用来手动监控经过了过滤的日志，它可以根据策略，向通过授权的人员展示那些没有被过滤的数据。

3. 日志记录器的根记录器

一种特殊的记录器实例，可以把记录器和查看器的事件作为日志记录下来。*为了简化，我们会忽略这类日志是否需要进行过滤的详细内容。*

第 5 节——数据设计

日志数据是直接从应用那里收集过来的，应用负责决定哪些事件应该以什么样的详细程度被记录到日志当中。**日志是软件事件的 append-only 记录——除了在到期时会被删除，这些记录永远不会被修改。**

应用负责定义日志事件类型的模式，其中包括零个或多个预配置的数据项，如下例所示。所有日志事件都必须携带一个时间戳，以及至少一个其他标识数据项。

```
{LogTypes: [login, logout, ...]}
{LogType: login, timestamp: time, IP: IPaddress, http: string,
  URL: string, user: string, password: string, cookies: string}
{LogType: logout, timestamp: time, IP: IPaddress, http: string,
  URL: string, user: string, cookies: string}
{Filters: {timestamp: minute, IP: country, verb: 0, URL: 0,
  user: private, password: private, cookies: private}}
```

很多关于内置类型、格式等内容的详细信息在示例中都被省略，因为读者从这个不完整的示例中应该已经可以看出定义这些内容的基本思想。

请求和响应必须是长度小于 100 万字符的 UTF-8 编码的有效 JSON 表达式，每个字段不超过 10000 个字符。

示例的第 1 行（LogTypes）罗列了这个应用会生成的日志事件类型。针对每种类型，包含对应 LogType 条目（即第 2 行 LogType: login）的 JSON 记录都会列出可能与这个日志一起提供的、允许的数据项。

第 4 行（Filters）宣告了每个数据项的配置：0 表示非敏感数据，private 表示要“折叠”的隐私数据，还有其他特殊的数据处理类型，如下。

- minute：四舍五入到最接近分钟的时间值（精确时间的模糊值）。
- country：IP 地址会被映射到过滤日志中的起源国家。

Filters 应该由可插拔的组件进行定义，可以轻松扩展以支持各类应用所需的自定义数据类型。

注意，非敏感数据应该仅用于有限的内部浏览。所谓“非敏感”并不意味着这类数据可以公开。所有数据项（包括数据是否为隐私数据）都需要声明这项要求，其目的是确保人们针对应用环境中的每个项目分别明确地做出决策。**这些声明和一切更新都要仔细地进行审查，以确保日志处理的完整性，这一点非常重要。**

下面是未过滤视图的日志条目示例：

```
2022/10/19 08:09:10 66.77.88.99 POST login.html {user: "SAM", password: ">1<}2{]3[\4/"}
```

这个日志条目的过滤视图如下：

```
2022/10/19 08:09 US1(v4) POST login.html {user: USER1(3), password: PW1(12)}
```

数据会被一直保存并接受访问，直到达到策略配置的过期时间，在这个过程中系统会检测自事件日志时间戳上的时间以来日志所经历的时长。

日志属于一种临时数据，其目的就是帮助人们进行监测和调试，或者在出现安全漏洞的情况下用于取证。所以，日志只会保存一段有限的时间。**把数据保存在一台专门的设备上（比如用一个 RAID 或者类似的磁盘阵列作为冗余的永久存储装置）可以避免数据丢失。日志是一类只需要进行短期保存的数据，其目的是供审计和诊断之用。如果打算长期存储这类数据，就应该把数据保存在单独的介质中。**

第 6 节——API

日志记录器的记录器网络接口接受下列远程过程调用（Remote Procedure Call，RPC）。

Hello：必须是会话的第一个 API 调用，用来标识应用和版本。

模式（schema）：定义日志数据的模式（见第 5 节）。

日志（log）：发送事件数据（见第 5 节）以便将其记录到指定日志中。

Goodbye：在应用中断会话时发送。

每个应用都会通过一条专用的信道连接到自己的日志服务。**HTTPS 会保护被认证端点之间的 API 调用。预配置的服务器会通过数字证书验证客户端已连接到有效的日志记录器服务实例。下面介绍这些类型的请求。**

6.1　Hello 请求

所有会用到日志记录器服务的进程都会发送 Hello 请求来发起日志记录：

```
{"verb": "Hello", "source": "Sample application", "version": "1"}
```

下面是用 OK 或者错误消息对上述请求进行确认的响应消息，该消息会为会话提供一个字符串令牌：

```
{"status": "OK", "service": "Logger", "version": "1", "token": "XYZ123"}
```

这个令牌还会出现在后续的请求当中，其目的是标识 Hello 对应的那个发起方应用的上下文。**令牌是以足够高的复杂性和熵随机生成的，目的是增加猜测的难度：推荐使用的最小令牌大小是 120 位，Base64 编码大致是 20 个字符。这里使用比较小的令牌是出于简化的目的。**

6.2 模式定义请求

模式定义请求定义了此后日志记录的数据模式：

```
{"verb": "Schema", "token": "XYZ123", ...}
```

本例简化了这个请求的详细信息。

模式会定义各字段的名称、类型，以及日志内容中会出现的其他属性——就像 6.3 节会在事件日志请求示例中展示的那样（其中包含 timestamp（时间戳）、ipaddr（IP 地址）、http、url 和 error（错误）字段）。

6.3 事件日志请求

事件日志请求会使用日志记录器服务把记录保存到日志中：

```
{"verb": "Event", "token": "XYZ123", "log": {
"timestamp": 1234567890, "ipaddr": "12.34.56.78",
"http": "POST", "url": "example", "error": "404"}}
```

上例中 log 展示了要记录到日志中的内容，日志必须与模式相匹配。

响应消息用 OK 或者错误消息对请求进行了确认：

```
{"status": "OK"}
```

*为简化起见，我们省略了错误消息的详细内容。***日志记录错误（例如存储空间不足）非常严重，需要立即引起人们的注意，因为如果没有日志信息，系统操作将无法进行审计。**

6.4 Goodbye 请求

Goodbye 请求会结束一次日志记录的会话：

```
{"verb": "Goodbye", "token": "XYZ123"}
```

响应消息用 OK 或者错误消息对请求进行了确认：

```
{"status": "OK"}
```

之后，令牌也就不再生效。要恢复日志记录，客户端必须首先发起一个 Hello 请求。

第 7 节——用户界面设计

日志记录器的用户界面是为日志记录器的查看器提供服务的 Web 界面，其作用是显示日志信息。**只有授权的操作人员才可以访问 Web App，操作人员需要通过企业单点登录来完成认证。**通过了认证的操作人员会看到一系列允许他们访问的日志，通过链接可以访问或者搜索最新的过滤后的日志条目，或者在获得许可的情况下请求访问那些被过滤的日志。

为简化起见，本例只提供 Web 界面的概括性描述。

许可请求需要通过 Web 表单来提交，之后排队等待处理，表单中会提供下面这些基本信息：

- 请求访问的原因，包括客户事件的票号；
- 请求访问的范围（通常是一个特定的用户账户或者 IP 地址）。

许可请求会触发一封自动发送给审批人员的电子邮件，电子邮件中包含一条指向 Web App 页面的链路，以供审批人员查看请求。在决策之后，申请人会收到一封电子邮件，其中包括：

- 申请是通过还是拒绝；
- 拒绝的理由（如适用）；
- 批准访问的时间窗口。

经过过滤的日志或未经过滤的日志可以在日志对应的页面中进行查看。在输入查询信息时，刻意指明要查看哪条日志记录。如果没有输入要查询的信息，则会显示最新的条目和该结果对应的下一个/上一个页面。

查询信息中可以指明日志条目的字段和值，并结合布尔运算符来选择匹配的日志条目。默认优先显示最新的条目，除非查询时明确指明了其他的显示顺序。*为简化起见，本例忽略查询的语法。*

过滤日志会以标识符的形式显示出来（见 2.3 节），而不会显示原日志的内容。查询可以使用标识符来显示过滤日志的内容。如果过滤的日志条目把 IP 地址显示为 US1，那么使用 [IP=US1]就可查询来自这个 IP 地址的其他日志，而不会泄露这个地址自身。

对过滤日志进行查找不应该支持用实际值来搜索过滤的字段。比如，即使 IP 地址没有显示，而用户仍然可以猜出[IP=1.1.1.1]，这样的查询可能最终会匹配到一个日志条目，这个条目显示的是类似于 USA888 的内容，可能被推断出它代表的实际值。

即使批准了未经过滤的访问，用户也必须选择一个可选项来启动针对未经过滤日志的查询。**最佳实践可以在最大程度上使用未经过滤的日志，同时只根据需要来显示那些过滤掉的值，用户界面要尽量提供这种功能。**

用户在完成任务之后，可以放弃访问未经过滤日志的权限。用户界面应该在用户一段时间内没有操作后提示用户放弃权限，这样可以把由不必要的访问带来的风险降到最低。

显示日志内容的网页不应该缓存在用户代理的本地设备上，这样才能避免数据在不经意间被泄露出去，从而确保日志数据在过期之后就再也无法访问。

第 8 节——技术设计

日志记录器的记录器服务包含一个只写（write-only）接口，供应用把要写入永久存储介质的日志事件数据以流的形式发送出去，还包含一个用来获取这些日志的查询接口。存储是由UTF-8文本行组成的写入添加（write-append）文件序列，每行一个日志事件。相关模式（见上文）所描述的日志数据会映射为或按照规范表示为文本。本例忽略具体的格式。

需要进行过滤的日志数据字段应该用过滤后的表示形式进行保存，还要用服务生成的AES密钥进行加密，然后保存一份加密版本的原始数据，同时每天都使用一个新的密钥。使用一个硬件的密钥存储介质或者其他合理的方法来安全地保护这些密钥。

因为可用存储全部消耗就会导致日志服务的重大错误，所以写入速率应该根据可用空间进行调整（free_storage_MB / avg_logging_MB _per_hour），如果空间小于10小时的数据量，就会发出优先操作告警——这里的前提是写入量是恒定的，即一直保持不变（发出告警的小时数可以通过配置进行调整）。

为了提升性能，考虑使用SQL数据库来记录过滤后的日志事件信息（包括时间戳、日志类型、文件名和偏移量），同时保存真实日志文件以供高效访问。

过滤后的日志会用标识符来替代隐私数据（比如用US1替代美国的某个IP地址）。**为了避免把未经过滤的隐私数据直接保存下来，标识符和实际数据之间的映射关系可以使用未过滤数据值的安全摘要值或者某个代号来替代。**映射关系是临时的，需要由查看器为每个用户针对每个日志分别进行维护。用户能够清除当前的映射关系并且重新建立映射关系，或者在映射关系24小时未使用的情况下自动将其清除，防止映射关系的数量随时间不断增加。

第 9 节——配置

日志保留配置如下。**在保留期结束之后，数据会被自动、安全并且永久地删除（而不是仅仅移动到回收站中；使用 shred(1) 或类似命令）。**

```
Retention: {
    "Log1": {"days": 10},
    "Log2": {"hours": 24},
}
```

日志访问权限需要通过配置授权用户列表来授予用户：

```
Access: {
    "Log1": {"filtered": ["u1", "u2", "u3", . . .],
             "unfiltered": ["x1", "x2", "x3", . . .]},
             "approval": ["a1", "a2", "a3", . . .]},
}
```

允许访问过滤（filtered）日志（标记为Log1）的用户（如u1、u2、u3）都罗列在了括号中。可以访问未经过滤（unfiltered）日志的用户也同样罗列了出来。这些用户会在请求被批准之后获得访问权限。最终，获得了批准（approval），从而可以有限地发起对未经过滤日志的访问的用户也用同样的方式罗列了出来。

第 10 节——参考文献

阅读下列文档（均为虚构）有助于理解本设计文档。

下列文献都是虚构的。

- 企业基线设计虚构文档（第 2 节中引用）。
- 企业一般数据保护策略和指导方针。
- 发布/订阅协议设计文档（第 4 节中引用）。

文档结束

附录 B

词汇表

具体的软件安全术语或许看起来非常直白，但了解它们之间的细微差别对正确使用这些术语来说非常重要。我根据自己在多家公司和许多不同项目中的经验，对这些术语在安全领域的应用进行了一些改进。虽然这些定义已经得到了普遍的采纳，但是如果读者发现这些术语在业内的使用有一点随意，也不要觉得惊讶。如果注意观察的话，你会发现安全专业人士在对这些术语的定义和使用方面会有一点细微的差别，因为他们也会在这个领域基本规则的基础上代入自己独特的视角。读者还会听到这些术语的很多变体，因为业内并没有公认的标准词汇。不过一般来说，这些变体放到语境中很容易理解。

影响的用户：一种评估方式，旨在评估有可能受到攻击者利用某个漏洞影响的用户比例。（DREAD 的组成部分。）

放行列表：对应该允许的安全值所进行的枚举。（请比较：阻塞列表。）

评估报告：安全设计审查（SDR）的结果文本，包括对调查发现和推荐做法进行排名的总结（推荐做法包括对设计进行特定的变更，以及提升安全性战略）。

资产：应该加以保护的有价值数据或者资源，特别是有可能成为攻击目标的数据或者资源。

非对称加密：使用独立密钥进行加密（公钥）和解密（私钥）的加密方法。（请比较：对称加密。）

攻击：为了违背安全策略而尝试采取的行动。

攻击者：旨在违背系统安全策略的恶意代理。（也称为威胁主体。）

攻击面：发起攻击时，一个可能攻击系统的所有潜在入口点的集合。

攻击向量：组成一次完整攻击的有序步骤，从攻击面开始最终实现对资产的访问。

审计：对主体的行为所维护的一份可靠的记录，其目的是进行常规监控，以便发现那些存在不当活动的可疑行为。

认证（authN）：判断主体身份的高度可靠方式。（黄金标准的组成部分。）

真实性：保证数据是可信的，这是一种比数据完整性更有利的安全性保障。

授权（authZ）：一种安全策略的控制方式，确保只有通过认证的主体可以发起特权访问。（黄金标准的组成部分。）

可用性：保证通过了授权的主体可以对数据进行访问。换言之，即保证系统能够避免显著的延迟或者崩溃，导致合法的访问难以实现。（CIA 的组成部分。）

回溯：算法的行为（例如匹配正则表达式），在这个过程中进展有可能前进、也有可能回退，这个过程不断重复。如果回溯导致过度计算，进而导致可用性降低，就会导致潜在的安全问题。

块加密：一种处理固定长度数据块而不是比特流的对称加密算法。

阻塞列表：对那些不应该允许的不安全值所进行的枚举。阻塞列表一般不推荐使用，因为除非能够穷举所有不安全值，否则会有存在漏洞的风险。（请比较：放行列表。）

瓶颈（bottleneck）：代码执行路径中的一个点，在这里可以保护所有对特定资产的访问。瓶颈对安全性而言非常重要，因为瓶颈可以确保所有访问都接受统一的授权校验。

缓冲溢出：一类漏洞，对分配的内存之外发起的无效访问。

证书认证机构（CA）：数字证书的颁发方。

选择明文攻击：对加密的一种分析，即攻击者能够学习到他们所选明文的密文，因此可以实现弱化加密的效果。

CIA：基本的信息安全模式。（见机密性、完整性和可用性。）

密文：消息的加密形式，如果没有密钥，密文就没有意义。（请比较：明文。）

代码访问安全（CAS）：一种安全模型，可以根据所有主叫方的权限来对授权进行动态调整，以缓解代理混淆这种漏洞。

冲突：两个不同的输入产生了相同的消息摘要值。

冲突攻击：一种攻击方式，使用已知的冲突来颠覆真实性（真实性依赖的是加密消息摘要值的唯一性）。

命令注入：一种漏洞，通过恶意输入使系统按照攻击者的意图运行任意命令。

机密性：信息安全的一种基本属性，规定只有通过授权才能访问数据。（CIA 的组成部分。）

代理混淆：一种易受攻击的模式，即未经授权的代理可以欺骗授权代理或者代码，从而让它们替代未经授权的代理来执行恶意的操作。

证书：身份、属性或颁发机构的证明，是进行认证的依据。

跨站请求伪造（CSRF 或 XSRF）：一种修改服务器状态的攻击，通常使用 POST 请求和受害客户端的 cookie。

跨站脚本攻击（XSS）：一种专门针对 Web 的注入攻击，试图通过恶意输入改变网站的行为，攻击的结果一般是运行未经授权的脚本。

密码学：采用可逆的数据转换方法来隐藏数据内容的数学手段。

加密安全的伪随机数生成器（CSPRNG）：一种随机数的来源，它生成的随机数可以认为足够难以预测，以至于猜测是根本不可行的，因此适用于密码。（请比较：伪随机数生成器。）

潜在破坏：对利用一个特定漏洞有可能会制造多么严重的破坏所进行的评估。（DREAD 的组成部分。）

去匿名化：对所谓匿名数据所做的分析，其目的是推断出有意义的特征，从而破坏匿名程度。

解密：把密文转换回原始明文消息的过程。

拒绝服务（DoS）：一种攻击，旨在消耗（目标）计算资源以降低其可用性。（STRIDE 的组成部分。）

依赖关系：软件赖以运行的软件库或者系统的其他组件。

摘要：从任意大小的数据输入中计算出一个固定长度的唯一数字值。摘要值（也称为散列值）不同可以保证输入值也是不同的，但冲突也是有可能发生的。

数字证书：一个以数字形式进行签名的声明，是签署者所发出的声明。通用的数字证书标准包括 TLS/SSL 安全通信（同时用于服务器和客户端）、代码签名、电子邮件签名和证书认证机构（根、中间机构、叶）。

数字签名：用来展示自己拥有私钥的一种计算方式，用以证明签名者的真实性。

发现难度：评估某个特定漏洞的存在可能被潜在攻击者了解到的难度。（DREAD 的组成部分。）

分布式拒绝服务攻击（DDoS）：协调过的拒绝服务攻击，通常使用大量僵尸设备进行统一协调。

DREAD：用来评估漏洞以衡量其严重程度的一个由 5 个维度组成的系统，DREAD 是这 5 个维度的首字母所组成的缩略词。（见潜在破坏、成功率、利用难度、影响的用户和发现难度。）

电子密码本（ECB）模式：一种块加密模式，每个块都会独立地进行加密。因为相同的块就会产生相同的输出，所以 ECB 这种方法比较弱，一般不推荐使用。

权限提升：代理获取更进一步权限的一切方式，特别指攻击者利用漏洞来达到的目的。（STRIDE 的组成部分。）

加密：一种算法，旨在把明文转换为密文，以便秘密地传达消息。

熵源：一个随机输入值的源，可以创建无法预测的比特流。

利用：旨在违反安全策略并造成伤害的有效攻击的秘诀。

利用难度：对利用一个特定漏洞的难度所进行的评估。因为大量因素一般都是未知的，所以利用难度往往依靠主观猜测。（DREAD 的组成部分。）

沟通的事实：关于通信双方是否真的交换过信息的认识，比如通过窃听人员对通信双方之间传输的加密消息（窃听人员无法解密该消息）进行观察。

缺陷：一种有可能会成为漏洞，也有可能不会成为漏洞的错误。既有可能出现在设计方案中，也有可能出现在事实过程中。

footgun：一种软件特性，让引入错误（特别是漏洞）变得更加容易。

模糊测试：自动化的暴力破解测试，用任意输入值来发现软件的缺陷。

黄金标准：3 项基本安全事实机制的统称。（见审计、认证和授权。）

警卫：软件中的一种授权执行机制，用于控制对资源的访问。

HRNG（硬件随机数生成器）：一种硬件设备，旨在有效地产生高度随机的数据。（见加密安全的伪随机数生成器。）

散列：见摘要。

HMAC（散列消息认证码）：一类消息摘要函数，其中每个键值确定了一个唯一的消息摘要函数。

事件：安全攻击的特定实例。

信息泄露：未经授权的信息泄露。（STRIDE 的组成部分。）

注入攻击：一种使用恶意输入开展的安全攻击，它利用的漏洞会导致以意外的方式解析部分输入。常见的形式包括SQL注入、跨站脚本、命令注入和路径遍历。

输入验证：对输入数据进行防御性检查，以确保其格式有效，并可以在下游得到正确的处理。

集成测试：多个组件一起运行的软件测试。（请比较：单元测试。）

完整性：基本信息安全属性，指维护数据的准确性，或仅允许授权后的修改和删除。（CIA的组成部分。）

密钥：加密算法中的一个参数，用于确定如何转换数据。（见私钥、公钥。）

键控散列函数：见HMAC（散列消息认证码）。

密钥交换：让通信双方建立安全密钥的协议，即使双方交换的所有消息内容都被泄露给攻击者也是安全的。

MAC（消息认证码）：消息随附的数据，该数据作为消息具有真实性且未被篡改的证据。（请比较：散列消息认证码。）

信息摘要：见摘要。

缓解：一种预防潜在攻击，或减少其危害的先发制人的对策，比如最小化损害、使攻击可恢复，或使其易于被检测出来。

随机数：仅使用一次的任意数字，比如在通信协议中用于防御重放攻击。

一次性密码：用于消息加密的共享密钥，只能使用一次，因为重复使用会削弱其安全性。

溢出：当值超过变量的容量时所引发的算术指令的错误结果。当溢出发生且未被检测到时，它通常会因为引入意外结果而导致漏洞。

路径遍历：通过恶意输入将意外的内容注入文件系统路径的常见漏洞，允许攻击者访问预期范围之外的文件。

纯文本：加密前或收件人解密后的原始消息。

原像攻击：针对消息摘要函数的攻击，试图找到产生特定消息摘要值的输入值。

实体：经过身份验证的代理，如个人、企业、组织、应用程序、服务或设备。

私钥：解密所需的参数，由授权接收者保密。

来源：记录来源和监管链的可靠历史，提供了对数据有效性的信心。

PRNG（伪随机数生成器）：一个“相当不错”的随机数生成器，在复杂分析中可以对其进行预测。这些随机数可以用于很多目的，比如模拟，但不适合用于密码，因为它们不够随机。（请比较：加密安全的伪随机数生成器。）

公钥：为特定收件人加密消息所需的广为人知的参数。

随机数：无法有效预测的任意选择的数字。

速率限制：一种减慢进程的方法，通常用于缓解依赖暴力重复获得成功的攻击。

重放攻击：通过重新发送以前的真实消息来攻击安全通信协议。如果攻击者重新发送以前真实消息的副本，且该副本被误认为是原始发送者后续发送的相同消息，则重放攻击成功。

成功率：评估特定漏洞的利用在多次重复尝试中的可靠性。（DREAD的组成部分。）

抵赖：对行为的否认，特别是允许攻击者逃避责任。（STRIDE的组成部分。）

根证书：自签名的数字证书，用来证明证书认证机构的身份。

SOP（同源策略）：Web 客户端强制执行的一组限制，以限制不同网站的不同窗口之间的访问。

沙盒：一种受限制的执行环境，旨在限制在其中执行的代码可用的最大权限。

SDR（安全设计审查）：对软件设计安全性的结构化审查。

安全帽：一种表达方式，表示有意识地以安全心态来思考事情可能会出错的地方。

安全回归：再次出现了之前已修复的已知安全错误。

安全测试用例：检查安全控制是否正确执行的软件测试用例。

安全测试：软件测试，用来确保安全机制正常工作。

侧信道攻击：一种间接推断出机密信息，而不是直接破坏保护机制的攻击。比如从产生结果的时间延迟中推断出确定的信息。

预测执行：现代处理器中使用的优化方法，可以通过提前执行未来的指令来节省时间，如果不需要该结果的话，回溯逻辑可以在未来丢弃结果。预测执行对缓存状态的影响可能会泄露无法访问的信息，从而使其成为安全威胁。

欺骗：攻击者伪装成授权主体来欺骗身份验证。（STRIDE 的组成部分。）

SQL 注入：允许攻击者制作恶意输入来运行任意 SQL 命令的漏洞。

STRIDE：6 种基本软件安全威胁的首字母缩写，可以用来指导威胁建模。（见欺骗、篡改、抵赖、信息披露、拒绝服务、特权提升。）

对称加密：一种加密方法，使用相同的密钥进行加密或解密。对称性是指执行加密的人也可以执行解密。（请比较：非对称加密。）

污染：通过软件跟踪数据来源的过程，该软件可以缓解不受信任的输入，或受到这些输入影响的数据，用于特权操作（比如注入攻击）。

篡改：未经授权的数据修改。（STRIDE 的组成部分。）

威胁：潜在的或假想的安全问题。

威胁主体：见攻击者。

威胁建模：对系统模型进行分析，以识别出需要缓解的威胁。

时序攻击：一种侧信道攻击，攻击者可以通过测量操作的时序来推断出信息。

信任：在保护失效的情况下选择依赖实体或组件而没有追索权。

下溢：浮点计算结果的精度丢失。

单元测试：单个模块的软件测试，独立于其他组件。

不受信任的输入：来源不受信任的输入数据，尤其是来自潜在攻击面的数据。

漏洞：使安全攻击成为可能的软件缺陷。

漏洞链：一组漏洞，当它们组合在一起时就会构成安全攻击。

弱点：导致脆弱性的 bug，从而可能成为一个漏洞。

附录 C 练习

探索是推动创新的引擎。——伊迪丝·威德

本附录包含未来进一步探索的观点、开放性的问题和挑战，以供那些希望研究超出本书涵盖内容的读者参考。

第 1 章　基础

- 本书的重点是传统计算机系统中的信息安全，但其他设备和设施上也会运行软件，这些软件也会越来越多地连接到互联网。我们应该如何对 CIA 这样的原则进行扩展，以对这些与现实世界之间互动越来越频繁的软件加以保护呢？

第 2 章　威胁

- 对一个现成的软件设计方案进行威胁建模，或者只对一个大型系统的某个组件进行威胁建模。
- 放松一下，对自己最喜欢的电影或者本书中的一个场景（对手希望获取重要资产的地方）进行威胁建模。

第 3 章　缓解

- 根据“暴露最少信息”部分的内容，编写辅助函数来限制敏感数据在内存中暴露的情况。
- 编写一个代理混淆的情况，尝试利用这个漏洞，或者让某位同事尝试利用一下这个漏洞。然后修复这个漏洞，确认代码是安全的。
- 设计一个库，用来对当前的数据访问 API 实施可扩展的访问策略。

第 4 章　模式

- 找一个现成的设计方案，或者设计一份新的方案，尽可能用本章中介绍的几个模式来提升它的安全性。
- 你还能想到什么其他的安全模式和反模式？保留一份不断更新的列表，把本章中介绍的内容添加进去，然后和同事们分享。
- 放行列表真的永远比阻塞列表要好吗？想想有没有例外情况，或者解释一下为什么不可能存在例外。

第5章 密码学

- 要想尝试一下真正的加密工具，最简单的方法就是使用 OpenSSL 命令行。读者可以用它来检验一下对称加密和非对称加密，以及MAC（在 openssl(1)中称为 digest，即摘要），甚至可以创建并且检查一下自己的证书。
- 找一个高质量的加密库，尝试用这个库来实施本章描述的基本操作。这个 API 使用起来简单吗？你对自己实现的安全性有把握吗？
- 如果之前的练习被证明有点困难，你要如何重新设计这个 API 才能让它使用起来简单一些，同时也更加万无一失呢？
- 对你想到的 API 改进方法进行编码和加密，或者包装原始的库，让它提供更好的 API。

第6章 安全设计

- 研究谷歌的设计文档写作指南。
- 如果你以前没有编写过软件设计文档，那么有机会尝试一下（尽量使其看起来非正式并且详尽）。
- 如果你使用的代码库没有书面设计文档，请创建一个。对于大型系统来说，一次只为一个组件创建设计文档，要重点关注对安全性最重要或感兴趣的组件。

第7章 安全设计审查

- 查找现有的设计，并将其作为学习材料进行 SDR 练习。不要只寻找漏洞，要广泛评估优势和劣势，包括最注重安全性的地方、设计中增强安全性的方式、其他缓解措施，以及可以改进或提高安全性的方式。
- 与同事分享并讨论你在前面练习中的发现。

第8章 安全地编程

- 要想了解安全漏洞的真实案例，可以查找已在你的代码库或开源软件项目中发现并修复的安全漏洞。我建议关注那些开源项目，因为那里的漏洞描述都非常详细，你还可以看到相关代码。美国国土安全部赞助了一个公开已知漏洞的大型数据库。另一个很好的公共漏洞来源是 Chromium bug 数据库。你可以在数据库中查找已修复的安全错误并将其作为一个很好的起点，以便你可以看到实际的代码更改。
- 卑鄙编码，也称为混淆编码，是一种使用 footgun 和其他诡计来编写代码的做法，日常检查代码所能看出来的用途与其真正的工作方式并不相同。卑鄙编码竞赛会让程序员展示他们将编程语言推向极限的创造力。但是，这个技术也可以将恶意代码伪装成良性代码，如果没用好，就会变成 footgun。你可以从这些网站开始，也可以尝试自己编写。

第 9 章　低级编码缺陷

- 为什么提供定宽整数类型的语言不提供任何机制来检测溢出？检测溢出会带来帮助吗？如果会的话，你将如何扩展 C 语言来利用这个好处？
- 研究分析攻击（比如 Valgrind）是如何检测内存管理中的问题的。
- 编写一个小程序，使其包含几种内存管理漏洞，比如读写缓冲区溢出。使用 Valgrind 等工具来查看它是否能检测出这些 bug。尝试改变代码使工具难以分析，看看这个小程序是否能够成功通过检测。

第 10 章　不受信任的输入

- 针对你所使用的系统，在其主要攻击面上识别不受信任的输入，并了解输入验证的实施和测试有多么彻底。
- 如果你发现不受信任的输入可能是漏洞，请实施输入验证。
- 通常，系统的输入验证是重复的。要找机会使用通用代码或辅助函数来可靠地处理输入验证。可以考虑将输入验证融入框架中，这样就不会意外地忘记实施输入验证了。

第 11 章　Web 安全

- 为创建和验证 Web 会话的组件编写它所需要的安全要求。对其进行设计和构建威胁模型，然后找朋友进行安全审查。
- 在一个简单的 Web 应用程序中构建你的 Web 会话实现。尝试用另一个会话进行伪装，或窃取必要的会话状态。最好能找朋友来“攻击”你的实现。
- 在组件中添加 CSRF 保护机制，并在你的 Web 应用程序中对其进行测试。
- 除了使用 cookie，寻找其他保护 Web 会话安全的方法，将其作为一个实验，以了解安全挑战的本质。
- 查找 Web 框架的源代码（最好是书面的设计文档），了解它是如何实现会话、防止 XSS 和 CSRF 漏洞的，以及它是如何确保使用 HTTPS 来保护所有 Web 交互的。通过构建威胁模型或其他方法，你是否能找到漏洞？如果你想要尝试发起攻击，请建立自己的测试服务器来进行练习。

第 12 章　安全测试

- 在你选择的代码库中，找到对其安全性至关重要的部分，然后寻找应该增加的安全测试用例。编写并贡献新的安全测试用例。
- 考虑 GotoFail 在这里的另一个漏洞示例，我们之前编写的安全测试用例是无法捕获到这个漏洞的，因为它在冗余的“goto fail;”语句那里，代之以下面这行代码：

```
if (expected_hash[0] == 0x23) goto fail;
```

这种方法可能隐秘地包含一个漏洞，它需要用特定的触发器触发，类似一种后门。要想检测到这种漏洞，需要使用包含预期散列值的测试用例，其第一个字节是 0x23。你能在不知道具体细节的情况下，编写测试用例来检测出这种漏洞吗？

- 查看具有已知漏洞的旧版开源软件项目。运行测试套件并确保所有测试都通过。编写安全回归测试来对漏洞进行再次确认。同步到漏洞已经修复的下一个版本，把这一点合并到回归测试中。这时，安全回归测试应该可以通过了；如果还没有通过，就需要对漏洞进行修复，然后检查最新版本中是否存在其他相关的漏洞。

第 13 章 安全开发最佳实践

- 寻找一种简单的方法来逐渐递增代码质量，譬如使用 Lint 或者代码扫描工具，同时检查异常和错误处理的测试覆盖率。
- 查看自己的代码库在安全方面的记录文档，并且进行必要的改进。
- 只要进行代码审查，就应该在合适的时机对安全方面的问题（对代码）进行重新审视。
- 在进行错误分类的时候，要考虑到安全性问题，或者以安全为目的浏览错误数据库，看看存在安全隐患的错误是否已经被剔除。

后记

- 找机会按照结论部分提到的方式进行改进，哪怕这意味着我们需要采取一些小措施：更加广泛地参与安全事件，更早集成安全方面的策略和战略，减少复杂性或者对复杂性加以管理，提升关于安全实践的透明度，等等。
- 找到一项特殊的安全挑战，设计并且开发一个可以复用的组件来解决这个问题。
- 按照你的其他想法来提升安全标准并把自己的理念传播给全世界。

附录D 备忘单

你的意识应该作为一项专注的工具，而不是一个存储空间。——戴维·爱伦

第1章

经典安全原则

信息安全（CIA）	
机密性	不会泄露信息——只允许已授权的数据访问
完整性	准确维护数据——不允许未经授权的数据修改或者删除
可用性	保障数据的可用性——不允许出现严重延迟或者未经授权的数据访问关闭

黄金标准	
认证	用高度可靠的方式来判断主体的身份
授权	仅允许通过认证的主体执行操作
审计	为主体所执行的操作维护一份可靠的记录，以便进行监控

第2章

4个问题

- 我们的工作是什么？
- 哪里有可能出错？
- 我们打算怎么办？
- 我们干得怎么样？

STRIDE

表 2-1　STRIDE 威胁分类总结

安全目标	威胁类型	示例
真实性	欺骗	钓鱼、盗取密码、冒充、重放攻击、BGP 劫持
完整性	篡改	未经授权修改数据和删除数据，Superfish 广告注入
防抵赖	抵赖	合理推诿、日志不足、日志销毁
机密性	信息泄露	数据泄露、侧信道攻击、弱密码、剩余的缓存数据、幽灵漏洞
可用性	拒绝服务	用同步发送请求来淹没 Web 服务器、勒索软件、Memcrashed 工具攻击
授权	权限提升	SQL 注入、xkcd 的“妈咪攻击”漫画

第 4 章

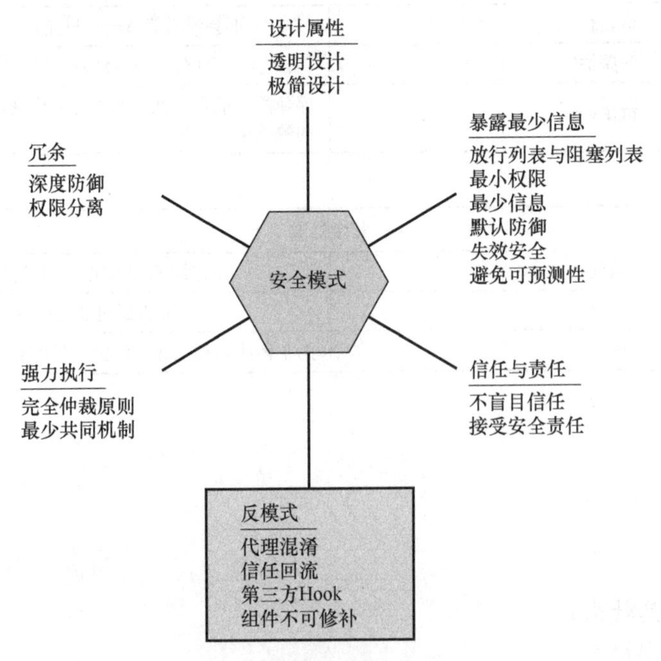

图 4-1　本章安全模式的分组

第 7 章

安全设计审查

SDR 分为 6 个阶段。

（1）研究设计文档和支持文档，对项目建立基本的了解。

- 阅读文档，从全局上对设计进行理解。
- 戴上你的“安全帽”，以威胁意识的心态重新审视它。
- 记笔记，记录你的想法和观察结果以供将来参考。
- 为未来标记潜在问题，但在此阶段进行大量安全分析还为时过早。

（2）对设计进行询问，并就基本威胁提出澄清问题。

- 确保设计文件清晰、完整。
- 如果有遗漏或需要更正之处，请在文档中修正它们。
- 对设计的理解要通透，但不一定要达到专家级。
- 询问团队成员他们最担心什么，如果他们没有安全性担忧，请追问其原因。

（3）识别出设计中最需要安全性的关键部分，以引起更密切的关注。

- 检查接口、存储和通信——这些通常是需要关注的重点。
- 从外向内（从最易暴露的攻击面到最有价值的资产）审查，这也是态度坚决的攻击者会做出的尝试。
- 评估设计中明确的安全问题的解决程度。
- 如果需要的话，指出关键的保护措施，并在设计中将它们标注为重要特性。

（4）与设计师合作，识别风险并讨论缓解措施。

- 作为审查员，要针对风险及其缓解措施提供安全性见解。即使设计已经是安全的，这也很有价值，因为可以对良好的安全实践进行加强。
- 可以考虑勾画出一个场景，以说明安全更改能够获得的最终回报，从而帮助说服设计师在设计中添加缓解措施。
- 尽可能为问题提供多个解决方案，并帮助设计师了解这些替代方案的优势和劣势。
- 要接受设计师的决定，因为他们要对设计负最终责任。
- 记录交流的想法，包括设计中会涵盖或者不会涵盖的内容。

（5）撰写一份审查结果和建议的评估报告。

- 围绕着解决安全风险的特定设计变更来组织报告。
- 将大部分精力和笔墨花费在优先级最高的问题上，而在较低优先级的问题上少着笔墨。
- 提出替代方案和策略，而不要尝试做该由设计师做的工作。
- 对审查的发现和建议进行优先级排序。
- 关注安全性，但也可以提供单独的评论以供设计师参考。要对 SDR 范围之外的设计更为尊重，不要吹毛求疵，避免淡化安全性信息。

（6）跟进后续的设计变更，在签署前确认解决方案。

- 对于重大的安全设计更改，你可能希望与设计师协作以确保正确地进行更改。
- 如果意见不同，审查员应该书写一份声明，说明双方的立场和未遵循的具体建议，并将其标记为未解决的问题。

第13章

DREAD

潜在破坏（Damage potential）：如果攻击者利用这个风险，它可以给我们造成多大的破坏？

成功率（Reproducibility）：攻击是每次都会成功，有时会成功，还是很少成功？

利用难度（Exploitability）：从技术难度上看，利用这个漏洞需要攻击者付出多少努力和资金？攻击路径有多长？

影响的用户（Affected user）：攻击会影响所有用户、部分用户，还是一小部分用户？攻击是针对特定目标，还是随机选择受害者？

发现难度（Discoverability）：攻击者发现这个漏洞的可能性有多大？